POUR COMPRENDRE LES MATHÉMATIQUES

CE2
Cycle 3

N. Bramand
Professeur des écoles

P. Bramand
Professeur agrégé

É. Lafont
Professeur des écoles

C. Maurin
Formateur en mathématiques

D. Peynichou
Maître formateur

A. Vargas
Directeur d'école

hachette
ÉDUCATION

Mode d'emploi

Découvrons ensemble

Cette activité collective est le point de départ de la leçon. Elle permet la découverte des notions à étudier. Le guide pédagogique propose des activités préliminaires qui aboutissent à sa mise en œuvre.

Calcul mental

L'élève écrit ici les réponses à quelques items du calcul mental.

Photofiche(s)

Référence aux fiches photocopiables de soutien (S), d'approfondissement (A) ou de problèmes (P) contenues dans le recueil de « Photofiches ».
Elles proposent des activités supplémentaires et aident à gérer la différenciation.

Je m'entraîne

Mise en pratique individuelle et progressive des apprentissages abordés dans l'activité de découverte.
2 niveaux d'exercices (a et b) sont clairement identifiés.

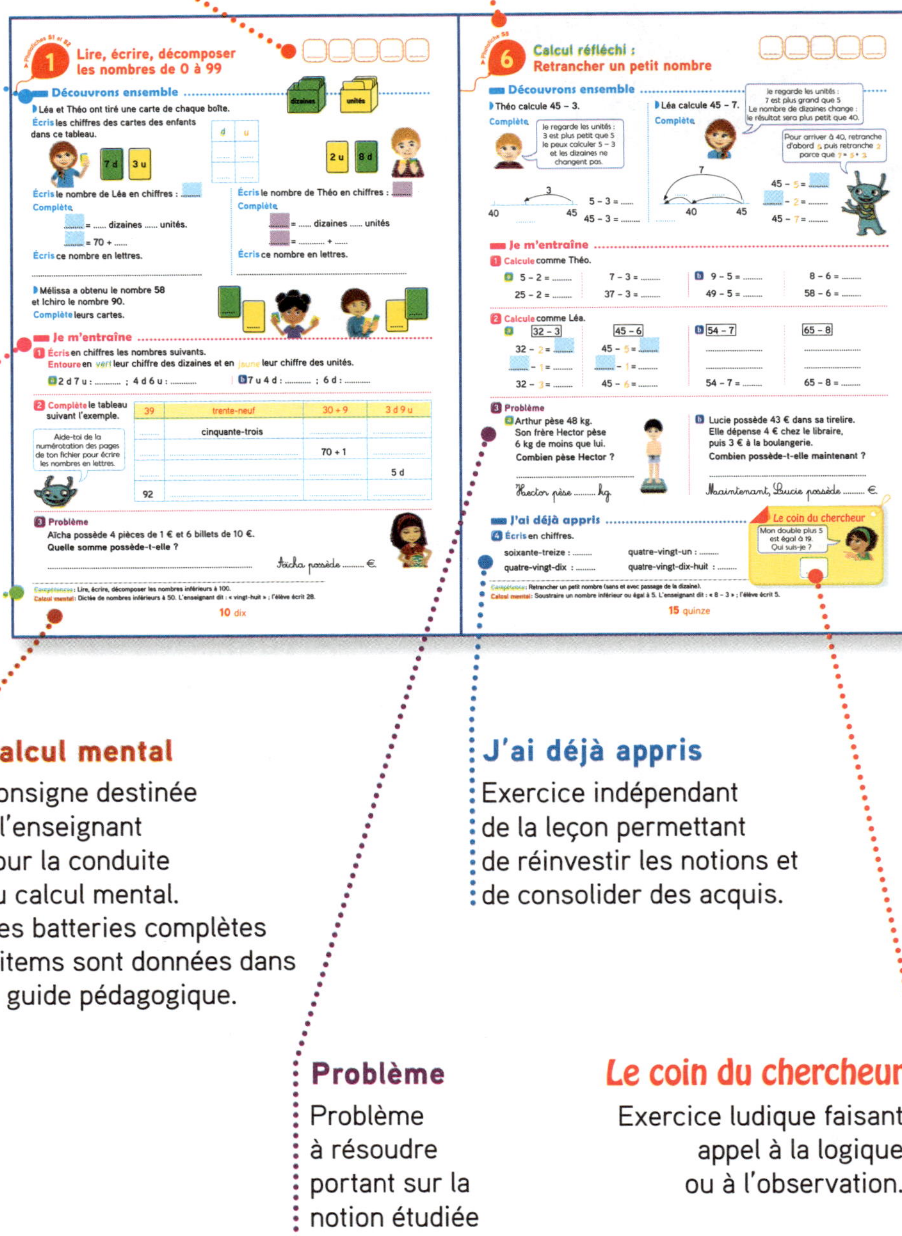

Compétence(s)

Information destinée à l'enseignant : compétence(s) des programmes traitée(s) dans la leçon.

Calcul mental

Consigne destinée à l'enseignant pour la conduite du calcul mental.
Des batteries complètes d'items sont données dans le guide pédagogique.

J'ai déjà appris

Exercice indépendant de la leçon permettant de réinvestir les notions et de consolider des acquis.

Problème

Problème à résoudre portant sur la notion étudiée dans la leçon.

Le coin du chercheur

Exercice ludique faisant appel à la logique ou à l'observation.

Problèmes

« Apprendre à résoudre » présente des problèmes de référence et des problèmes d'application pour les catégories de problèmes étudiés au CE2.

« Méthodologie », par une recherche graduée, initie les élèves aux différentes phases de la résolution de problèmes.

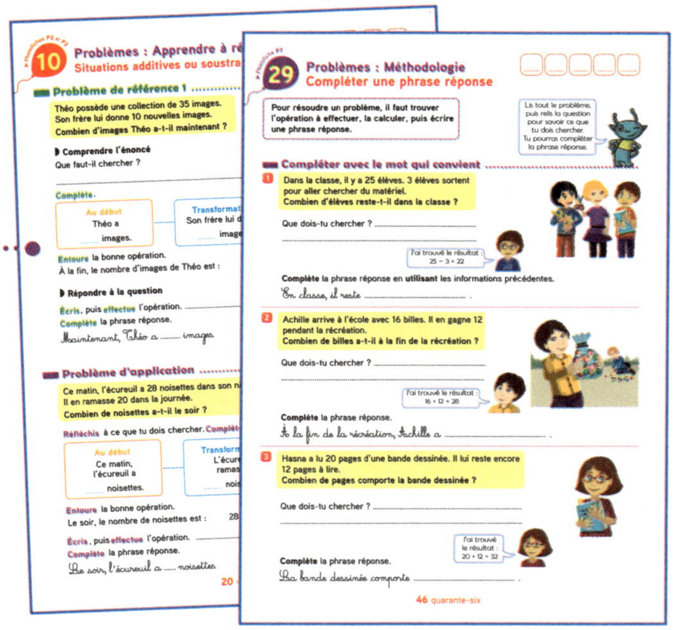

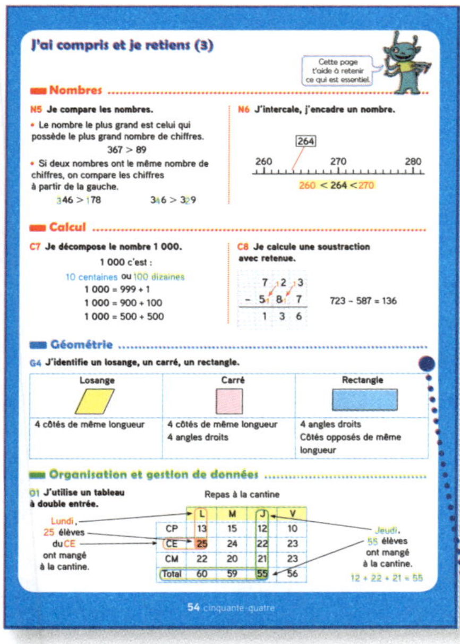

J'ai compris et je retiens

Cette page récapitule, sous forme décontextualisée, l'essentiel à retenir des leçons de la demi-période. Elle servira de « cahier-outil » lors de situations de réinvestissement ou de remédiation.

Je fais le point

Les élèves évaluent leurs acquis toutes les trois semaines environ.

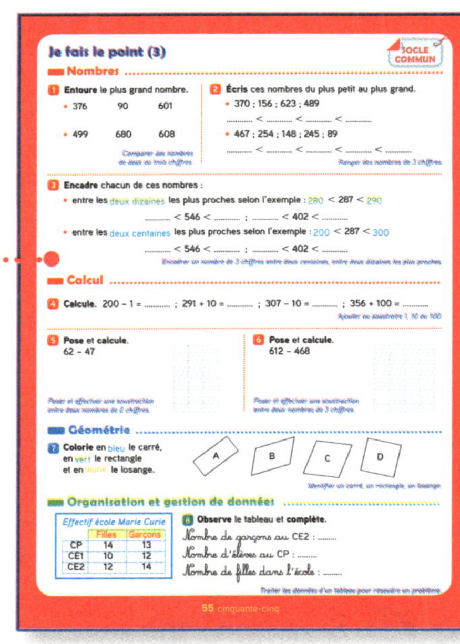

Maths Aventures

La résolution de ces situations à thème nécessite la mobilisation des connaissances acquises durant la période. L'aboutissement de l'activité avec l'obtention d'une médaille renforce son aspect ludique.

Sommaire

Période 4

Période 5

Sommaire
par domaines mathématiques

Nombres et calcul

Géométrie

Grandeurs et mesures

Organisation et gestion des données

Bienvenue au CE 2

Balade en ville

1 **Écris** les numéros des carrés.

☆ ....

Écris les numéros des rectangles.

....

2 Devant quelle graduation se trouve le chien ?

☆ ....

3 **Complète** les bulles avec la bonne unité : L (litre), kg (kilogramme), g (gramme).

☆

4 Quelle heure est-il ?

☆ ....

Si tu as colorié 7 ou 8 étoiles, colorie la médaille d'or ; 5 ou 6 étoiles, colorie la médaille d'argent ; sinon, colorie la médaille de bronze.

Quelle médaille as-tu obtenue ?

5 Le parking A est complet.
32 voitures sortent de ce parking.
Combien reste-t-il de voitures dans ce parking ?

.... = ...

6 Quel est le nombre total de places des deux parkings ?

.... = ...

7 François et ses deux filles vont au théâtre.
Combien vont-ils payer ?

.... = ...

8 **Écris** les numéros des cartes de Fatima, du plus petit au plus grand.

....

1 Lire, écrire, décomposer les nombres de 0 à 99

....	....	....	....	....

Découvrons ensemble

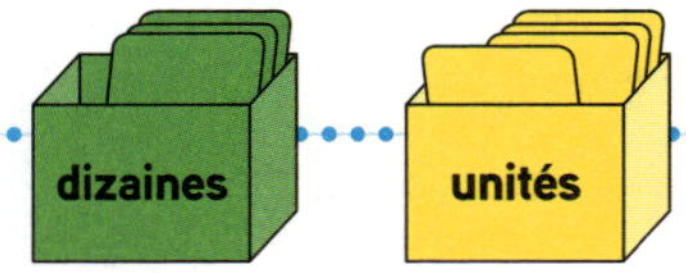

Léa et Théo ont tiré une carte de chaque boîte.

Écris les chiffres des cartes des enfants dans ce tableau.

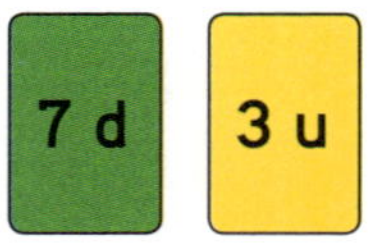

d	u
......	......
......	......

Écris le nombre de Léa en chiffres : ....

Complète.

.... = ... dizaines ...... unités.

.... = 70 + ...

Écris ce nombre en lettres.

....

Écris le nombre de Théo en chiffres : ....

Complète.

.... = ... dizaines ...... unités

.... = ... + ...

Écris ce nombre en lettres.

....

Mélissa a obtenu le nombre **58** et Ichiro le nombre **90**.

Complète leurs cartes.

Je m'entraîne

1 **Écris** en chiffres les nombres suivants.
Entoure en vert leur chiffre des dizaines et en jaune leur chiffre des unités.

a 2 d 7 u : .... ; 4 d 6 u : ....

b 7 u 4 d : .... ; 6 d : ....

2 **Complète** le tableau suivant l'exemple.

39	trente-neuf	30 + 9	3 d 9 u
....	cinquante-trois	....	....
....	....	70 + 1	....
....	....	....	5 d
92	....	....	....

Aide-toi de la numérotation des pages de ton fichier pour écrire les nombres en lettres.

3 **Problème**

Aïcha possède 4 pièces de 1 € et 6 billets de 10 €.
Quelle somme possède-t-elle ?

....

Aïcha possède .... €.

Compétences : Lire, écrire, décomposer les nombres inférieurs à 100.
Calcul mental : Dictée de nombres inférieurs à 50. L'enseignant dit : « vingt-huit » ; l'élève écrit 28.

Photofiche A1

2 Comparer, ordonner, intercaler les nombres de 0 à 99

....

Découvrons ensemble

Avec ces trois chiffres, **écris** tous les nombres possibles de deux chiffres.
Chaque chiffre ne peut être utilisé qu'une fois.

9 6 8

....

Range ces nombres du plus petit au plus grand.

....

Écris chacun de ces nombres sur son éléphant.

....

Pour comparer 2 nombres de 2 chiffres, compare d'abord leurs chiffres des dizaines.

Je m'entraîne

1 **Entoure** le plus grand des nombres de chaque drapeau.

a 78 69 80 — 36 58 47

b 48 52 47 — 96 95 87

2 **Range** les nombres de chaque soleil du plus petit au plus grand.

a 59 95 78 87 ....

b 69 90 86 71 83 ....

3 **Entoure** les nombres compris :

a entre 40 et 50.

24 36 47 64 54 45

b entre 60 et 80.

65 59 90 81 77 69 72

J'ai déjà appris

4 **Écris** ces nombres en chiffres.

a

3 d 6 u

....

b

2 u 7 d

....

Le coin du chercheur

Julia a plus d'images que Yarivo, mais moins que Lou.
Qui a le moins d'images ?

....

Compétences : Comparer, ordonner, intercaler les nombres inférieurs à 100.
Calcul mental : Dictée de nombres inférieurs à 100. L'enseignant dit : « soixante et onze » ; l'élève écrit 71.

3 Tracer et prolonger un segment

Découvrons ensemble

Trace les segments AB, BC, CD, DE, EA. **Colorie** en jaune la figure obtenue.

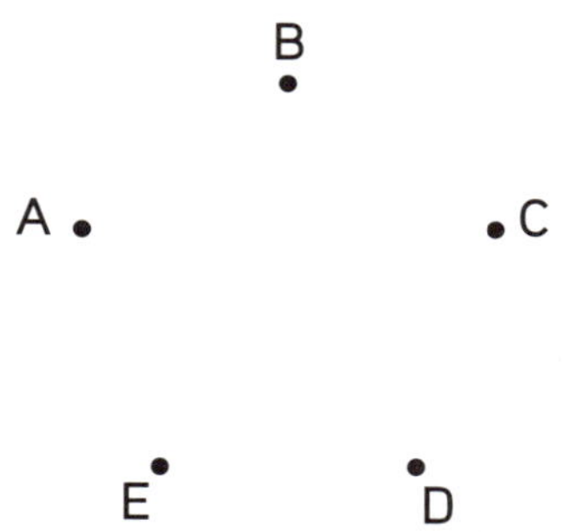

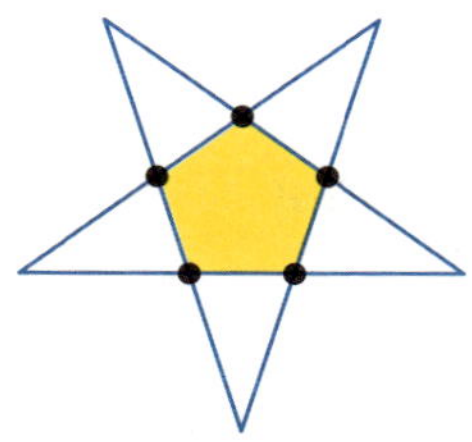

A est le nom du point noir.
A

A et B sont les extrémités du segment AB.
Le point P est aligné avec les points A et B.

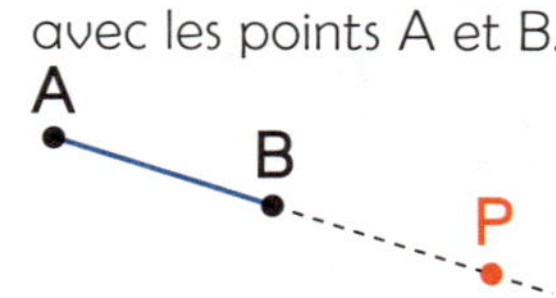

Prolonge ces segments pour obtenir une étoile.

Je m'entraîne

1 **Trace** tous les segments qui ont deux de ces points pour extrémités.

a

b

Utilise ta règle pour trouver un alignement ou pour prolonger un segment.

2 **Trace** le segment AB.
Prolonge-le jusqu'à la ligne bleue.

a

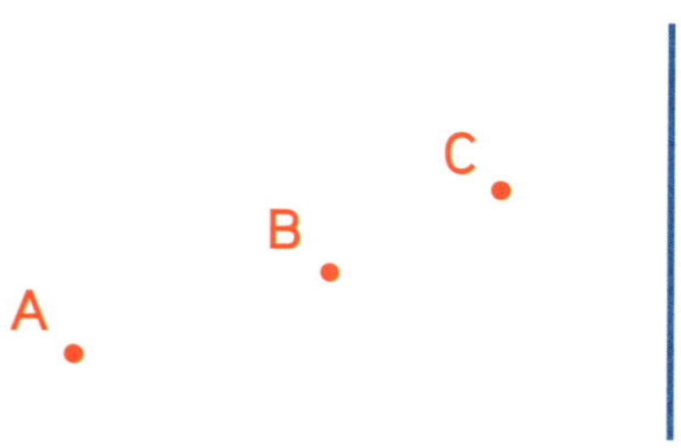

Le point C est-il aligné avec les points A et B ?

☐ Oui ☐ Non

b

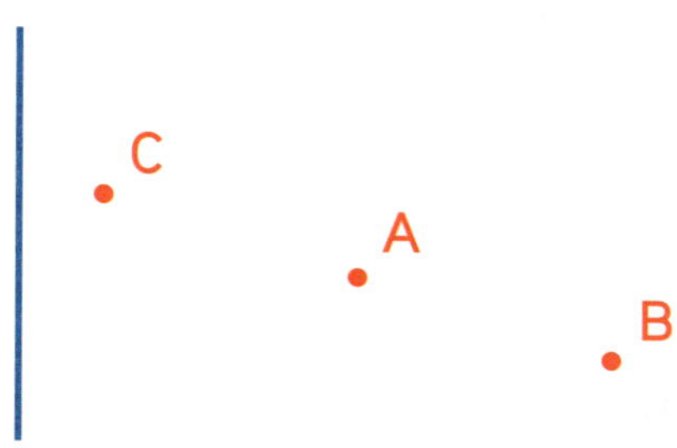

Le point C est-il aligné avec les points A et B ?

☐ Oui ☐ Non

Compétences : Tracer et prolonger un segment.
Calcul mental : Comparer des nombres inférieurs à 50. L'enseignant dit : « 28 et 19 » ; l'élève écrit le plus grand nombre : 28.

Photofiche A2

4 Comparer des longueurs

Découvrons ensemble

Utilise une bande de papier pour comparer les longueurs des segments AB et CD. Quel est le segment le plus long ?

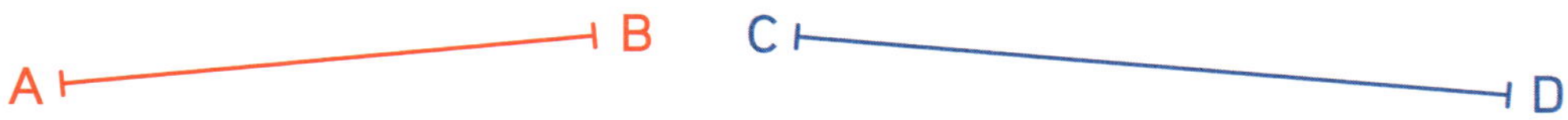

Complète. *Le segment .... est plus long que le segment ....*

Reporte les longueurs des contours de ces deux quadrilatères sur les lignes pointillées en utilisant une bande de papier.

A ⊢- - - - - - - - - - - - - - - - - - - -

B ⊢- - - - - - - - - - - - - - - - - - - -

Compare ces longueurs. **Complète.**

Le contour le plus long est celui de la figure ....

Je m'entraîne

1 **a** **Utilise** une bande de papier pour ranger ces segments du plus long au plus court.

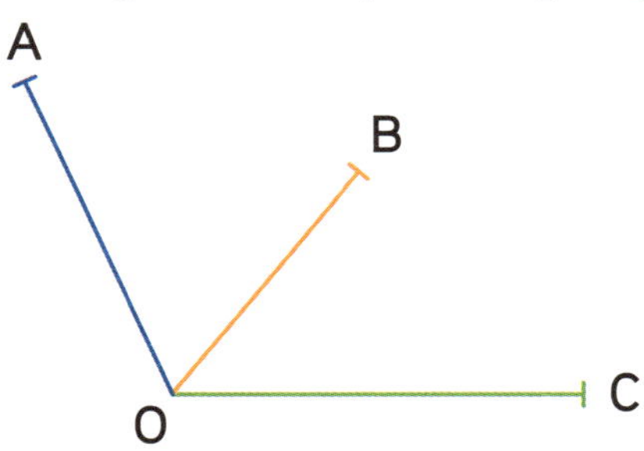

.... ; .... ; ....

b Pour savoir quelle est la ligne la plus longue, **reporte** leur longueur sur les lignes pointillées.

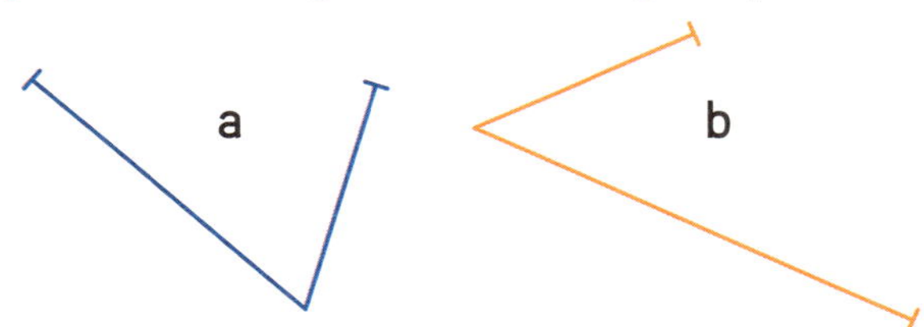

a ⊢- - - - - - - - - - - - - - - - - - - -

b ⊢- - - - - - - - - - - - - - - - - - - -

Entoure la lettre de la ligne la plus longue.

2 **Problème.** Les lignes orange et verte ont-elles la même longueur ?

⊢- - - - - - - - - - - - - - - - - - - -

⊢- - - - - - - - - - - - - - - - - - - -

Elles ont la même longueur. ☐ Oui ☐ Non

Le coin du chercheur

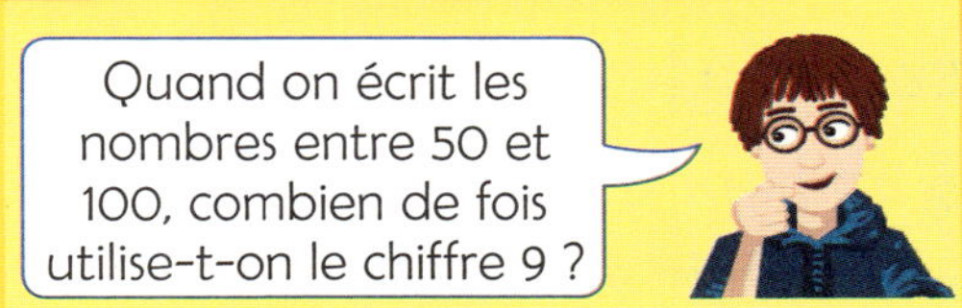

....

Compétence : Comparer des longueurs avec une bande de papier.
Calcul mental : Comparer des nombres inférieurs à 100. L'enseignant dit : « 64 et 58 » ; l'élève écrit le plus petit nombre : 58.

Photofiche S4

5

Calcul réfléchi : Ajouter un petit nombre

....

Découvrons ensemble

▶ Théo calcule 46 + 3.

Complète.

C'est facile. Je ne change pas de dizaine, car 6 + 3 est plus petit que 10.

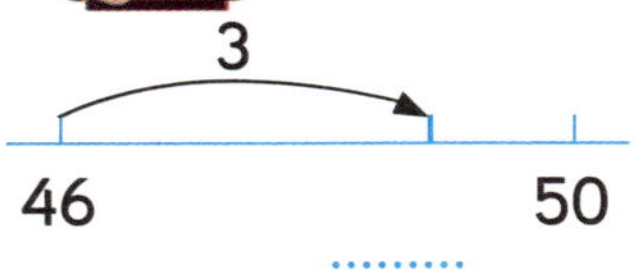

46 + 3 = ...

▶ Léa calcule 46 + 7.

Complète.

C'est plus difficile. Je change de dizaine, car 6 + 7 est plus grand que 10. Je compte d'abord de 46 à 50.

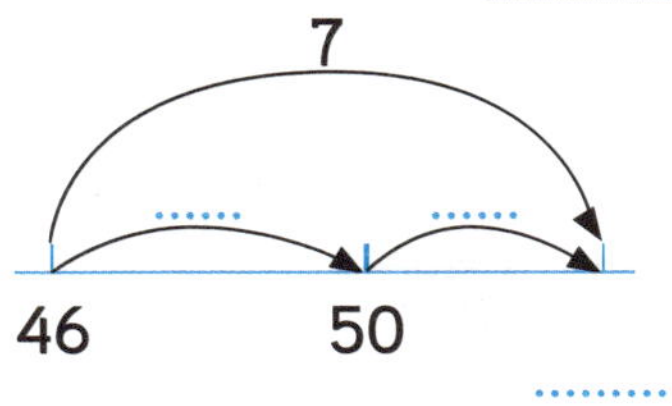

46 + 7 = 46 + ... + ...

46 + 7 = 50 + ...

46 + 7 = ...

Je m'entraîne

1 **Calcule** comme Théo.

a 34 + 5 = ...   51 + 4 = ...

73 + 3 = ...   57 + 2 = ...

b 32 + 7 = ...   21 + 8 = ...

73 + 6 = ...   40 + 9 = ...

2 **Calcule** comme Léa.

a • 26 + 5 = 26 + 4 + ...

26 + 5 = ... + ...

26 + 5 = ...

• 38 + 6 = 38 + 2 + ...

38 + 6 = ... + ...

38 + 6 = ...

b • 45 + 8 = 45 + ... + ...

45 + 8 = 50 + ...

45 + 8 = ...

• 87 + 7 = 87 + ... + ...

87 + 7 = 90 + ...

87 + 7 = ...

3 **Problème**

Sarah possède 45 € dans sa tirelire. Sa sœur lui donne 4 € et son frère 3 €.

Combien possède-t-elle maintenant ?

....

Maintenant, Sarah possède .... €.

J'ai déjà appris

4 **Entoure** le point qui est aligné avec les points A et B.

Compétence : Calculer une addition en ligne en utilisant le complément à la dizaine supérieure.

Calcul mental : Additionner 2 nombres inférieurs ou égaux à 5. L'enseignant dit : « 3 + 4 » ; l'élève écrit 7.

6 Calcul réfléchi : Retrancher un petit nombre

Découvrons ensemble

Théo calcule 45 – 3.

Complète.

Je regarde les unités :
3 est plus petit que 5
Je peux calculer 5 – 3
et les dizaines ne
changent pas.

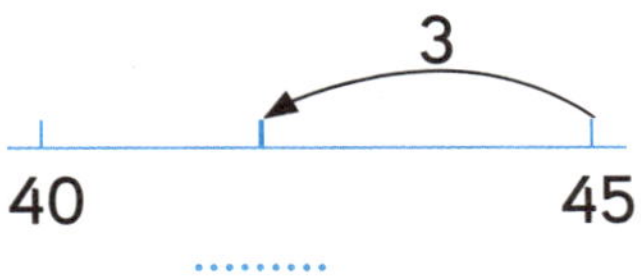

5 – 3 = ...

45 – 3 = ...

Léa calcule 45 – 7.

Complète.

Je regarde les unités :
7 est plus grand que 5
Le nombre de dizaines change :
le résultat sera plus petit que 40.

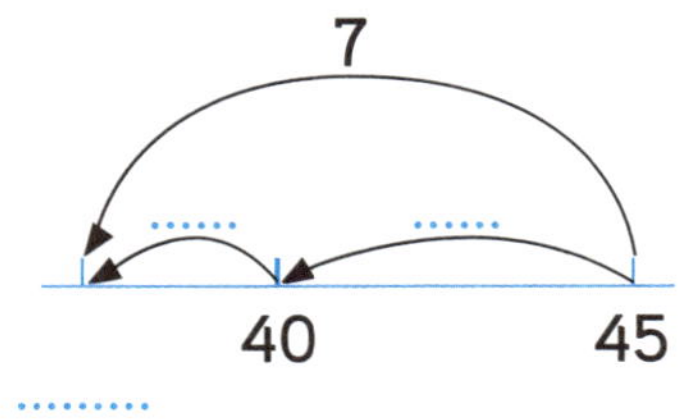

Pour arriver à 40, retranche d'abord 5, puis retranche 2 parce que 7 = 5 + 2.

45 – 5 = ...

.... – 2 = ...

45 – 7 = ...

Je m'entraîne

1 Calcule comme Théo.

a
5 – 2 = ...
25 – 2 = ...

7 – 3 = ...
37 – 3 = ...

b
9 – 5 = ...
49 – 5 = ...

8 – 6 = ...
58 – 6 = ...

2 Calcule comme Léa.

a
32 – 3
32 – 2 = ...
.... – 1 = ...
32 – 3 = ...

45 – 6
45 – 5 = ...
.... – 1 = ...
45 – 6 = ...

b
54 – 7
....
....
54 – 7 = ...

65 – 8
....
....
65 – 8 = ...

3 Problème

a Arthur pèse 48 kg.
Son frère Hector pèse
6 kg de moins que lui.
Combien pèse Hector ?

....

Hector pèse .... kg.

b Lucie possède 43 € dans sa tirelire.
Elle dépense 4 € chez le libraire,
puis 3 € à la boulangerie.
Combien possède-t-elle maintenant ?

....

Maintenant, Lucie possède .... €.

J'ai déjà appris

4 Écris en chiffres.

soixante-treize : ....

quatre-vingt-un : ....

quatre-vingt-dix : ....

quatre-vingt-dix-huit : ....

Le coin du chercheur

Mon double plus 5
est égal à 19.
Qui suis-je ?

......

Compétence : Retrancher un petit nombre (sans et avec passage de la dizaine).

Calcul mental : Soustraire un nombre inférieur ou égal à 5. L'enseignant dit : « 8 – 3 » ; l'élève écrit 5.

Photofiche P1

7 Problèmes : Méthodologie
Analyser l'énoncé et la question

Dans un problème, on distingue :
– un énoncé qui contient des informations ;
– une question qui se termine par un point d'interrogation (?).
S'il manque des informations pour répondre à la question, ce n'est pas un problème.

Identifier un problème

1 Lucas a rangé 20 CD sur une première étagère et 10 CD sur une deuxième étagère. Quel est le nombre total de CD rangés ?

Souligne la question.
Que cherche-t-on ? **Coche** la bonne réponse.

☐ Le nombre de CD rangés sur la première étagère. | ☐ Le nombre de CD rangés sur la deuxième étagère. | ☐ Le nombre de CD rangés sur les deux étagères.

Est-il possible de répondre ? ☐ Oui ☐ Non

Est-ce un problème ? ☐ Oui ☐ Non

2 Les élèves du CE2 ont besoin de 3 rouleaux de tissu pour réaliser les costumes du spectacle de fin d'année. Chaque rouleau coûte 20 €. Combien vont-ils dépenser ?

Souligne la question.
Que cherche-t-on ? **Coche** la bonne réponse.

☐ Le prix d'un rouleau. | ☐ Le prix de trois rouleaux. | ☐ Le nombre total de rouleaux.

Est-il possible de répondre ? ☐ Oui ☐ Non

Est-ce un problème ? ☐ Oui ☐ Non

3 Antoine a prêté des bandes dessinées de sa collection à ses copains. Il reste 10 bandes dessinées chez lui. Quel est le nombre de bandes dessinées de sa collection ?

Souligne la question.
Que cherche-t-on ? **Coche** la bonne réponse.

☐ Le nombre de BD prêtées. | ☐ Le nombre de BD qu'ont ses copains. | ☐ Le nombre total de BD qu'Antoine possède.

Est-il possible de répondre ? ☐ Oui ☐ Non

Est-ce un problème ? ☐ Oui ☐ Non

Associer énoncé-question

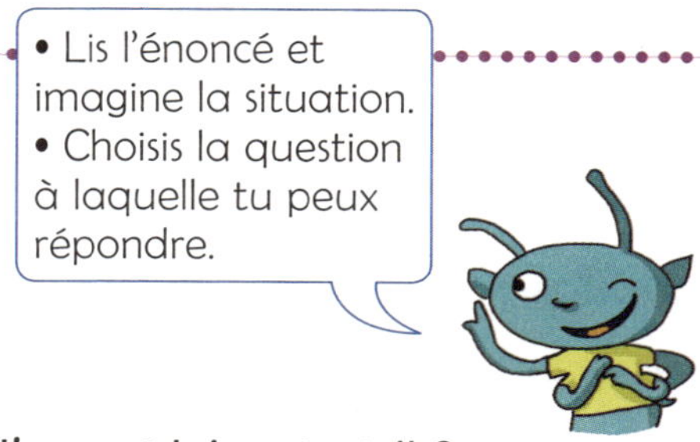

1 Théo a 16 € dans son porte-monnaie.
Il achète un livre à 7 €.

Entoure la question qui correspond à l'énoncé.

a Combien d'argent lui reste-t-il ?

b Combien d'argent a-t-il gagné ?

2 Sabrina a cueilli 15 roses, 12 tulipes et 5 marguerites.

Entoure la question qui correspond à l'énoncé.

a Combien de tulipes rouges a-t-elle cueillies ?

b Combien de fleurs a-t-elle cueillies ?

3 Le fleuriste a vendu 12 bouquets de fleurs. Il y a 6 fleurs par bouquet. Il vend chaque bouquet 10 €.

Entoure les questions qui correspondent à l'énoncé.

a Combien de fleurs a-t-il utilisées pour faire ces bouquets ?

b Combien a-t-il utilisé de roses ?

c Combien d'euros a-t-il gagnés ?

4 Karine a 7 billes bleues et 8 billes rouges en arrivant à l'école.
Elle perd 5 billes à la récréation.

Entoure les questions qui correspondent à l'énoncé.

a Combien de billes avait-elle en arrivant à l'école ?

b Combien de billes a-t-elle à la fin de la récréation ?

c Combien de billes rouges lui reste-t-il à la fin de la récréation ?

Compétences : Identifier un problème. Associer une ou plusieurs questions à un énoncé.
Calcul mental : Additionner deux nombres inférieurs à 10. L'enseignant dit : « 7 + 4 » ; l'élève écrit 11.

Photofiche S6

8 Trouver le milieu d'un segment

Découvrons ensemble

M est le milieu du segment AB si les segments AM et BM ont la même longueur.

▸ Le point M est-il le milieu du segment AB ? ☐ Oui ☐ Non

▸ **Observe** comment Léa trouve le milieu d'un segment avec l'aide d'une bande de papier.

1. Marque sur la bande les extrémités du segment AB.

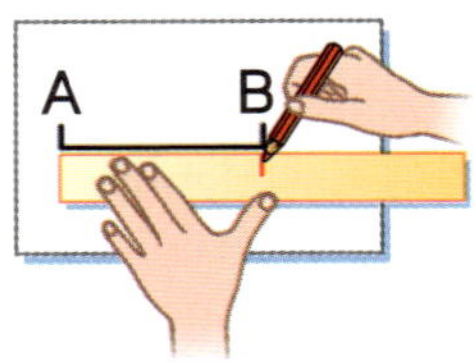

2. Plie la bande en deux (les deux marques l'une sur l'autre).

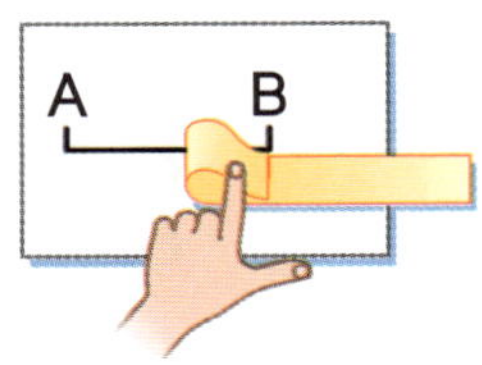

3. Le pli indique le milieu du segment AB.

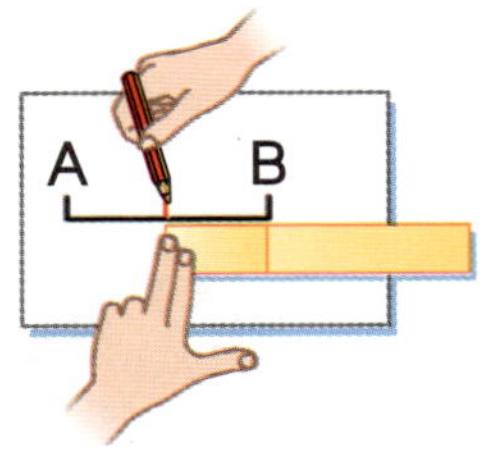

Trouve à ton tour le milieu I de ce segment.

Je m'entraîne

1 **Marque** en bleu le milieu de chaque segment.

a

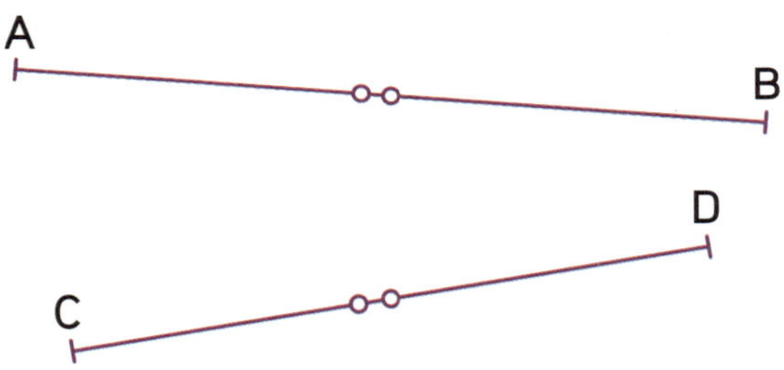

b

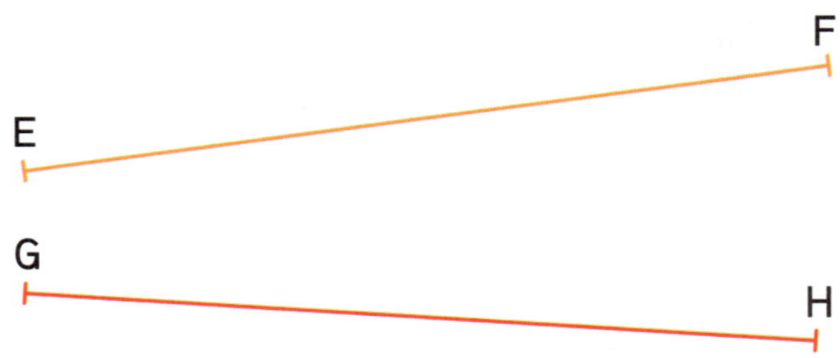

2 Pour chaque figure, **trace** le milieu des côtés, puis **joins** ces points à la règle.

a

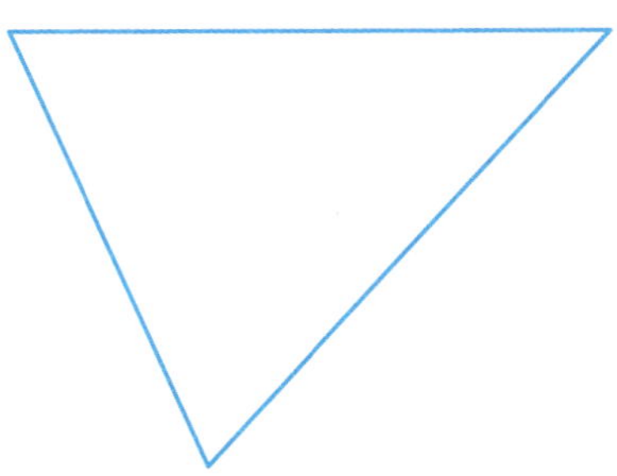

b

Compétences : Vérifier qu'un point est le milieu d'un segment. Construire le milieu d'un segment.
Calcul mental : Soustraire un nombre compris entre 5 et 10. L'enseignant dit : « 9 – 6 » ; l'élève écrit 3.

9 Mesurer une longueur avec la règle graduée

Découvrons ensemble

▶ **Entoure** l'enfant qui mesure correctement la longueur du segment AB.

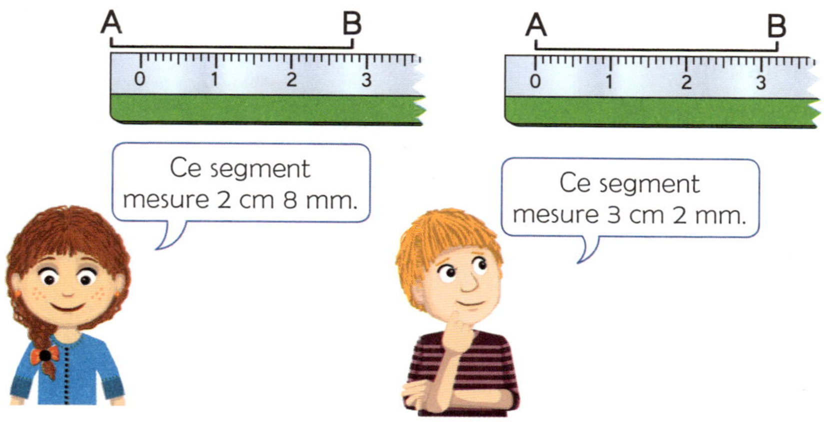

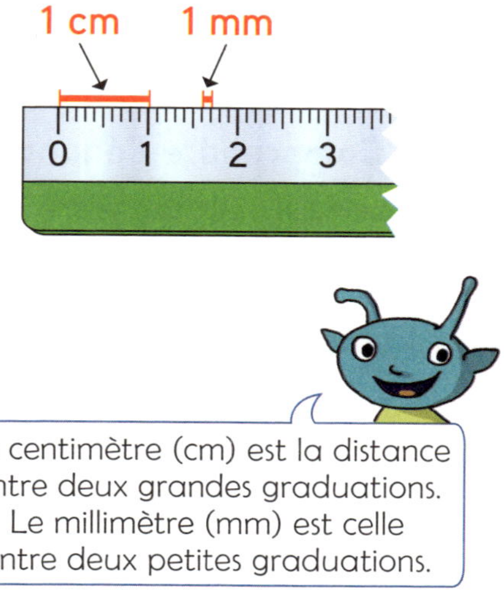

▶ À ton tour, **mesure** la longueur du segment orange.

.... cm ...... mm

Je m'entraîne

1 **Mesure** la longueur de chaque segment.

a

...... cm

...... cm

...... cm

b

...... cm ...... mm

...... cm ...... mm

...... cm ...... mm

2 **Reporte** les longueurs des côtés de ce triangle sur la ligne pointillée en utilisant une bande de papier.

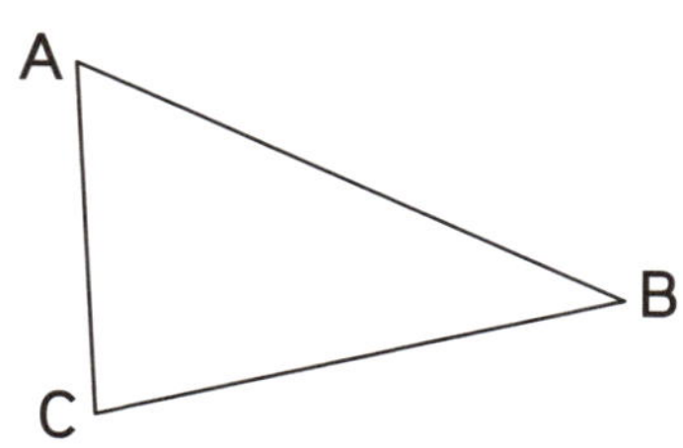

Mesure la longueur du grand segment que tu as obtenu.

La longueur de ce segment est ...... cm ...... mm.

Quelle est la longueur du tour de ce triangle ?

La longueur du tour de ce triangle est égale à ...... cm ...... mm.

Le coin du chercheur

Quand on écrit les nombres de 0 à 99, combien de fois utilise-t-on le chiffre 8 ?

....

Compétences : Mesurer des longueurs en utilisant la règle graduée. Exprimer la mesure en centimètres et millimètres.

Calcul mental : Ajouter un nombre inférieur ou égal à 5 à un nombre de 2 chiffres. L'enseignant dit : « 32 + 4 » ; l'élève écrit 36.

➤ Photofiches P2 et P3

10 Problèmes : Apprendre à résoudre
Situations additives ou soustractives (1)

....

Problème de référence 1

Théo possède une collection de 35 images.
Son frère lui donne 10 nouvelles images.
Combien d'images Théo a-t-il maintenant ?

Comprendre l'énoncé

Que faut-il chercher ?

....

Complète.

Au début	Transformation	À la fin ?
Théo a .... images.	Son frère lui donne .... images.	Théo a plus d'images qu'au début.

Entoure la bonne opération.

À la fin, le nombre d'images de Théo est : 35 – 10 35 + 10

Répondre à la question

Écris, puis **effectue** l'opération. .... = ...

Complète la phrase réponse.

Maintenant, Théo a .... images.

Ce ? indique ce que tu dois chercher.

Problème d'application

Ce matin, l'écureuil a 28 noisettes dans son nid.
Il en ramasse 20 dans la journée.
Combien de noisettes a-t-il le soir ?

Réfléchis à ce que tu dois chercher. **Complète.**

Au début	Transformation	À la fin ?
Ce matin, l'écureuil a .... noisettes.	L'écureuil ramasse .... noisettes.	Le soir, l'écureuil a plus de noisettes que le matin.

Entoure la bonne opération.

Le soir, le nombre de noisettes est : 28 – 20 28 + 20

Écris, puis **effectue** l'opération. .... = ...

Complète la phrase réponse.

Le soir, l'écureuil a ...... noisettes.

Problème de référence 2

Au restaurant scolaire, la corbeille de pains contient 36 petits pains au début du repas.
Les enfants en prennent 20.
Combien de petits pains reste-t-il dans la corbeille ?

Comprendre l'énoncé

Que faut-il chercher ?

....

Complète.

Au début	Transformation	À la fin
Au début du repas, il y a .... petits pains dans la corbeille.	Les enfants prennent .... petits pains.	À la fin du repas, il y a moins de petits pains qu'au début.

Entoure la bonne opération.
À la fin du repas, le nombre de petits pains est : 36 – 20 36 + 20

Répondre à la question

Écris, puis **effectue** l'opération. .... = ...

Complète la phrase réponse. *Il reste .... petits pains dans la corbeille.*

Problème d'application

Léa a 27 cerises dans son panier.
Elle en donne 10 à sa sœur.
Combien de cerises reste-t-il dans le panier de Léa ?

Réfléchis à ce que tu dois chercher. **Complète**.

Au début	Transformation	À la fin
Léa a .... cerises dans son panier.	Léa donne .... cerises à sa sœur.	Léa a moins de cerises qu'au début.

Entoure la bonne opération.
À la fin, le nombre de cerises dans le panier de Léa est : 27 – 10 27 + 10

Écris, puis **effectue** l'opération. .... = ...

Complète la phrase réponse. *Il reste .... cerises dans le panier de Léa.*

Compétence : Rechercher la valeur de l'état final dans des problèmes de transformation d'états.
Calcul mental : Soustraire un nombre inférieur ou égal à 5 à un nombre de 2 chiffres. L'enseignant dit : « 27 – 3 » ; l'élève écrit 24.

J'ai compris et je retiens (1)

Nombres

N1 Je lis, j'écris, je décompose les nombres.

75 → soixante-quinze
75 = 70 + 5
75 = 60 + 15

92 → quatre-vingt-douze
92 = 90 + 2
90 = 80 + 12

N2 Je compare les nombres.

- Le nombre le plus grand est celui qui possède le plus grand nombre de chiffres.

  67 est plus grand que 9.

- Si deux nombres ont le même nombre de chiffres, on compare les chiffres à partir de la gauche.

  57 est plus grand que 29
  car 5 est plus grand que 2.

Calcul

C1 J'ajoute un petit nombre.

On calcule 27 + 5.
27 + 5 = 27 + 3 + 2
27 + 5 = 30 + 2
27 + 5 = 32

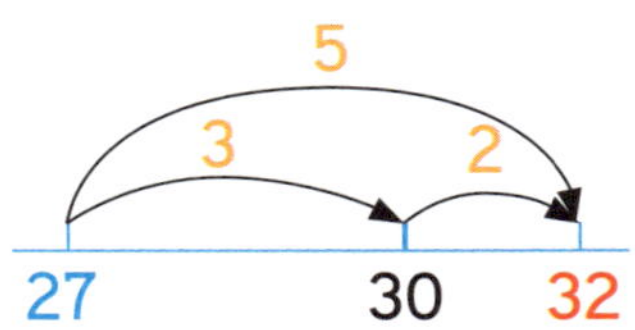

C2 Je retranche un petit nombre.

On calcule 45 – 7.
45 – 5 = 40
40 – 2 = 38
45 – 7 = 38

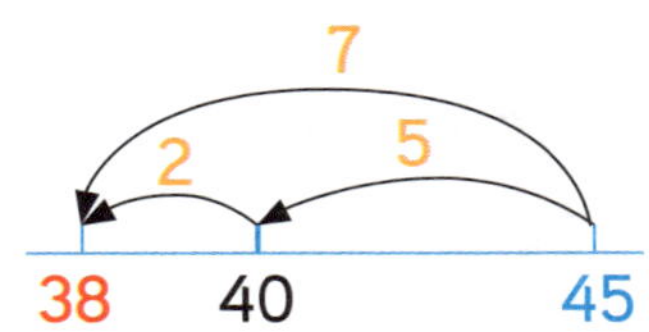

Géométrie

G1 Je prolonge un segment.

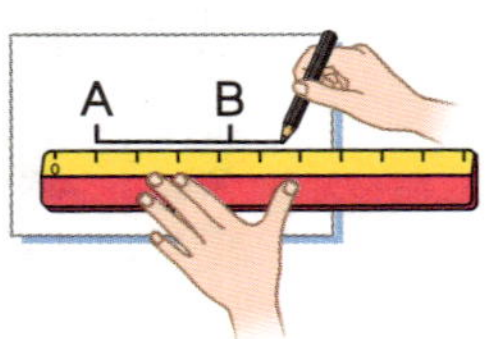

La règle doit être placée contre le segment AB.

G2 Je construis le milieu d'un segment.

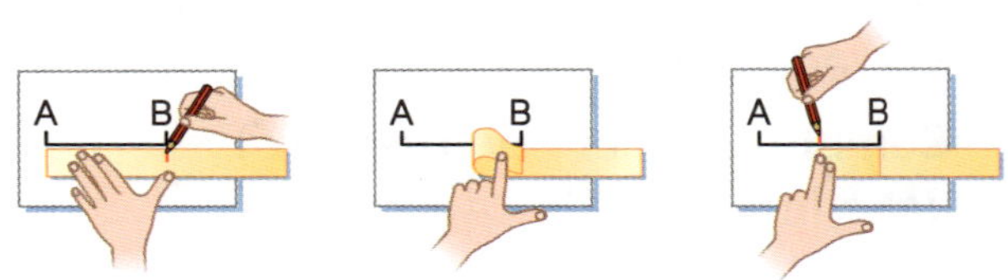

Pour trouver le milieu du segment AB, on utilise une bande de papier.

Mesures

M1 Je compare deux longueurs.

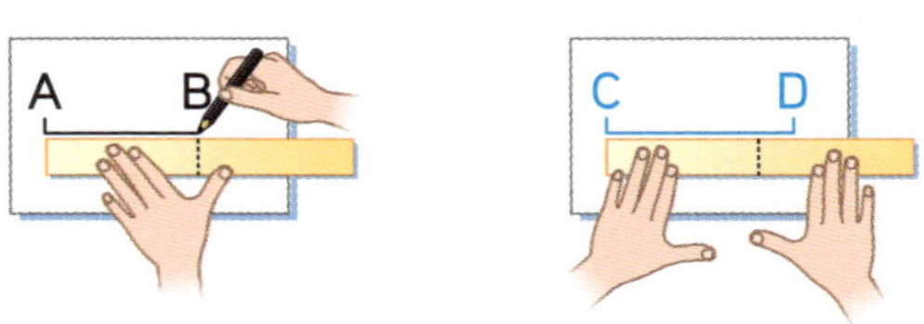

Le segment CD est plus long que le segment AB.

M2 Je mesure une longueur.

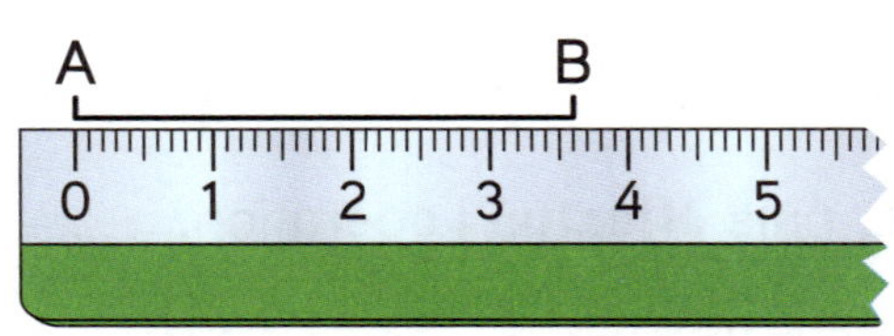

La longueur du segment AB est 3 cm 6 mm.

Je fais le point (1)

SOCLE COMMUN

Nombres

1 **Complète** le tableau, comme dans l'exemple.

soixante-trois	63	60 + 3
cinquante-huit	....	....
soixante-douze	....	....
quatre-vingt-quatre	....	....
quatre-vingt-dix-sept	....	....

Écrire en chiffres un nombre de deux chiffres.
Le décomposer de façon canonique.

2 **Entoure** le plus grand nombre de chaque nuage.

- 76 67
- 49 58 80

Comparer des nombres de deux chiffres.

3 **Écris** ces nombres du plus petit au plus grand.

- 70 ; 56 ; 23 ; 89 ....
- 67 ; 45 ; 54 ; 48 ; 89 ....

Ranger des nombres de deux chiffres.

Calcul

4 **Calcule.**

68 + 7 = ...

Ajouter un nombre de 1 chiffre.

5 **Calcule.**

72 − 5 = ...

Soustraire un nombre de 1 chiffre.

Géométrie

6 **Utilise** une bande de papier pour tracer le milieu du segment.

Construire le milieu d'un segment.

Mesures

7 **Mesure** la longueur du segment.

Longueur du segment : ...... cm ...... mm

Mesurer la longueur d'un segment.

11 Lire, écrire, décomposer les nombres de 0 à 999 (1)

......	......	......	......	......

Découvrons ensemble

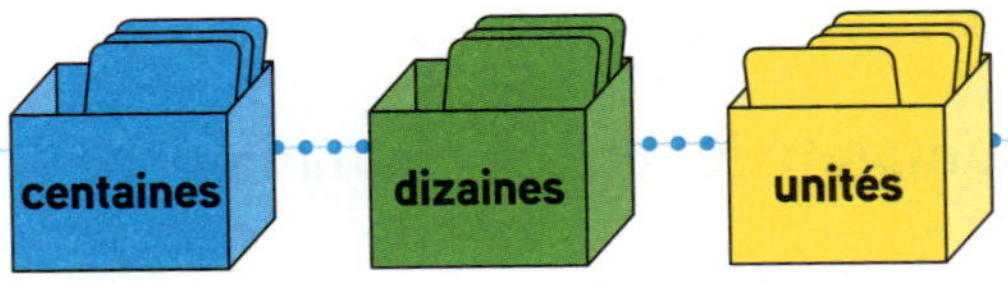

Théo et Léa tirent une carte de chaque boîte.

◗ **Écris** les chiffres des cartes des enfants dans ce tableau.

[1 d] [8 u] [5 c]

c	d	u
......	......	......
......	......	......

J'ai obtenu sept cent vingt-trois !

◗ **Écris** le nombre de Théo en chiffres : ....

Complète.

.... = ... centaines ...... dizaine ...... unités

.... = ... + ... + ...

Écris ce nombre en lettres.

....

◗ Le nombre de Léa s'écrit 723.

Complète.

723 = ... + ... + ...

723, c'est ...... c ...... d ...... u.

[.... d] [.... c] [.... u]

Je m'entraîne

1 **Écris** les nombres de Théo et de Léa, puis **entoure** leur chiffre des centaines.

a  [3 c] [4 d] [6 u] ....

b  [5 u] [2 d] [4 c] ....

2 **Écris** en chiffres.

a
- cent trente-huit : ....
- deux cent soixante-trois : ....

b
- cent quatre-vingt-deux : ....
- trois cent soixante-dix-neuf : ....

3 **Complète** le tableau suivant l'exemple.

247	deux cent quarante-sept	200 + 40 + 7	2 c 4 d 7 u
....	cinq cent trente-deux	....	....
....	....	300 + 50 + 8	....
....	....	....	6 c 2 d 5 u

J'ai déjà appris

4 **Mesure** la longueur de chaque segment.

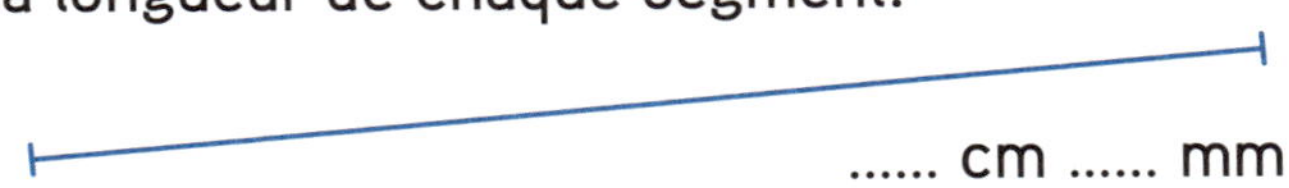

...... cm ...... mm

...... cm ...... mm

Compétences : Lire, écrire et décomposer les nombres inférieurs à 1 000.

Calcul mental : Additionner 5 à un nombre se terminant par 5. L'enseignant dit : « 15 + 5 » ; l'élève écrit 20.

Photofiche S7

12 Lire, écrire, décomposer les nombres de 0 à 999 (2)

....	....	....	....	....

Découvrons ensemble

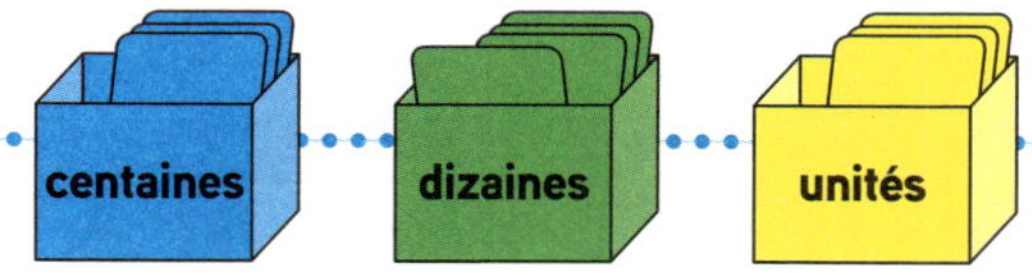

Théo et Léa tirent chacun deux cartes.

Écris les chiffres des cartes des enfants dans ce tableau.
Complète avec des zéros pour trouver le nombre obtenu par chaque enfant.

7 c | 2 d

c	d	u
......	......	......
......	......	......

Écris le nombre de Théo en chiffres : ....

Complète. .... = 700 + ...

Écris ce nombre en lettres.

....

Écris le nombre de Léa en chiffres : ....

Complète. .... = 800 + ...

Écris ce nombre en lettres.

....

Je m'entraîne

1 **Écris** les nombres en t'aidant du tableau de numération.
Entoure en bleu le chiffre des centaines, en vert celui des dizaines et en jaune celui des unités.

a 5 c 3 d .... 1 d 9 c ....

b 3 c 8 u .... 6 u 4 c ....

2 **Écris** en chiffres.

a trois cent soixante-dix : ....
cinq cent quatre-vingts : ....

b quatre cent deux : ....
trois cent sept : ....

3 **Complète** le tableau suivant l'exemple.

207	deux cent sept	200 + 7	2 c 7 u
....	cinq cent trente	....	....
....	....	400 + 50	....
....	....	....	9 c 6 u

4 **Devinette : Réponds** à la devinette de Mathix.

Je suis un nombre de 3 chiffres. Si on m'ajoute 8 centaines, tous mes chiffres sont alors égaux à 9. Qui suis-je ?

Je suis le nombre ....

Le coin du chercheur

Quel est le double du double de 10 ?

....

Compétences : Lire, écrire et décomposer les nombres inférieurs à 1 000 comportant un zéro.
Calcul mental : Dictée de nombres de 3 chiffres sans zéro intercalé. L'enseignant dit : « cent vingt-cinq » ; l'élève écrit 125.

13 Angle droit et équerre

Découvrons ensemble

Utilise ton équerre pour trouver les angles droits de ces figures.

Entoure les sommets des angles droits.

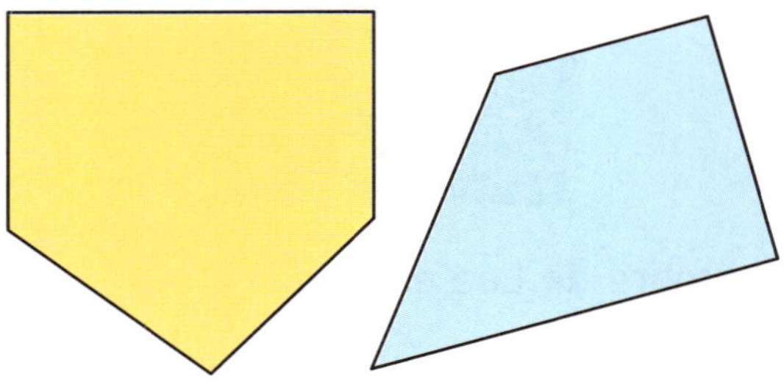

Trace un angle droit, comme le fait Théo.

Place une gommette sur l'équerre de ta trousse pour repérer l'angle droit.

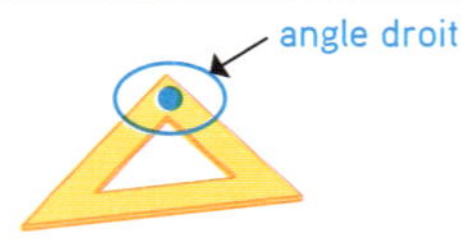

Je m'entraîne

1 **Utilise** ton équerre pour trouver les angles droits. **Entoure** les sommets des angles droits.

a

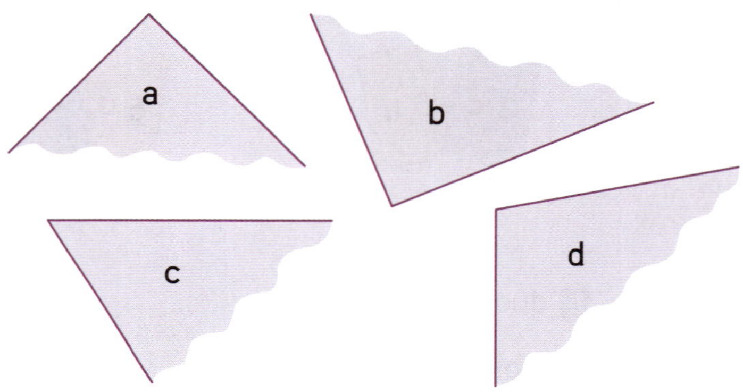

b

2 **a** **Trace** un angle droit.

b **Trace** un angle droit. Le sommet et un côté sont déjà tracés.

Pense à tourner ton équerre !

J'ai déjà appris

3 **Entoure** en bleu le chiffre des centaines, en vert le chiffre des dizaines dans chaque nombre.

6 7 8 5 0 2 3 4 7 2 9 0

Compétences : Vérifier qu'un angle est droit en utilisant l'équerre. Tracer un angle droit.

Calcul mental : Dictée de nombres de 3 chiffres avec zéro intercalé. L'enseignant dit : « deux cent cinq » ; l'élève écrit 205.

14 Identifier et tracer un triangle rectangle

Découvrons ensemble

Un triangle rectangle est un triangle qui possède un angle droit.

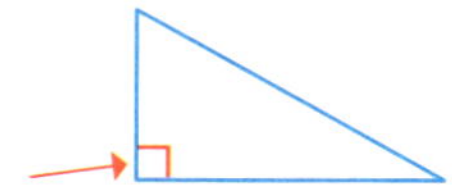

Entoure les lettres des figures qui sont des triangles rectangles ?

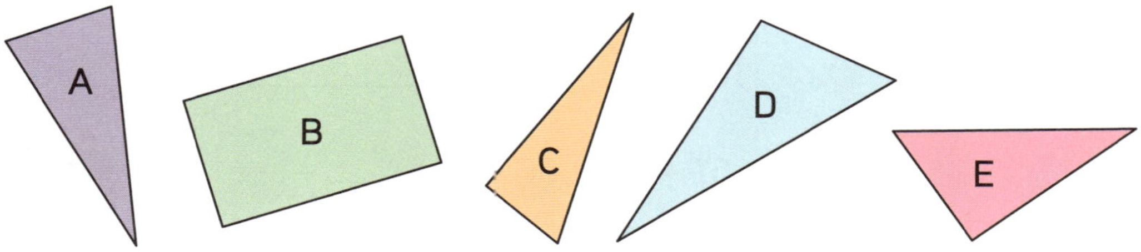

Utilise le quadrillage pour tracer un triangle rectangle.

Utilise ton équerre pour tracer un triangle rectangle.

Je m'entraîne

1 **Entoure** les lettres des triangles rectangles.

a

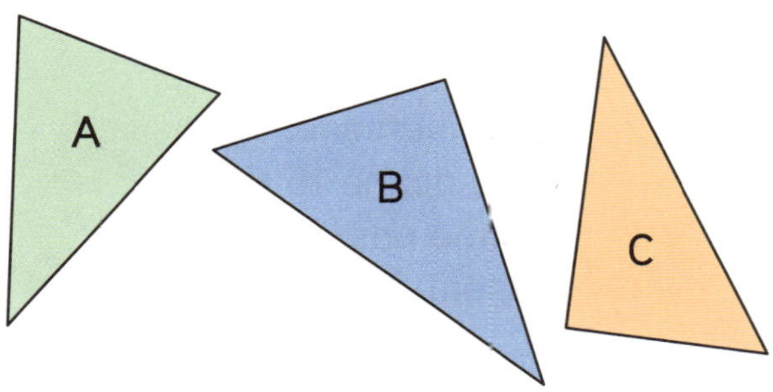

b

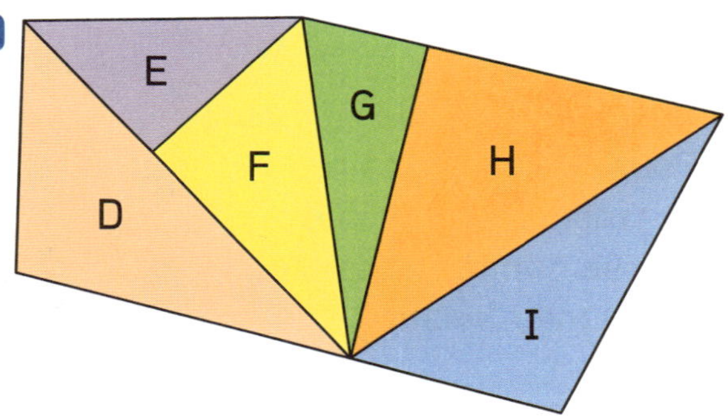

2 **Problème**

Trace un triangle rectangle : le point bleu est le sommet de l'angle droit. Un côté est déjà tracé.

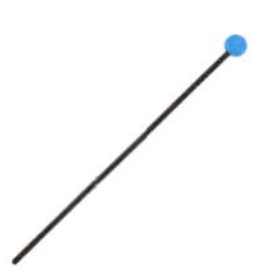

Tu as plusieurs possibilités !

Le coin du chercheur

Monsieur Saumon remonte chaque jour 10 km de rivière. Chaque nuit, le courant le fait redescendre de 2 km. S'il part lundi matin, quelle distance aura-t-il parcourue jeudi soir ? ....

Compétences : Reconnaître, décrire, nommer, tracer un triangle rectangle. Vérifier la nature d'une figure en utilisant l'équerre.
Calcul mental : Additionner 10. L'enseignant dit : « 35 + 10 » ; l'élève écrit 45.

Photofiche S8

15 Calcul réfléchi : Ajouter un nombre de deux chiffres

Découvrons ensemble

Théo calcule **70 + 12**.

Je décompose 12 :
12 = 10 + ...

Complète.

70 + 12 = 70 + 10 + ...
70 + 12 = ... + ...
70 + 12 = ...

Léa calcule **57 + 25**.

Je décompose d'abord les deux nombres :
57 = 50 + ... 25 = 20 + ...

57 + 25 = 50 + 20 + ... + ...
57 + 25 = ... + ...
57 + 25 = ...

Je m'entraîne

1 Complète.

a
- 30 + 14 = 30 + 10 + ...
  30 + 14 = ... + ...
  30 + 14 = ...
- 50 + 36 = 50 + 30 + ...
  50 + 36 = ... + ...
  50 + 36 = ...

b
- 23 + 45 = 20 + 40 + ... + ...
  23 + 45 = ... + ...
  23 + 45 = ...
- 36 + 57 = 30 + ... + ... + ...
  36 + 57 = ... + ...
  36 + 57 = ...

2 Problèmes

a Lucie a 40 € dans sa tirelire.
Pour son anniversaire,
sa tante lui donne 15 €.
Quelle somme possède-t-elle maintenant ?

....

Maintenant, Lucie possède .... €.

b Pierre a 47 € dans sa tirelire.
Pour son anniversaire,
son oncle lui donne 15 €.
Quelle somme possède-t-il maintenant ?

....

Maintenant, Pierre possède .... €.

J'ai déjà appris

3 Le livre de Grégoire compte 89 pages.
Il a déjà lu 45 pages.
Combien de pages lui reste-t-il à lire ?

....

Il lui reste .... pages à lire.

Aide-toi du problème de référence 2 de la leçon 10.

Compétence : Calculer une addition en ligne.
Calcul mental : Additionner des dizaines entières. L'enseignant dit : « 35 + 20 » ; l'élève écrit 55.

Photofiches S9 et A4

16 L'addition posée avec retenue

Découvrons ensemble

Théo calcule **548 + 357**.

Complète son calcul.

	c	d	u
	(1)	(1)	
	5	4	8
+	3	5	7
	......	......	5

548 + 357 = ...

Léa calcule **297 + 409 + 54**.

Pose et **calcule**.

	c	d	u
	......	......	......
+	......	......	......
+		......	......
		......	......

297 + 409 + 54 = ...

Je m'entraîne

1 Calcule.

a

	3	5	6
+		8	7
	......	......	......

	4	6	5
+	3	0	8
	......	......	......

b

	5	1	3
+	2	6	7
+	1	8	3
	......	......	......

		1	5
+	3	6	7
+	1	5	3
	......	......	......

2 Pose et effectue.

a 285 + 136   866 + 38

b 318 + 124 + 278   190 + 486 + 19

3 Problème

Combien pèsent les trois caisses ?

Les trois caisses pèsent .... kg.

Le coin du chercheur

Quatre enfants d'une même famille se suivent à trois ans d'intervalle. L'aîné a 16 ans.

Quel âge a le plus jeune ?

....

Compétence : Maîtriser la technique de l'addition posée avec retenue.

Calcul mental : Soustraire 10. L'enseignant dit : « 42 – 10 » ; l'élève écrit 32.

17 Connaître la monnaie

Découvrons ensemble

Les pièces

Observe les pièces des pages matériel **A** et **B**.

Colle les pièces en centimes par ordre croissant (de la plus petite à la plus grande valeur).

Combien de pièces différentes en euro **comptes**-tu ? ....

Écris leur valeur. ....

Dessine 5 pièces pour faire 1 €.

Les billets

Observe les billets de la page matériel **B**.

Dessine 4 billets pour faire 100 €.

Je m'entraîne

1 Parmi ces pièces ou ces billets, **barre** ceux qui n'existent pas.

a

b

2 **a** **Dessine** 2 pièces pour faire 1 €.

b **Dessine** 3 pièces pour faire 1 € 50 c.

3 **Problème.** **Entoure** les pièces et le billet qui permettent d'obtenir.

a 1 € 30 c

b 7 € 10 c

Compétence : Connaître l'euro et le centime.

Calcul mental : Soustraire des dizaines entières. L'enseignant dit : « 45 – 30 » ; l'élève écrit 15.

Photofiches S10 et A5

18 Payer avec la monnaie

Découvrons ensemble

▶ Théo et Léa comparent leur argent. Combien Théo possède-t-il ? Léa a-t-elle raison ?

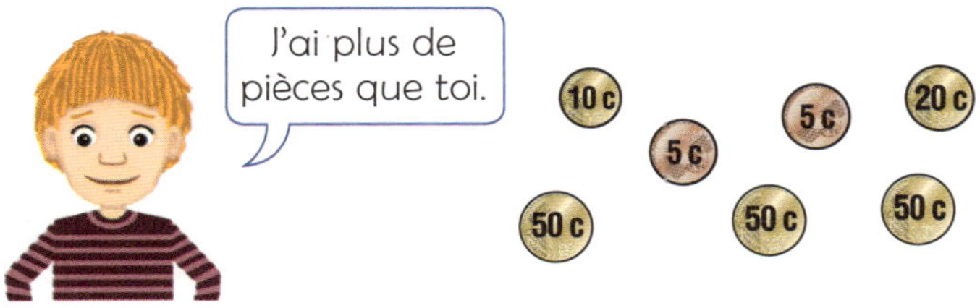

Théo possède ....

Léa a-t-elle raison ? ☐ Oui ☐ Non

▶ **Dessine** les pièces et les billets nécessaires à Mélissa pour acheter ce collier.

Je m'entraîne

1 Parmi ces pièces et billets, **entoure** ceux qui te permettent d'acheter ces objets.

a

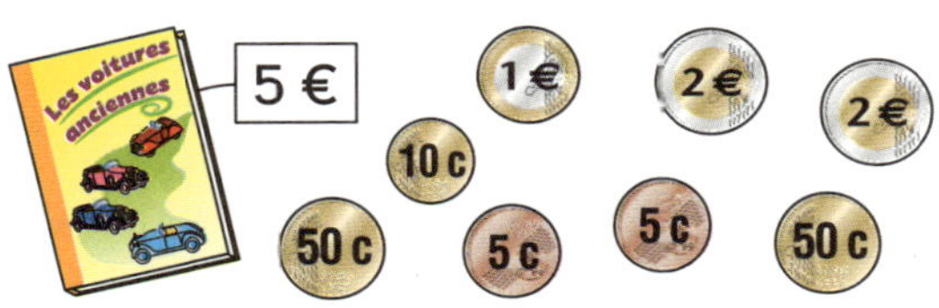

b

2 **Dessine** les pièces et les billets pour acheter ces bouquets.

a

b

3 **Problème**

Camille possède 700 centimes.
Quelle somme lui manque-t-il pour acheter ce ballon ?

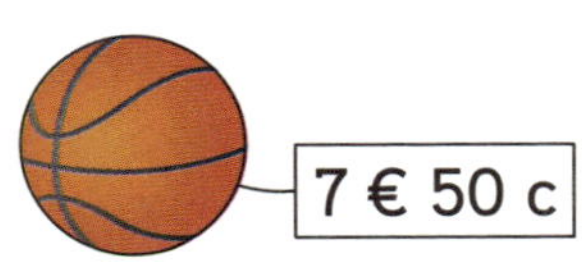

700 c = ... €

Pour acheter ce ballon, il lui manque ....

Le coin du chercheur

Harpagon est content. Il sait que chaque jour sa fortune double.
Lundi, il possède 3 écus.
Combien aura-t-il d'écus samedi ?

....

Compétence : Faire l'appoint en euros et en centimes.
Calcul mental : Calculer le complément à la dizaine supérieure. L'enseignant écrit : « 38 + ... = 40 » ; l'élève écrit 2.

Photofiche P4

19

Problèmes : Apprendre à résoudre
Reproduire une figure géométrique

Problème de référence 1

Reproduis la figure.

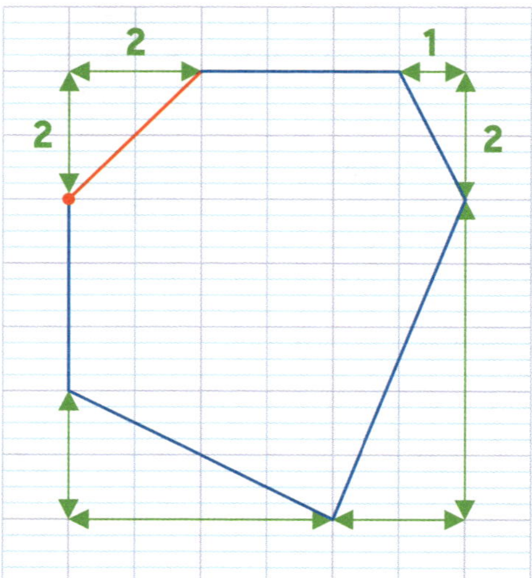

Commence par tracer le segment rouge en repérant ses extrémités grâce aux flèches vertes. Compte les carreaux horizontalement et verticalement.

Trace ensuite les segments qui suivent.

Problème d'application

Reproduis cette figure.

a

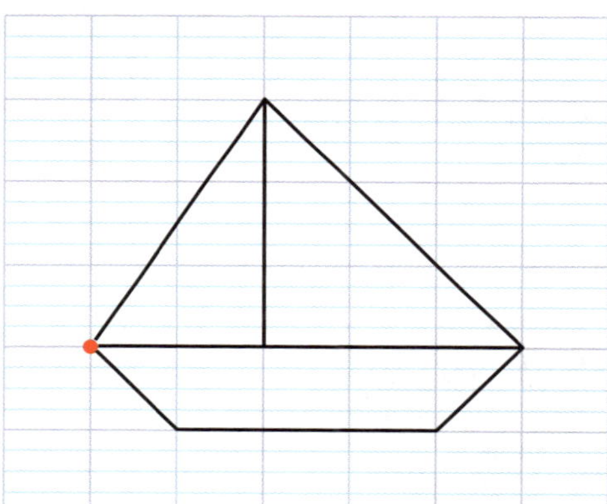

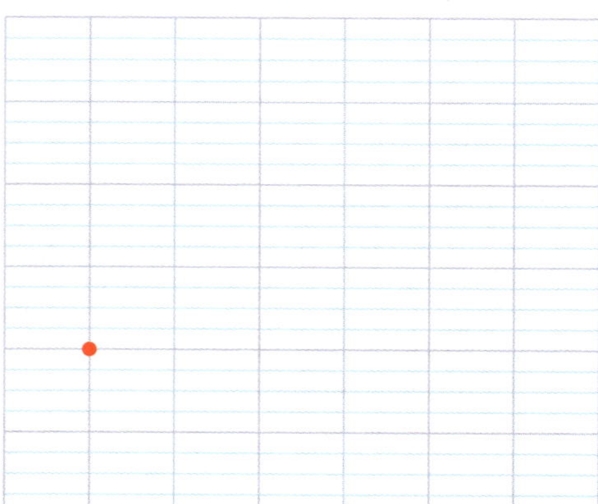

b

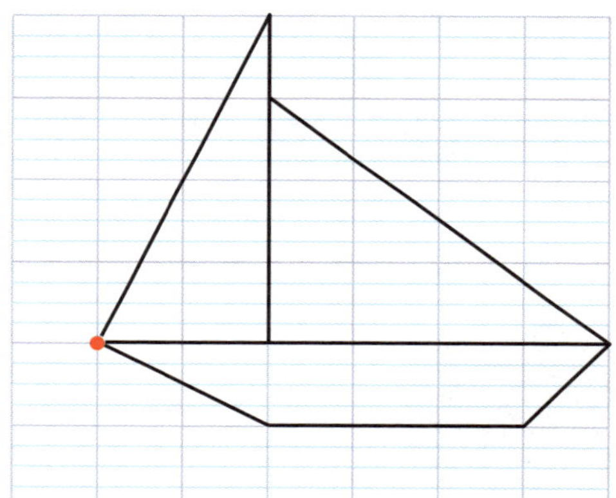

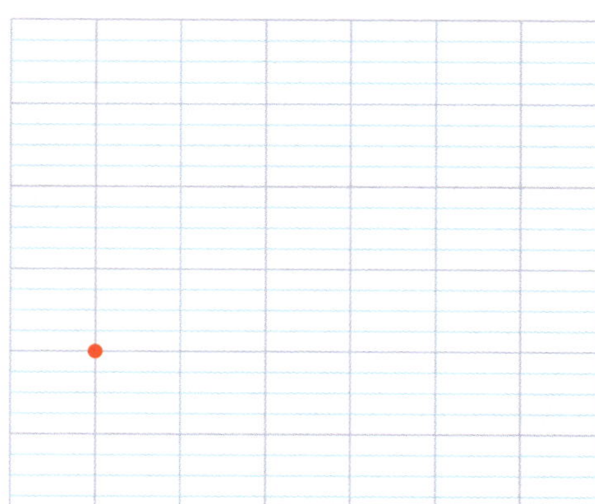

Problème de référence 2

Reproduis la figure bleue.

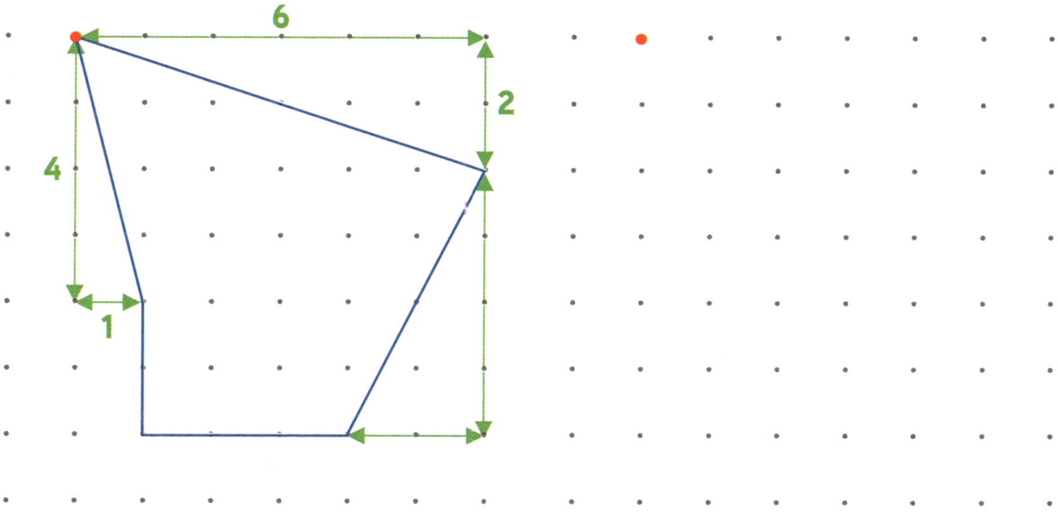

Problème d'application

Reproduis cette figure.

a

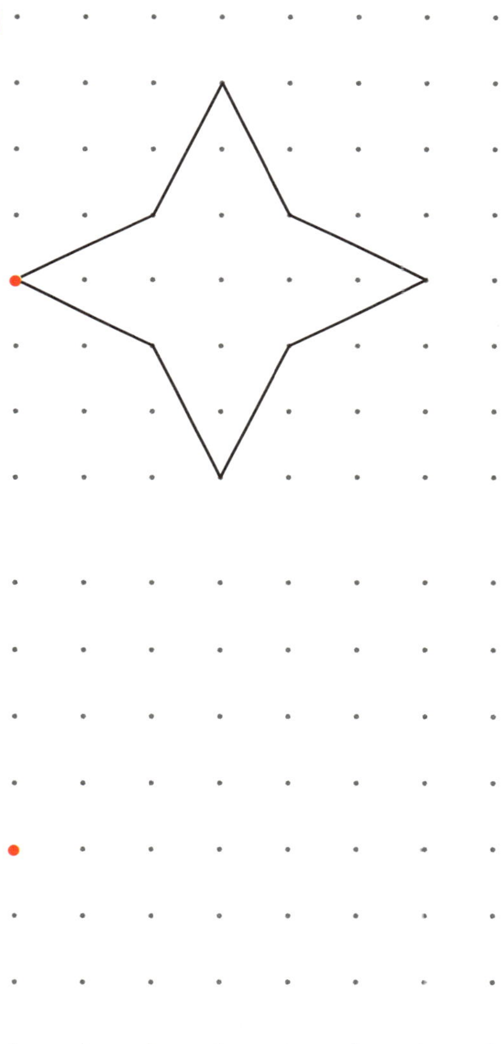

b

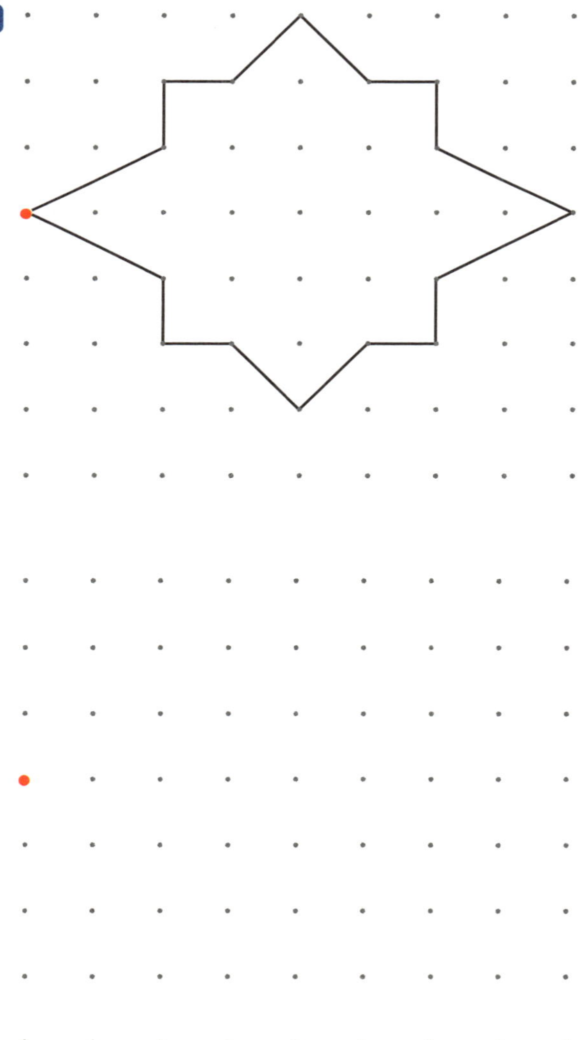

Compétence : Reproduire une figure sur quadrillage ou sur papier pointé.
Calcul mental : Additionner un nombre de 1 chiffre (avec franchissement de la dizaine). L'enseignant dit : « 18 + 5 » ; l'élève écrit 23.

20 Calcul réfléchi : Retrancher un nombre de deux chiffres

Découvrons ensemble

Théo calcule 35 – 14.

Complète.

14 = 10 + 4
Je retranche d'abord 10, puis je retranche 4.

35 – 10 = ...
.... – 4 = ...
35 – 14 = ...

Léa calcule 35 – 17.

Complète le schéma pour terminer son calcul.

17 = 10 + 7
Je retranche d'abord 10.
35 – 10 = 25
Puis je retranche 7.

35 – 17 = ...

Pour retrancher 7, retranche d'abord 5 pour arriver à 20, puis retranche 2 parce que 7 = 5 + 2

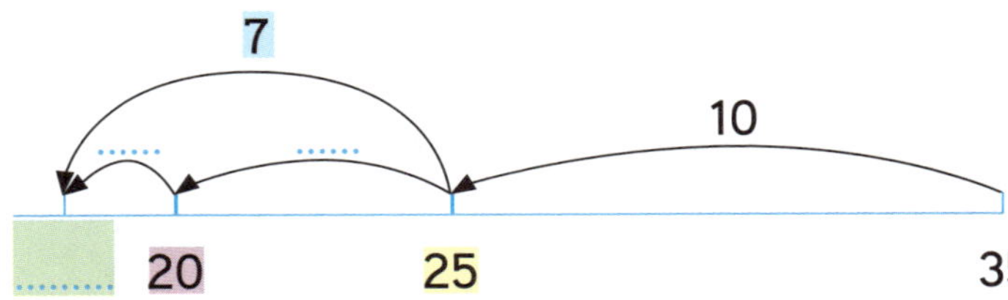

Je m'entraîne

1 Calcule comme Théo.

a

38 – 15

38 – 10 = ...
.... – 5 = ...
38 – 15 = ...

36 – 23

36 – 20 = ...
.... – 3 = ...
36 – 23 = ...

b

74 – 32

74 – 30 = ...
.... – 2 = ...
74 – 32 = ...

98 – 53

98 – 50 = ...
.... – 3 = ...
98 – 53 = ...

2 Calcule comme Léa. **Aide**-toi du schéma.

a 32 – 15

15 = 10 + 5

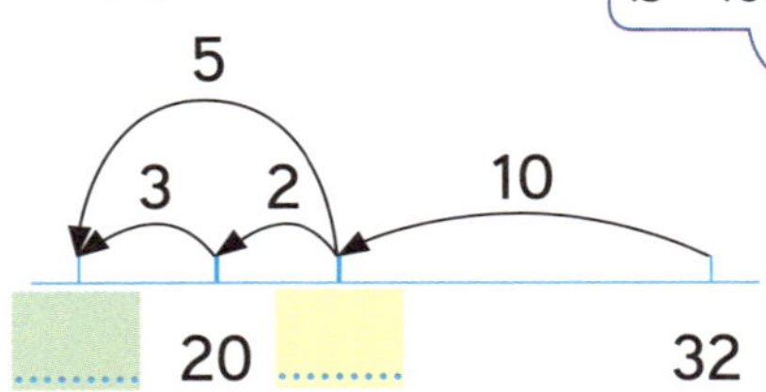

32 – 15 = ...

b 73 – 38

38 = 30 + 8

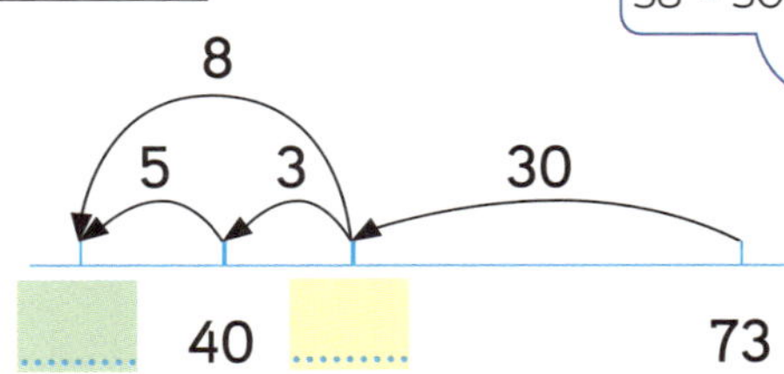

73 – 38 = ...

3 Problème

Hector a 38 ans. Sa fille Victoria a 25 ans de moins.
Quel est l'âge de Victoria ?

.... *Victoria a .... ans.*

Compétence : Retrancher un nombre de deux chiffres en passant la dizaine.
Calcul mental : Additionner un nombre de 1 chiffre (avec franchissement de la dizaine). L'enseignant dit : « 47 + 8 » ; l'élève écrit 55.

21 La soustraction posée sans retenue

Découvrons ensemble

▶ Théo calcule 568 − 237.

Complète.

	c	d	u
	5	6	8
−	2	3	7
	......	......	1

Vérifie.

	2	3	7
+	......	......	1
	5	6	8

568 − 237 = ...

▶ Léa calcule 297 − 54.

Pose et **calcule**.

	c	d	u
	......	......	......
−	......	......	......
	......	......	......

Vérifie.

		5	4
+	......	......	......
	......	......	......

297 − 54 = ...

Je m'entraîne

1 **Complète.**

a

	4	7	3
−	1	5	2
	......	......	......

Vérification

	1	5	2
+	......	......	......
	4	7	3

b

	6	8	7
−	4	5	3
	......	......	......

Vérification

	4	5	3
+	......	......	......
	......	......	......

2 **Pose** et **calcule**, puis **vérifie** sur ton cahier de brouillon.

a 457 − 324 896 − 753

c	d	u

b 576 − 205 875 − 43

c	d	u

J'ai déjà appris

3 Margot collectionne les coquillages, elle en a 157.
Sur la plage, elle en trouve encore 29.
Combien de coquillages possède-t-elle maintenant ?

Aide-toi du problème de référence 1 de la leçon 10.

....

Maintenant, elle possède .... coquillages.

Le coin du chercheur

Lou possède un écu et Roméo ne possède rien. Roméo dit : « Bientôt, je posséderai 1 000 fois plus d'écus que ce que je possède aujourd'hui. Je serai alors beaucoup plus riche que toi ! » Est-ce **vrai** ou **faux** ?

....

Compétence : Maîtriser la technique de la soustraction posée sans retenue.
Calcul mental : Soustraire un nombre de 1 chiffre (sans franchissement de la dizaine). L'enseignant dit : « 27 − 4 » ; l'élève écrit 23.

Photofiches P5 et P6

22 Problèmes : Apprendre à résoudre
Situations additives ou soustractives (2)

Problème de référence 1

Dans un groupe de 15 élèves, 8 sont des filles.
Combien de garçons y a-t-il dans ce groupe ?

Associer un schéma à l'énoncé

Théo et Léa ont chacun représenté ce problème par un schéma.

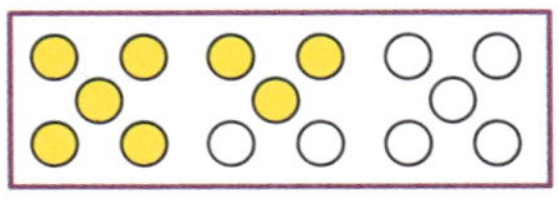
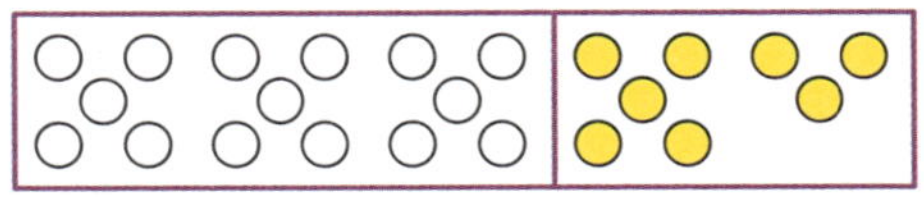

Que représentent les ronds ? ....

Que représentent les ronds jaunes ? **Coche** la bonne réponse.

☐ Des filles. ☐ Des garçons.

Entoure le schéma qui correspond à l'énoncé.

Entoure l'opération qui permet de répondre à la question. 15 – 8 15 + 8

Répondre à la question

Écris, puis **effectue** l'opération. .... = ...

Complète la phrase réponse. *Dans ce groupe, il y a .... garçons.*

Problème d'application

Le pâtissier a déjà préparé 15 gâteaux aux fraises.
Il lui reste encore à préparer 8 gâteaux au chocolat.
Combien de gâteaux aura-t-il préparés en tout ?

Théo et Léa ont chacun représenté ce problème par un schéma.

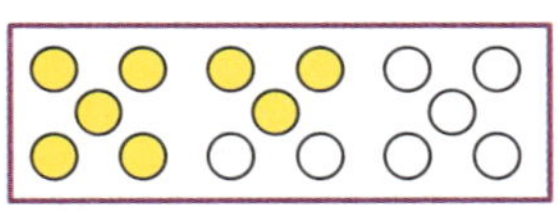
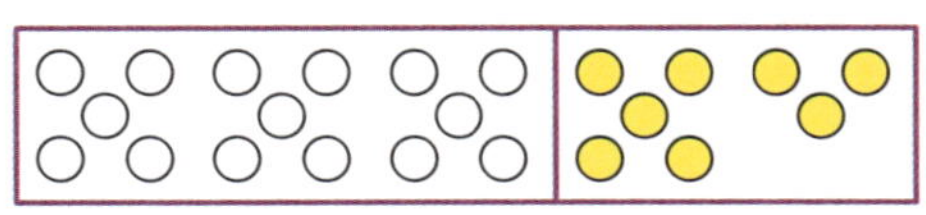

Que représentent les ronds ? ....

Que représentent les ronds jaunes ? **Coche** la bonne réponse.

☐ Des gâteaux aux fraises. ☐ Des gâteaux au chocolat.

Entoure le schéma qui correspond à l'énoncé.

Entoure l'opération qui permet de répondre à la question. 15 + 8 15 – 8

Écris, puis **effectue** l'opération. .... = ...

Complète la phrase réponse. *En tout, le pâtissier aura préparé .... gâteaux.*

Problème de référence 2

Mariette fait une course à pied. Elle a déjà parcouru 15 km.
Il lui reste encore 8 km à parcourir.
Quelle est la longueur de la course ?

Interpréter un schéma

Voici le schéma qui correspond à l'énoncé.
Que représente la bande jaune ?

....

Entoure l'opération qui permet de répondre à la question. 15 + 8 15 – 8

Répondre à la question

Écris, puis **effectue** l'opération. .... = ...

Complète la phrase réponse. *La course a une longueur de .... km.*

Problèmes d'application

1 Marion fait un cross de 15 km. Elle a déjà parcouru 8 km.
Combien de kilomètres doit-elle encore parcourir ?

Voici le schéma qui correspond à l'énoncé.

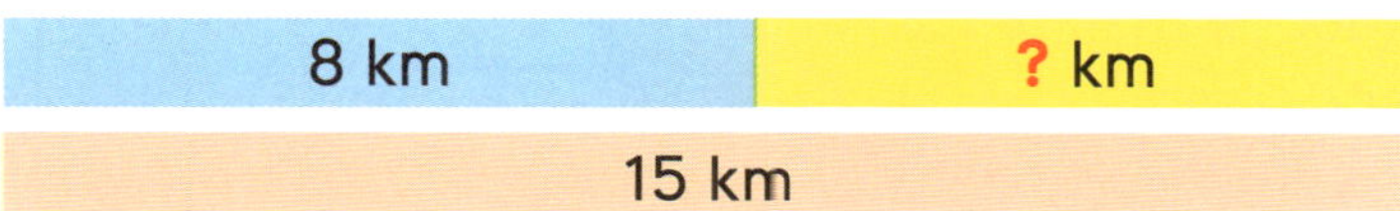

Que représente la bande jaune ? **Coche** la bonne réponse.

☐ la distance parcourue ☐ la distance totale ☐ la distance qui reste à parcourir

Entoure l'opération qui permet de répondre à la question. 15 + 8 15 – 8

Écris, puis **effectue** l'opération. .... = ...

Complète la phrase réponse. *Marion doit encore parcourir .... km.*

2 Florian possède 180 billes. 60 billes sont vertes et les autres sont rouges.
Combien de billes rouges possède-t-il ?

Voici le schéma qui correspond à l'énoncé.

Entoure l'opération qui permet de répondre à la question. 180 + 60 180 – 60

Écris, puis **effectue** l'opération. .... = ...

Complète la phrase réponse. *Florian possède .... billes rouges.*

Compétence : Utiliser un schéma pour choisir une opération dans des problèmes de composition d'états.
Calcul mental : Soustraire un nombre de 1 chiffre (avec franchissement de la dizaine). L'enseignant dit : « 23 – 4 » ; l'élève écrit 19.

23 TUIC n° 1 : Tracer un triangle, un triangle rectangle

1 **Ouvre** le traitement de texte OpenOffice Writer*.
Vérifie si la barre de boutons ci-dessous apparaît en bas de la fenêtre.

Si elle n'apparaît pas, **clique** sur le bouton « Dessin » dans la barre du haut.

2 **Clique** sur la flèche noire à droite du bouton « Formes de base ».
Voici ce que tu obtiens :

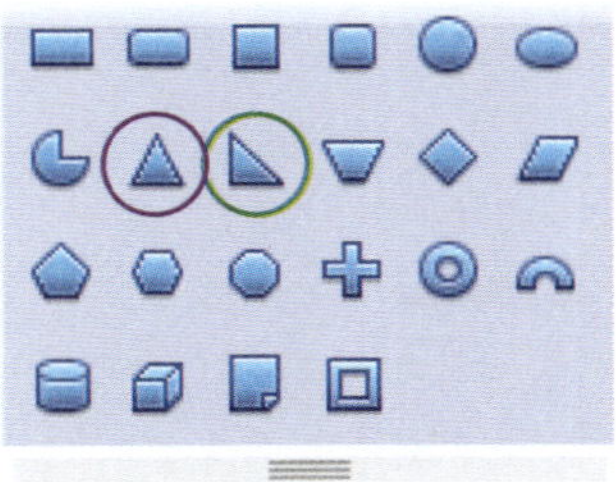

- **Pour tracer un triangle**
  - **Clique** sur le triangle entouré en violet.
  - Pour le tracer, **déplace** la souris, clic gauche maintenu.
  - **Recommence** plusieurs fois pour tracer différents triangles comme ci-dessous.

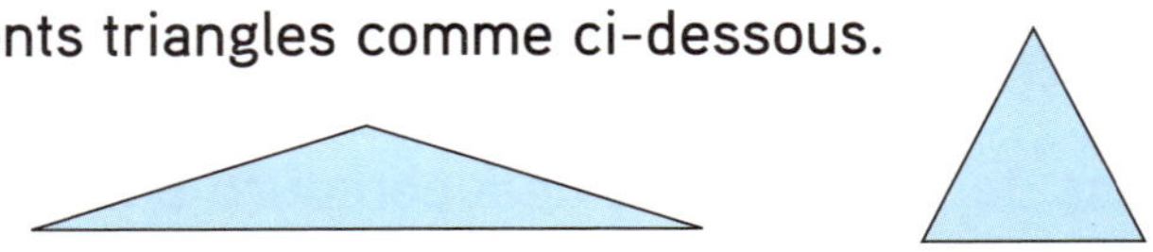

- **Pour tracer un triangle rectangle**
  - **Clique** sur le triangle rectangle entouré en vert.
  - Pour le tracer, **déplace** la souris, clic gauche maintenu.
  - **Recommence** plusieurs fois pour tracer différents triangles rectangles comme ci-contre.

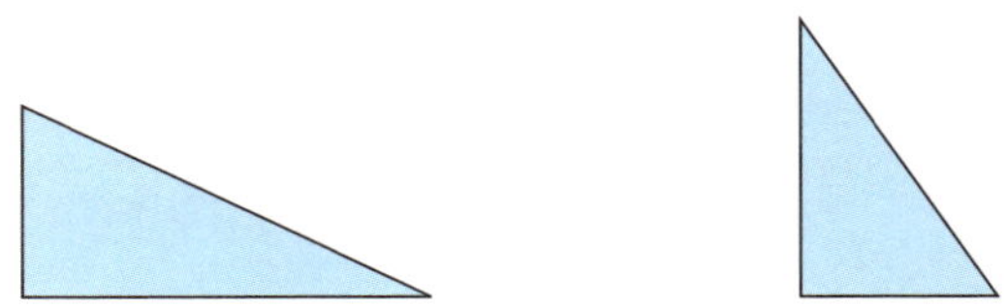

3 **Clique** ensuite sur l'un des triangles que tu as tracés. En utilisant les boutons ci-dessous, **modifie** l'aspect et la couleur des côtés et des surfaces.

Par exemple, tu peux obtenir ces figures :

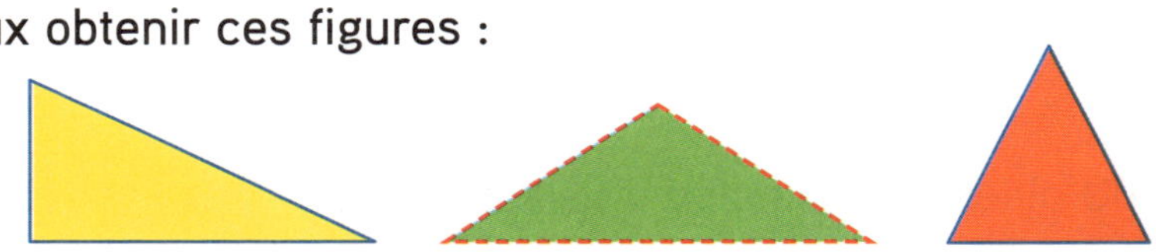

4 **Invente** un dessin en utilisant uniquement des triangles.
Tu peux t'inspirer du dessin ci-contre.
Enregistre ton travail ou **imprime**-le.

* Cette activité est conçue à l'aide du logiciel OpenOffice. Elle peut être facilement adaptée et réalisée avec tout logiciel de traitement de texte équipé des outils de dessin (Microsoft Word...).

Compétence : Utiliser les outils de dessin d'un traitement de texte pour tracer des triangles.
Calcul mental : Soustraire un nombre de 1 chiffre (avec franchissement de la dizaine). L'enseignant dit : « 42 – 3 » ; l'élève écrit 39.

24 Maths Aventures [1]

Au bord du lac

Quand ta réponse est correcte, tu colories une étoile. ☆

1 ☆ **Mesure** la longueur des segments.

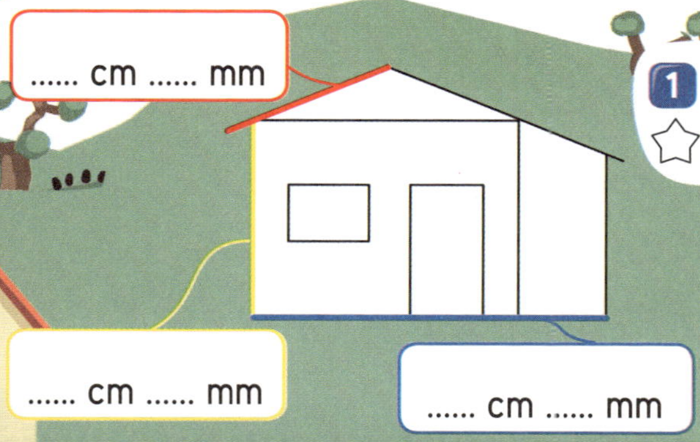

2 ☆ Quels cerfs-volants ont :

– 1 seul angle droit ? ....

– 4 angles droits ? ......

3 ☆ L'équipe bleue a gagné 483 points à l'épreuve de BMX et 268 points à l'épreuve de rafting.
Combien de points a-t-elle gagnés ?

Elle a gagné .... points.

4 ☆ **Écris** en chiffres les nombres des canoës.

5 ☆ **Barre** les pièces et billets pour payer la descente.

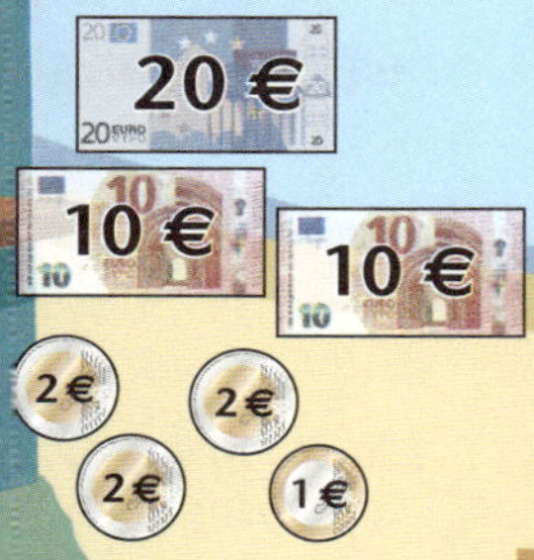

6 ☆ Au marathon du lac, 297 coureurs ont pris le départ. 73 coureurs ont abandonné.
Combien de coureurs ont terminé la course ?

.... coureurs ont terminé la course.

Si tu as colorié 5 ou 6 étoiles, colorie la médaille d'or ;
3 ou 4 étoiles, colorie la médaille d'argent ;
sinon, colorie la médaille de bronze.
Quelle médaille as-tu obtenue ?

J'ai compris et je retiens (2)

Nombres

N3 Je lis, j'écris les nombres.

175 → cent soixante-quinze

206 → deux cent six

N4 Je décompose les nombres.

175 = 100 + 70 + 5

206 = 200 + 6

Calcul

C3 Je calcule une addition en ligne.

57 + 25 = 50 + 20 + 7 + 5

57 + 25 = 70 + 12

57 + 25 = 82

C4 Je calcule une soustraction en ligne.

65 – 27

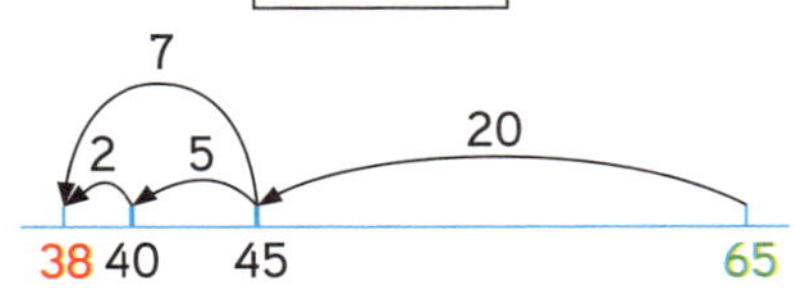

27 = 20 + 7

65 – 20 = 45

45 – 7 = 38

65 – 27 = 38

C5 Je calcule une addition avec retenue.

	c	d	u
	(1)	(1)	
	5	7	8
+	3	4	6
=	9	2	4

578 + 346 = 924

C6 Je calcule une soustraction sans retenue.

	c	d	u
	5	7	8
–		4	6
=	5	3	2

578 – 46 = 532

Géométrie

G3 J'identifie un triangle rectangle.

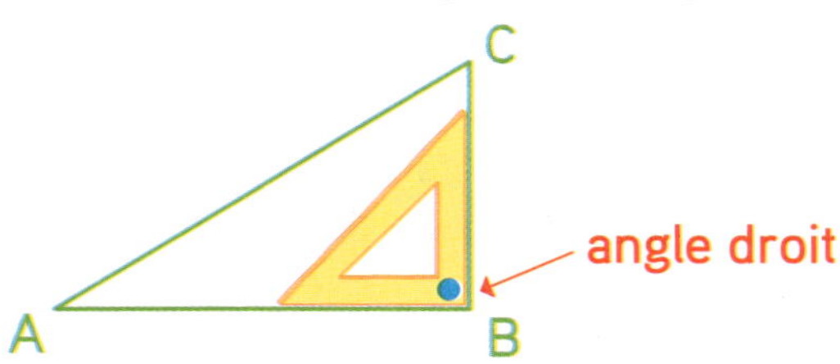

Le triangle ABC possède un angle droit : c'est un triangle rectangle.

Mesures

M3 Je connais la monnaie.

50 c + 50 c = 1 €

M4 Je paie avec la monnaie.

Je fais le point (2)

SOCLE COMMUN

Nombres

1 Complète le tableau suivant l'exemple.

deux cent soixante-cinq	265	200 + 60 + 5
cent cinquante-huit	....	....
six cent soixante-douze	....	....
quatre cent huit	....	....
trois cent quatre-vingts	....	....

Écrire en chiffres un nombre de trois chiffres. Le décomposer de façon canonique.

Calcul

2 Calcule sans poser l'opération.

56 + 25 = ...

Additionner deux nombres de deux chiffres sans poser l'opération.

3 Calcule sans poser l'opération.

48 – 15 = ...

Soustraire un nombre de deux chiffres sans poser l'opération.

4 Pose et **calcule** :

254 + 167

Additionner deux nombres de 3 chiffres en posant l'opération.

5 Pose et **calcule** :

478 – 325

Soustraire un nombre de 3 chiffres en posant l'opération.

Géométrie

6 Entoure le sommet des angles droits.

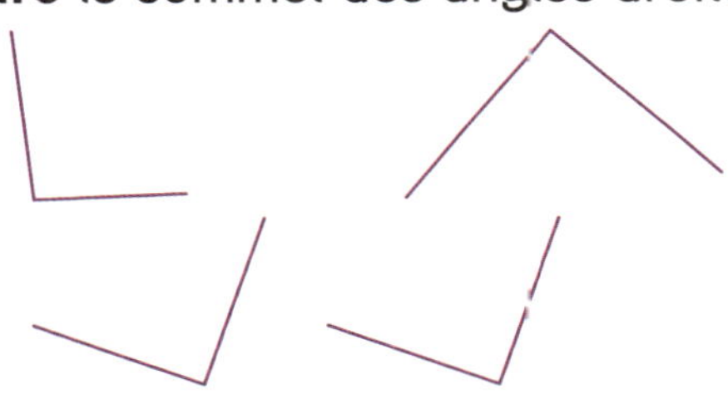

Reconnaître un angle droit.

7 Trace un triangle rectangle.
Entoure le sommet de l'angle droit.

Tracer un triangle rectangle.

Mesures

8 Entoure les pièces et billets pour payer ce jeu vidéo.

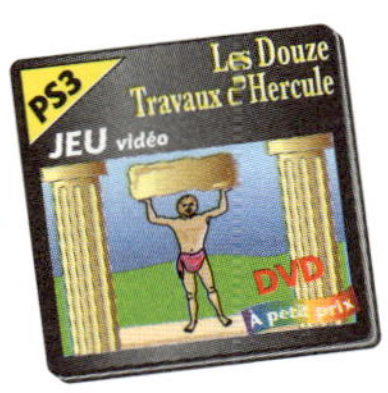

Payer un prix donné avec la monnaie.

Photofiche S12

25 Comparer, ordonner, intercaler les nombres de 0 à 999

....

Découvrons ensemble

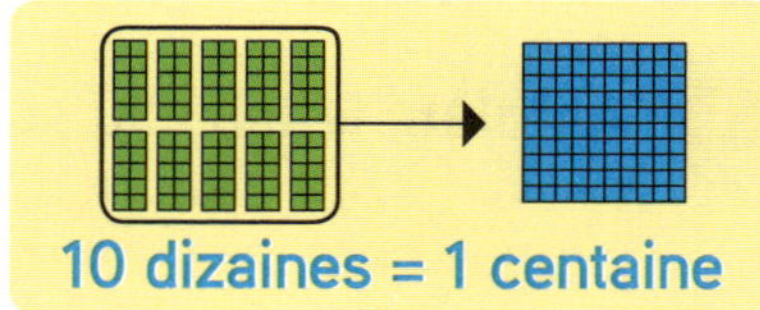

Écris les nombres de jetons de Théo et de Léa.

....
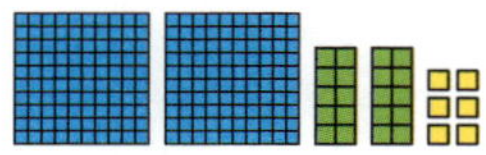
....

Pour comparer ces 2 nombres, il suffit de comparer leurs chiffres des centaines.

Compare ces deux nombres : .... < ....

Écris les nombres de jetons de Mélissa et de Gaël.

....
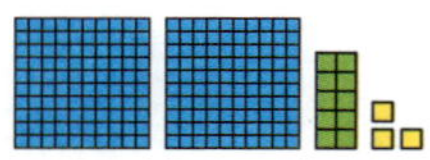
....

Les chiffres des centaines sont les mêmes. On compare alors les chiffres des dizaines.

Compare ces deux nombres : .... < ....

Range les nombres de jetons des 4 enfants :

– du plus petit au plus grand : .... < .... < .... < ....

– du plus grand au plus petit : .... > .... > .... > ....

Le signe < se lit « plus petit que » ou « inférieur à ».
Le signe > se lit « plus grand que » ou « supérieur à ».

Philippe possède 221 jetons.
Complète.

Ce nombre de jetons s'intercale entre le nombre de jetons de .... et celui de ....

Je m'entraîne

1 Entoure le plus grand nombre de chaque nuage.

a 267 648 — 648 667

b 267 348 648 — 667 680 648

2 Range ces nombres du plus petit au plus grand.

a 567 ; 600 ; 499 ; 378 ; 750

.... < .... < .... < .... < ....

b 800 ; 458 ; 875 ; 456 ; 699

.... < .... < .... < .... < ....

3 Problème : Voici les billets de tombola que papi a achetés. **Entoure** les billets gagnants.

a Billets gagnants compris entre 150 et 250

206 264 141 196

b Billets gagnants compris entre 234 et 312

301 216 275 364

Compétences : Comparer, ordonner, intercaler les nombres inférieurs à 1 000.
Calcul mental : Soustraire un nombre de 1 chiffre à un multiple de 10. L'enseignant dit : « 30 – 4 » ; l'élève écrit 26.

Photofiche A6

26 Encadrer les nombres de 0 à 999

Découvrons ensemble

Cette droite numérique est graduée de 10 en 10.

Place approximativement 234 sur cette droite numérique.

190 **200** 210 220 230 240 **250** 260 270 280 290 **300** 310

Sur la droite numérique, **entoure** en vert les deux dizaines les plus proches de 234.

Encadre 234 entre les deux dizaines les plus proches : .... < 234 < ....

Sur la droite numérique, **entoure** en bleu les deux centaines les plus proches de 234.

Encadre 234 entre les deux centaines les plus proches : .... < 234 < ....

Je m'entraîne

Pour l'exercice 1 a utilise la droite numérique.

1 **Encadre** ces nombres entre les deux dizaines les plus proches, selon l'exemple : 250 < 254 < 260

a .... < 212 < .... ; .... < 257 < .... ; .... < 282 < ....

b .... < 322 < .... ; .... < 479 < .... ; .... < 603 < ....

2 **Encadre** ces nombres entre les deux centaines les plus proches, selon l'exemple : 200 < 254 < 300

a .... < 254 < .... ; .... < 357 < .... ; .... < 412 < ....

b .... < 207 < .... ; .... < 297 < .... ; .... < 598 < ....

3 **Écris** les dizaines et les centaines les plus proches qui encadrent le nombre 476.

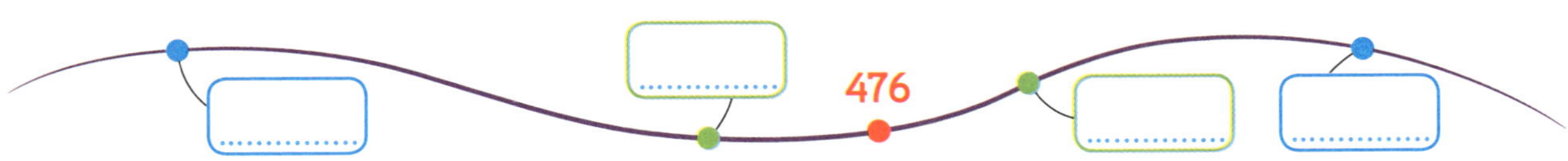

4 **Devinette**

Je suis une des deux dizaines les plus proches du nombre 546. Mes trois chiffres sont différents. Qui suis-je ?

Je suis le nombre ....

Le coin du chercheur

✦ et ✱ représentent chacun un chiffre différent. Retrouve ces chiffres.

```
  ✦ ✱
+ ✦ ✦
-----
  9 0
```

✦ = ... ✱ = ...

Compétence : Encadrer un nombre entre deux centaines les plus proches ou deux dizaines les plus proches.

Calcul mental : Soustraire un nombre de 1 chiffre à un nombre de 2 chiffres (avec franchissement de la dizaine) en deux temps. L'enseignant dit : « 23 – 3 » ; l'élève écrit 20. L'enseignant dit : « 23 – 5 » ; l'élève écrit 18.

Photofiche S13

27 Identifier un carré, un rectangle, un losange (1)

Découvrons ensemble

Pour chaque figure :
Repasse de la même couleur les côtés de même longueur.
Entoure le sommet des angles droits.

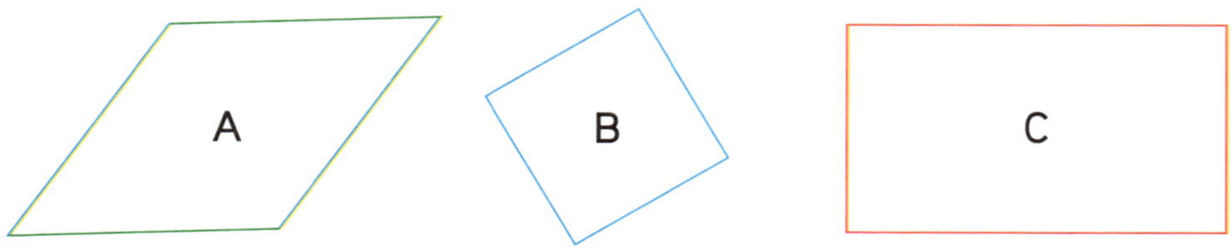

Complète le tableau.

	4 angles droits	4 côtés de même longueur	Nom de la figure
Fig. A	......	......	....
Fig. B	......	......	....
Fig. C	......	......	....

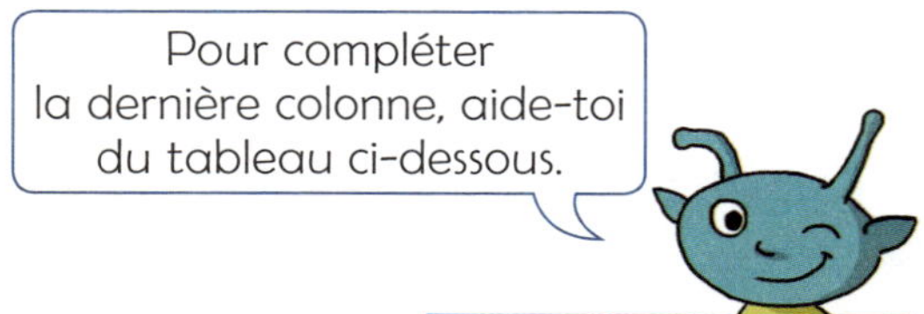

	4 angles droits	4 côtés de même longueur
Carré	×	×
Rectangle	×	
Losange		×

Je m'entraîne

1 **Entoure** la lettre de la figure qui est un carré.

a

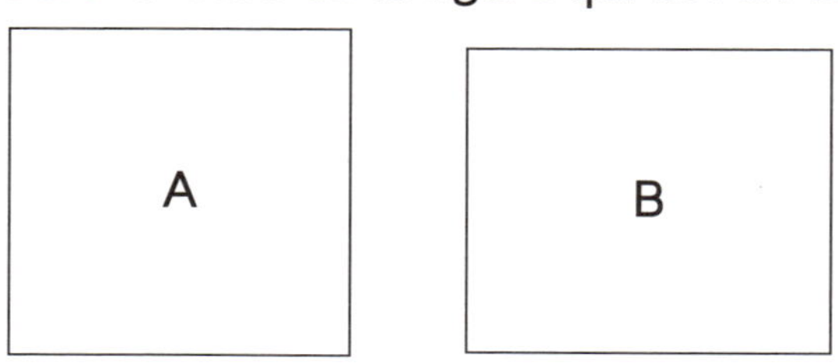

b

2 **Écris** le nom de chaque figure.

a

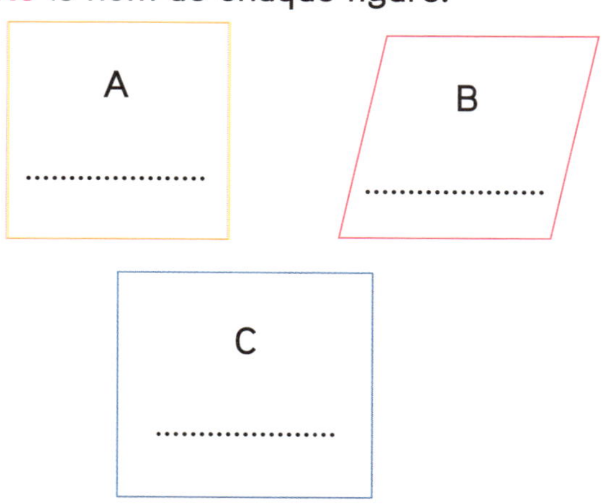

b

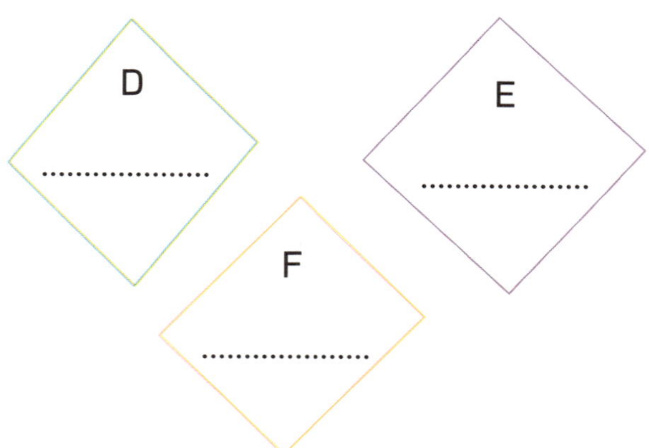

Compétence : Vérifier la nature d'une figure en utilisant l'équerre, une bande de papier ou une règle graduée.
Calcul mental : Ajouter un nombre de 2 chiffres en deux temps. L'enseignant dit : « 23 + 20 » ; l'élève écrit 43. L'enseignant dit : « 23 + 22 » ; l'élève écrit 45.

Photofiche A7

28 Identifier un carré, un rectangle, un losange (2)

Découvrons ensemble

Complète le tableau en mettant une croix dans les cases correspondantes.

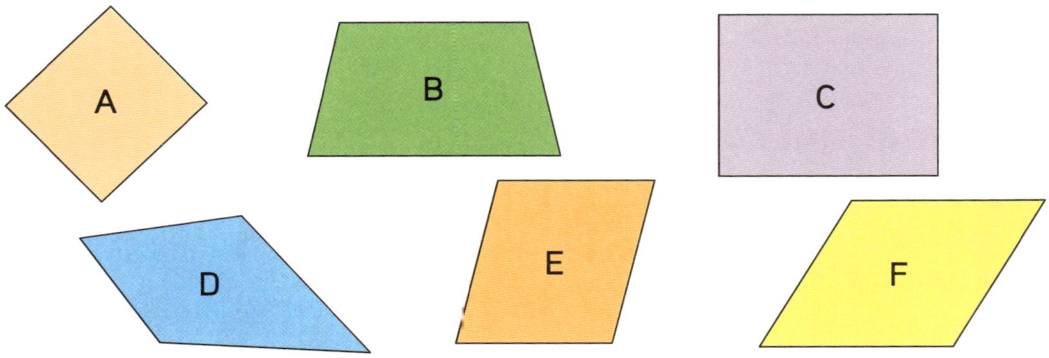

	Figure A	Figure B	Figure C	Figure D	Figure E	Figure F
Carré						
Rectangle						
Losange						

Je m'entraîne

1 **Barre** la figure qui n'est pas un losange.

a

b

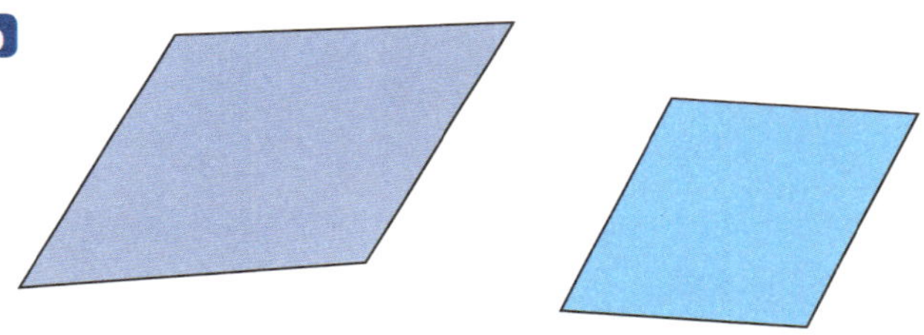

2 **Colorie** en jaune les losanges, en vert les rectangles.

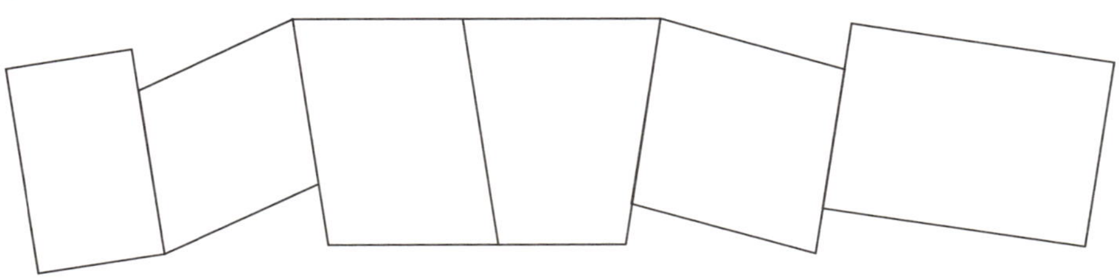

J'ai déjà appris

3 **Pose** sur ton cahier d'essai et **calcule**.

248 + 137 = ... ; 379 + 234 = ... ; 156 + 44 = ...

Compétence : Identifier un carré, un rectangle, un losange parmi d'autres figures.
Calcul mental : Ajouter un nombre de 2 chiffres en deux temps. L'enseignant dit : « 53 + 10 » ; l'élève écrit 63. L'enseignant dit : « 53 + 12 » ; l'élève écrit 65.

Le coin du chercheur

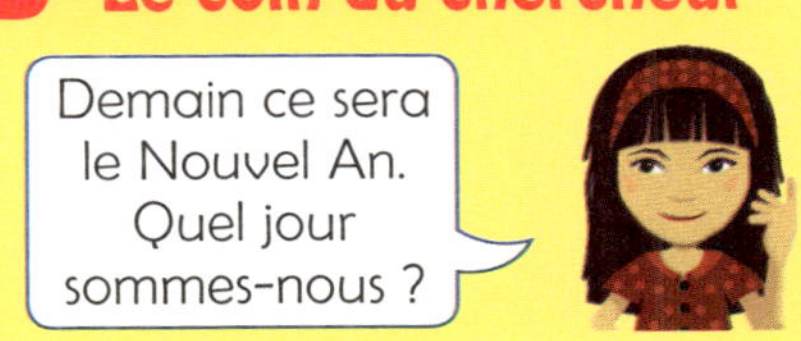

....

Photofiche P7

29 Problèmes : Méthodologie
Compléter une phrase réponse

....

Pour résoudre un problème, il faut trouver l'opération à effectuer, la calculer, puis écrire une phrase réponse.

Lis tout le problème, puis relis la question pour savoir ce que tu dois chercher. Tu pourras compléter la phrase réponse.

Compléter avec le mot qui convient ....

1 Dans la classe, il y a 25 élèves. 3 élèves sortent pour aller chercher du matériel.
Combien d'élèves reste-t-il dans la classe ?

Que dois-tu chercher ? ....

....

J'ai trouvé le résultat : 25 − 3 = 22

Complète la phrase réponse en **utilisant** les informations précédentes.

En classe, il reste ....

2 Achille arrive à l'école avec 16 billes. Il en gagne 12 pendant la récréation.
Combien de billes a-t-il à la fin de la récréation ?

Que dois-tu chercher ? ....

....

J'ai trouvé le résultat : 16 + 12 = 28

Complète la phrase réponse.

À la fin de la récréation, Achille a ....

3 Hasna a lu 20 pages d'une bande dessinée. Il lui reste encore 12 pages à lire.
Combien de pages comporte la bande dessinée ?

Que dois-tu chercher ? ....

....

J'ai trouvé le résultat : 20 + 12 = 32

Complète la phrase réponse.

La bande dessinée comporte ....

Voici les unités que tu rencontreras :
- les unités de prix : l'euro (€) et le centime (c) ;
- les unités de masse : le gramme (g), le kilogramme (kg) ;
- les unités de longueur : le kilomètre (km), le mètre (m), le centimètre (cm), le millimètre (mm) ;
- les unités de temps : le jour (j), l'heure (h), la minute (min), la seconde (s)...

Compléter avec l'unité qui convient

1 Zoé pèse 46 kg, sa sœur Rachel pèse 6 kg de moins qu'elle.
Combien pèse Rachel ?

Avec quelle unité vas-tu indiquer le poids de Rachel ?

....

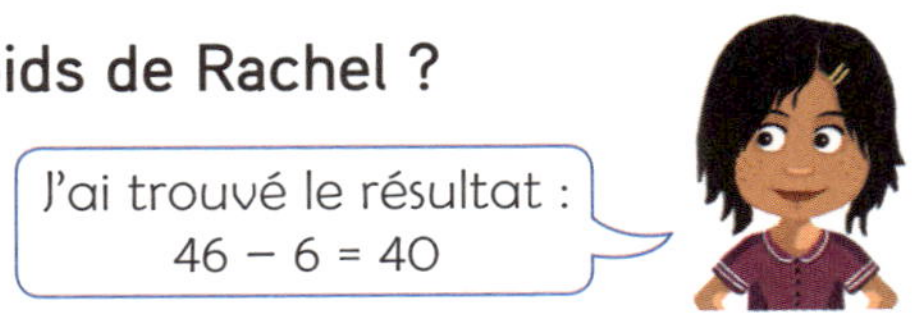

Complète la phrase réponse.

Rachel pèse ....

2 Rafaël a acheté un jouet 12 € et une bande dessinée 15 €.
Combien Rafaël a-t-il dépensé ?

Avec quelle unité vas-tu indiquer la somme dépensée ?

....

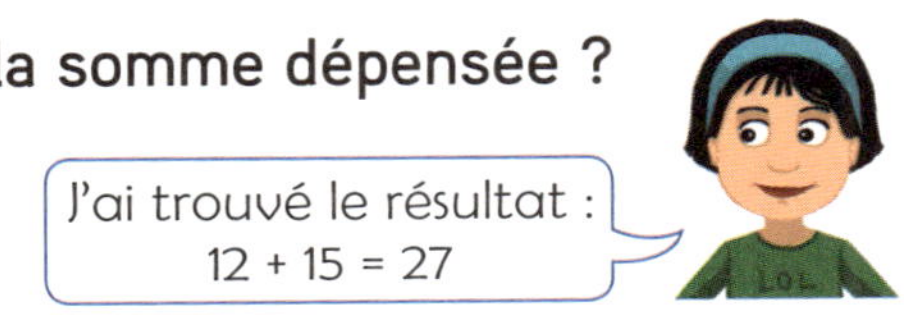

Complète la phrase réponse.

Rafaël a dépensé ....

3 Un marcheur doit parcourir 50 km. Il a déjà parcouru 35 km.
Combien de kilomètres doit-il encore parcourir ?

Avec quelle unité vas-tu indiquer la distance à parcourir ?

....

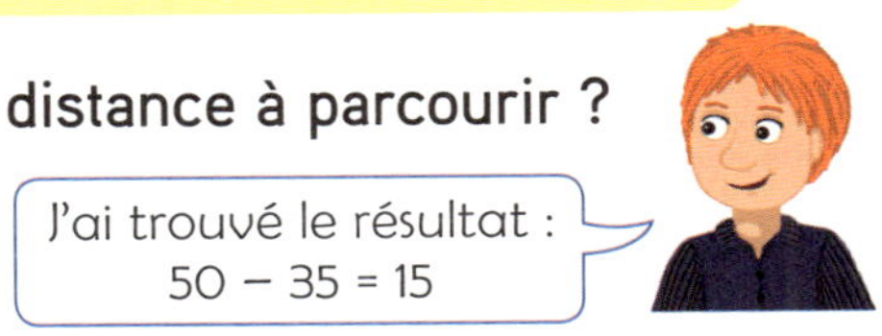

Complète la phrase réponse.

Le marcheur doit encore parcourir ....

4 Le samedi, la piscine ouvre à 10 h et ferme à 19 h.
Quelle est la durée d'ouverture de la piscine ?

Avec quelle unité vas-tu indiquer la durée d'ouverture ?

....

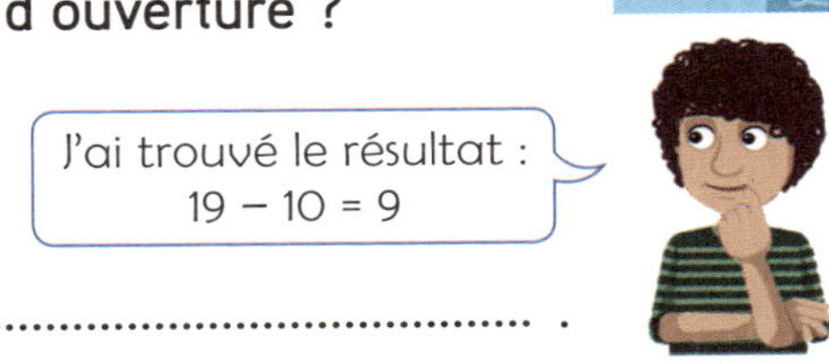

Complète la phrase réponse.

La piscine est ouverte durant ....

Compétence : Compléter une phrase réponse avec le mot ou l'unité qui convient.
Calcul mental : Calculer le double d'un petit nombre. L'enseignant dit : « double de 6 » ; l'élève écrit 12.

Photofiche S14

30 Calcul réfléchi : Ajouter, retrancher 1, 10, 100

Découvrons ensemble

Ajouter 1, c'est prendre le nombre qui suit.
Retrancher 1, c'est prendre le nombre qui précède.

- Théo ajoute 1 ou retranche 1. **Effectue** les calculs.

157 + 1 = ... 149 + 1 = ... 199 + 1 = ...

157 − 1 = ... 260 − 1 = ... 500 − 1 = ...

- Léa ajoute 10 ou retranche 10. **Effectue** les calculs, puis **complète** la bulle de Léa.

156 + 10 = ... 156 − 10 = ...

193 + 10 = ... 502 − 10 = ...

Ajouter ou retrancher 10, c'est ajouter ou retrancher une ....
Le chiffre des .... ne change pas.

- Mélissa ajoute 100 ou retranche 100. **Effectue** les calculs, puis **complète** la bulle de Mélissa.

56 + 100 = ... 158 − 100 = ...

257 + 100 = ... 374 − 100 = ...

Ajouter ou retrancher 100, c'est ajouter ou retrancher une ....
Le chiffre des .... et celui des .... ne changent pas.

Je m'entraîne

1 Calcule.

a 134 + 1 = ... 134 − 1 = ...

134 + 10 = ... 134 − 10 = ...

134 + 100 = ... 134 − 100 = ...

b 899 + 1 = ... 700 − 1 = ...

95 + 10 = ... 109 − 10 = ...

89 + 100 = ... 199 − 100 = ...

2 Complète.

a 199 + ... = 200 540 + ... = 640

b 418 − .... = 318 607 − .... = 597

3 Problème

Adèle, tu as battu le record de la classe du saut en hauteur !

Oui, le précédent record était de 94 cm, je l'ai battu de 10 cm.

Quelle hauteur Adèle a-t-elle sautée ?

.... = ... *Adèle a sauté ....*

J'ai déjà appris

4 Avec son appareil photo numérique, Ayoub a déjà pris 47 photos.
Il peut encore en prendre 288.
Combien de photos Ayoub peut-il encore prendre ?

Aide-toi du problème de référence 2 de la leçon 22.

.... = ... *Ayoub peut encore prendre ....*

Compétence : Ajouter ou retrancher 1, 10, 100 à un nombre de trois chiffres.
Calcul mental : Calculer la moitié d'un nombre pair inférieur à 20. L'enseignant dit : « moitié de 14 » ; l'élève écrit 7.

Photofiche A8

31 Le nombre 1 000

Découvrons ensemble

Observe puis **complète**.

	d	u
9 →		9
9 + 1 →	....	....

	c	d	u
99 →		9	9
99 + 1 →	....	....	....

	m	c	d	u
999 →		9	9	9
999 + 1 →	....	....	....	....

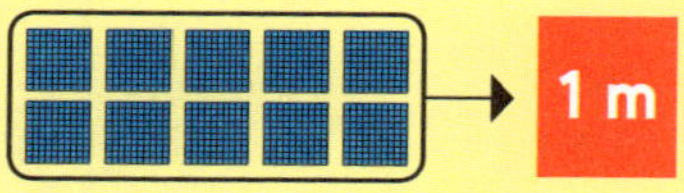

10 centaines = 1 millier

1 000 c'est .... m

1 000 c'est c

1 000 c'est .... d

La colonne m est la colonne des milliers.

Complète les calculs de Théo.

999 + ... = 1 000

990 + ... = 1 000

900 + ... = 1 000

Aide Léa à retrouver les étiquettes du nombre 1 000. **Colorie**-les.

990 + 10	500 + 500
800 + 200	900 + 10

Je m'entraîne

1 Colorie les étiquettes du nombre 1 000.

a

500 + 500	100 + 900
800 + 100	700 + 300

b

900 + 10	990 + 10
950 + 50	900 + 90

2 Complète les égalités.

a 800 + ... = 1 000 ; 600 + ... = 1 000 ; 100 + ... = 1 000 ; 400 + ... = 1 000

b 950 + ... = 1 000 ; 980 + ... = 1 000 ; 995 + ... = 1 000 ; 999 + ... = 1 000

3 Problème

Rodrigo veut réserver ce voyage.
Chaque mois, il économise 200 €.
Au bout de combien de mois pourra-t-il partir ?

1 000 € la semaine en Guadeloupe !!!!

....

Rodrigo pourra partir dans .... mois.

Le coin du chercheur

Mathix pense à deux nombres qui se suivent.
Il les additionne et trouve 43.
Quels sont ces deux nombres ?

....

Compétences : Lire, écrire le nombre 1 000 et ses décompositions.

Calcul mental : Comparer des nombres de 3 chiffres. L'enseignant dit : « 214 et 305 » ; l'élève écrit le plus grand : 305.

32 La soustraction posée avec retenue (1)

Découvrons ensemble

Théo et Léa calculent 45 – 28.

Observe, puis **complète**.

Je ne peux pas retrancher 8 à 5. Dans ce cas, au CE1, je cassais une dizaine du nombre 45 (~~4~~3)...

	~~4~~ 3	1 5
–	2	8
	......	......

	4	1 5
–	2 +1	8
	......	......

Au CE2, au lieu de barrer le 4, j'ajoute 10 à 5 ; 5 + 10 = 15. Je calcule 15 – 8. J'ajoute aussi 1 dizaine à 28 dans la colonne des dizaines : 2 d + 1 d = 3 d. Je calcule donc 4 d – 3 d.

Le + 1 s'appelle la retenue.

Vérifie en calculant l'addition : 28 + ... = 45

Je m'entraîne

1 **Calcule** comme Léa.

a

	9	1
–	3	8
	......	......

	4	2
–	1	9
	......	......

b

	7	3
–	5	7
	......	......

	8	4
–	2	6
	......	......

2 **Pose** et **effectue**.

a 51 – 23 = ... 83 – 59 = ...

b 90 – 35 = ... 92 – 56 = ...

J'ai déjà appris

3 **Écris** le nom de chaque figure.

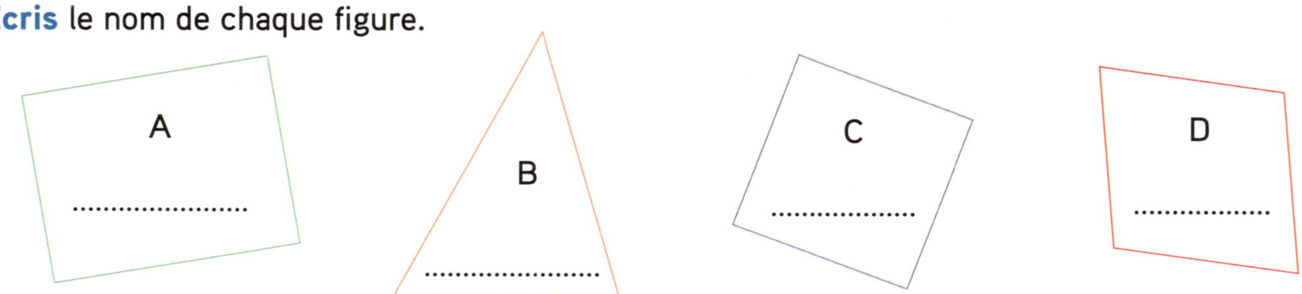

Compétence : Maîtriser la technique usuelle de la soustraction avec une seule retenue.

Calcul mental : Comparer des nombres de 3 chiffres. L'enseignant dit : « 528 et 512 » ; l'élève écrit le plus grand : 528.

Photofiche A9

33 La soustraction posée avec retenue (2)

Découvrons ensemble

Aide Théo à calculer **723 – 587**.

Observe, puis **complète**.

Je soustrais les unités : 3 – 7
c'est impossible : j'ajoute alors 10 à 3
et je calcule 13 – 7 = 6.
10 c'est 1 d que j'ajoute à 8
en écrivant la retenue +1
dans la colonne des dizaines.
Puis je continue avec les dizaines.

	7	12	13
–	5+1	8+1	7
	......	......	6

Aide Mélissa à calculer **604 – 79**.

	6	10	14
–	+1	7+1	9
	......	......	......

Pense à vérifier tes calculs en effectuant une addition.

Je m'entraîne

1 Calcule.

a

	2	5	6
–	1	8	3
	......	......	......

	3	2	1
–	2	7	8
	......	......	......

b

	5	0	3
–	2	6	4
	......	......	......

	1	2	3
–		9	6
	......	......	......

2 Pose et **effectue**.

a 863 – 673 = ... 526 – 269 = ...

b 301 – 99 = ... 650 – 97 = ...

3 Problème. Une paroi rocheuse des Gorges du Verdon a une hauteur de 352 m. Un alpiniste en a déjà gravi 268 m. **Quelle hauteur lui reste-t-il à escalader ?**

.... = ... *Il lui reste à escalader* ....

J'ai déjà appris

4 Entoure le sommet des angles droits de cette figure. **Utilise** l'équerre.

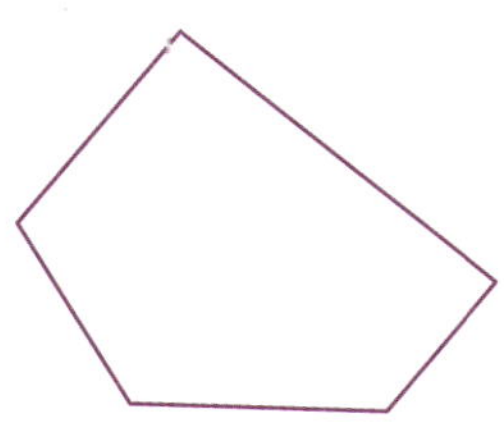

Le coin du chercheur

Quel est le double de la moitié de 20 ?

....

Compétence : Maîtriser la technique usuelle de la soustraction avec plusieurs retenues.
Calcul mental : Ajouter ou soustraire 1 avec passage de la centaine. L'enseignant dit : « 199 + 1 » ; l'élève écrit 200.

Photofiches P8 et P9

34 Problèmes : Apprendre à résoudre
Utiliser un tableau

Problème de référence 1

Ce tableau indique les sports pratiqués par les filles de la classe de CE2.

Comprendre le tableau

Réponds oralement.

Qu'indiquent les cases jaunes de la première ligne ?

Qu'indique la première colonne ?

Utiliser le tableau

a Julia pratique la natation. Quel autre sport pratique-t-elle ?

....

b Combien de filles pratiquent :
– le basket ?

....

– le judo ?

....

c Quel est le sport le plus pratiqué ?

....

	Basket	Natation	Voile	Danse	Judo	Tennis
Lucie	×			×		
Julia		×		×		
Swan		×			×	×
Marielle			×		×	
Claire	×		×	×		
Manon				×	×	
Sarah	×			×	×	×

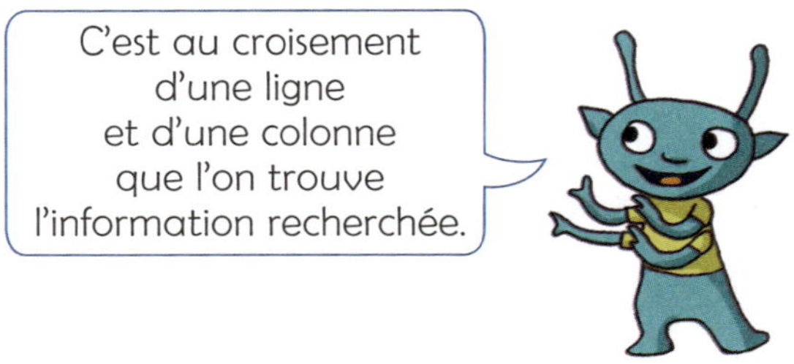

Problème d'application

Ce tableau indique les animaux que possèdent les garçons du CE2.

	Poissons	Lapins	Hamsters	Chats	Oiseaux	Chiens
Wladimir				×		×
Elliott				×		
Nils		×			×	×
Mehdi		×	×		×	×
Thibault	×		×	×		
Enzo	×			×	×	
Nathan		×				×
Jules				×		×
Kalilou	×	×		×	×	

a Quels animaux Kalilou possède-t-il ? ....

b Quels garçons possèdent un hamster ? ....

c Quel est l'animal possédé par le plus grand nombre de garçons ? ....

Problème de référence 2

On a demandé aux élèves de l'école Sophie Germain s'ils ont visité les sites suivants. Voici les résultats de l'enquête.

	Volcans d'Auvergne 	La Camargue 	Baie de Somme 	Gorges du Verdon 
CP	8	7	12	9
CE1	7	8	13	12
CE2	6	10	9	13
CM1	12	7	11	9
CM2	9	8	14	11
Total	....	....	....	....

Comprendre le tableau

Complète la ligne « Total ».

Utiliser le tableau

a Quel a été le site le plus visité par les élèves du CP ? ....

b Quel a été le site le moins visité par les élèves du CE2 ? ....

c Combien d'enfants de l'école ont visité la Camargue ? ....

d Quel a été le site le moins visité par les enfants de l'école ? ....

Problème d'application

Le tableau ci-dessous représente le nombre d'élèves ayant mangé à la cantine la semaine dernière.

	Lundi	Mardi	Jeudi	Vendredi
CP	25	23	27	28
CE1	27	29	30	31
CE2	30	26	31	29
CM1	24	27	29	25
CM2	21	22	20	21
Total	....	....	....	....

Complète le tableau, puis **réponds** aux questions.

a Combien d'élèves du CP ont mangé à la cantine mardi ? ....

b Dans quelle classe les élèves ont été les plus nombreux à manger à la cantine jeudi ? ....

c Combien d'enfants ont mangé à la cantine lundi ? ....

Compétence : Utiliser un tableau en vue d'un traitement des données pour résoudre un problème.
Calcul mental : Ajouter 10 avec passage de la centaine. L'enseignant dit : « 194 + 10 » ; l'élève écrit 204.

J'ai compris et je retiens (3)

Cette page t'aide à retenir ce qui est essentiel.

Nombres

N5 Je compare les nombres.

- Le nombre le plus grand est celui qui possède le plus grand nombre de chiffres.

367 > 89

- Si deux nombres ont le même nombre de chiffres, on compare les chiffres à partir de la gauche.

346 > 178   346 > 329

N6 J'intercale, j'encadre un nombre.

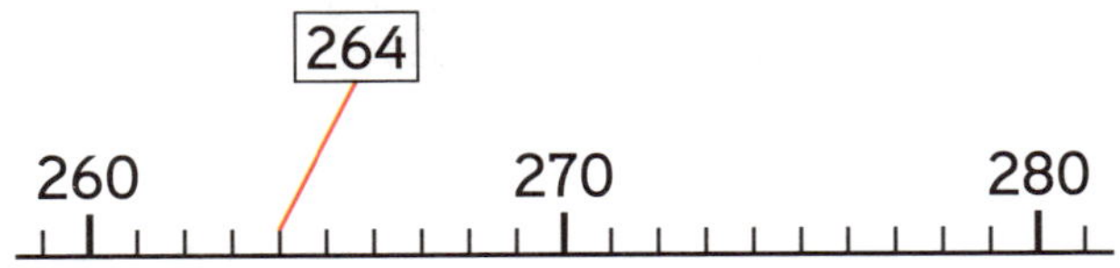

260 < 264 < 270

Calcul

C7 Je décompose le nombre 1 000.

1 000 c'est :

10 centaines ou 100 dizaines

1 000 = 999 + 1

1 000 = 900 + 100

1 000 = 500 + 500

C8 Je calcule une soustraction avec retenue.

	7	12	13
–	5 +1	8 +1	7
	1	3	6

723 – 587 = 136

Géométrie

G4 J'identifie un losange, un carré, un rectangle.

Losange	Carré	Rectangle
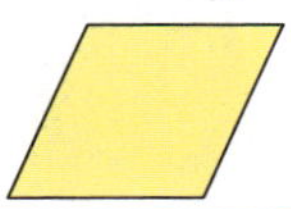		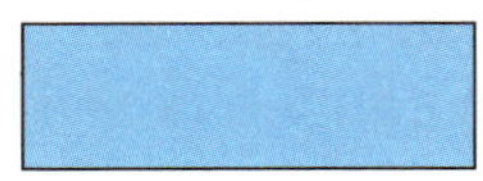
4 côtés de même longueur	4 côtés de même longueur 4 angles droits	4 angles droits Côtés opposés de même longueur

Organisation et gestion de données

O1 J'utilise un tableau à double entrée.

Repas à la cantine

	L	M	J	V
CP	13	15	12	10
CE	25	24	22	23
CM	22	20	21	23
Total	60	59	55	56

Lundi, 25 élèves du CE ont mangé à la cantine.

Jeudi, 55 élèves ont mangé à la cantine.

12 + 22 + 21 = 55

Je fais le point (3)

SOCLE COMMUN

Nombres

1 **Entoure** le plus grand nombre.

- 376 90 601
- 499 680 608

Comparer des nombres de deux ou trois chiffres.

2 **Écris** ces nombres du plus petit au plus grand.

- 370 ; 156 ; 623 ; 489

.... < .... < .... < ....

- 467 ; 254 ; 148 ; 245 ; 89

.... < .... < .... < .... < ....

Ranger des nombres de 3 chiffres.

3 **Encadre** chacun de ces nombres :

- entre les deux dizaines les plus proches selon l'exemple : 280 < 287 < 290

.... < 546 < .... ; .... < 402 < ....

- entre les deux centaines les plus proches selon l'exemple : 200 < 287 < 300

.... < 546 < .... ; .... < 402 < ....

Encadrer un nombre de 3 chiffres entre deux centaines, entre deux dizaines les plus proches.

Calcul

4 **Calcule.** 200 – 1 = ... ; 291 + 10 = ... ; 307 – 10 = ... ; 356 + 100 = ...

Ajouter ou soustraire 1, 10 ou 100.

5 **Pose** et **calcule.**
62 – 47

Poser et effectuer une soustraction entre deux nombres de 2 chiffres.

6 **Pose** et **calcule.**
612 – 468

Poser et effectuer une soustraction entre deux nombres de 3 chiffres.

Géométrie

7 **Colorie** en bleu le carré,
en vert le rectangle
et en jaune le losange.

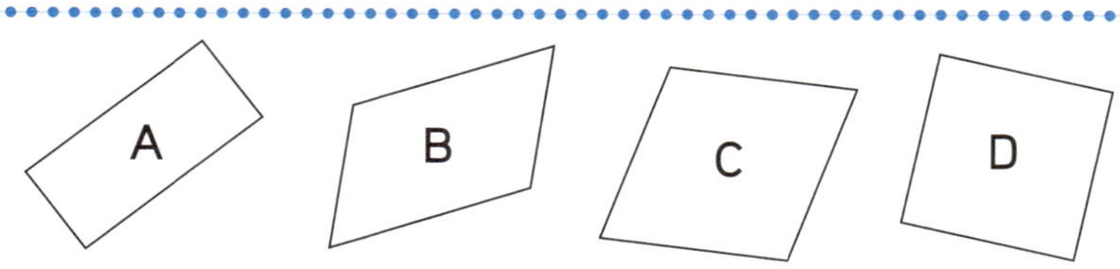

Identifier un carré, un rectangle, un losange.

Organisation et gestion de données

Effectif école Marie Curie

	Filles	Garçons
CP	14	13
CE1	10	12
CE2	12	14

8 **Observe** le tableau et **complète.**

Nombre de garçons au CE2 : ....

Nombre d'élèves au CP : ....

Nombre de filles dans l'école : ....

Traiter les données d'un tableau pour résoudre un problème.

35 Lire, écrire, décomposer les nombres de 0 à 9 999 (1)

....	....	....	....	....

Découvrons ensemble

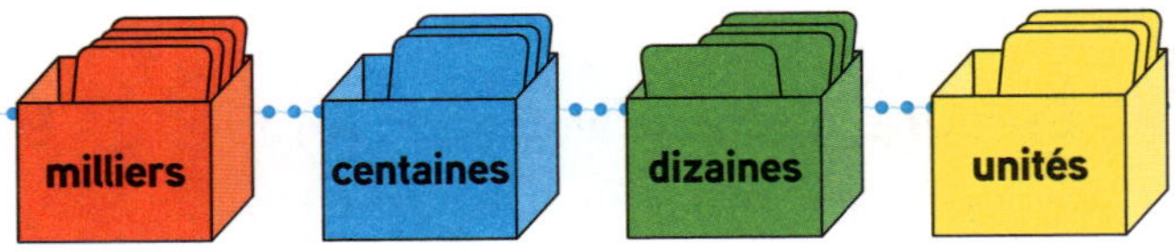

Théo et Léa tirent une carte de chaque boîte.

2 m | 5 c | 4 d | 8 u

m	c	d	u
......	......	......	......
......	......	......	......

5 c | 4 m | 9 u | 6 d

▶ **Écris** les chiffres des cartes de Théo dans le tableau.

Complète.

Le nombre de Théo s'écrit en chiffres : ....

.... = 2 m ...... c ...... d ...... u

.... = 2 000 + ... + ... + ...

Le nombre de Théo s'écrit en lettres :

deux mille cinq cent quarante-huit

Un espace sépare le chiffre des milliers des autres chiffres : 3 452

▶ **Écris** les chiffres des cartes de Léa dans le tableau.

Complète.

Le nombre de Léa s'écrit en chiffres : ....

.... = 4 m ...... c ...... d ...... u

.... = 4 000 + ... + ... + ...

Écris le nombre de Léa en lettres.

....

....

Je m'entraîne

1 **Écris** ces nombres en chiffres.

a 8 m | 6 c | 7 d | 2 u

....

m	c	d	u
......	......	......	......
......	......	......	......

b 2 d | 5 u | 9 m | 4 c

....

2 **Entoure** en rouge le chiffre des milliers, en bleu le chiffre des centaines, en vert celui des dizaines et en jaune celui des unités.

a 8 4 1 3 5 6 8 9

b 8 9 0 9 3 2 3 0

3 **Complète** le tableau, comme dans l'exemple.

Attention, le mot « mille » ne prend jamais de « s ». → trois mille

7 247	sept mille deux cent quarante-sept	7 000 + 200 + 40 + 7	7 m 2 c 4 d 7 u
....	neuf mille cinq cent trente-deux	....	....
....	....	6 000 + 300 + 10 + 8	....
....	....	....	1 m 4 c 2 d 5 u

Compétences : Lire, écrire, décomposer les nombres inférieurs à 10 000.
Calcul mental : Soustraire 10 avec passage de la centaine. L'enseignant dit : « 207 – 10 » ; l'élève écrit 197.

Photofiche S16

36 Lire, écrire, décomposer les nombres de 0 à 9 999 (2)

Découvrons ensemble

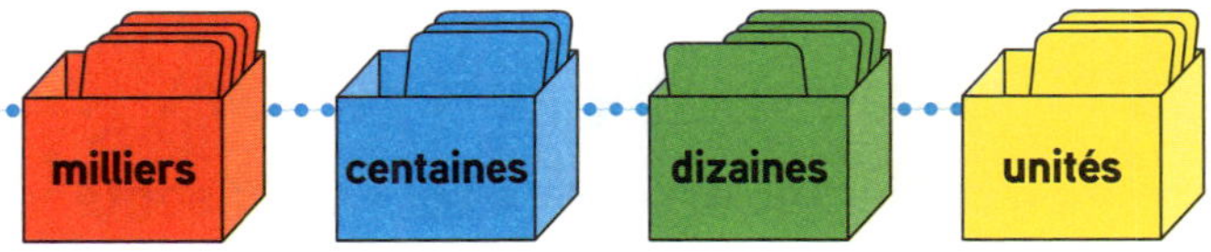

Léa et Théo tirent des cartes.

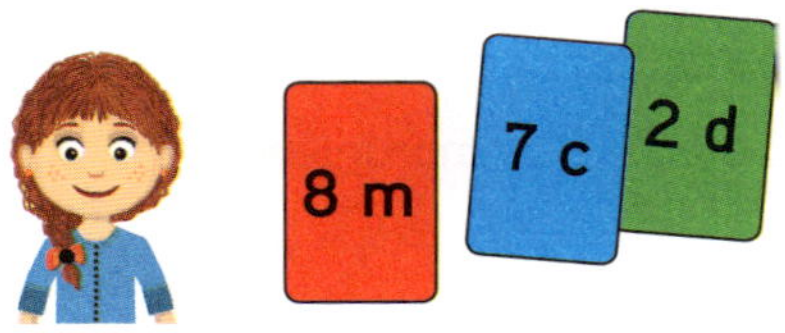

m	c	d	u
......	......	......	......
......	......	......	......

Aide-toi du tableau pour écrire le nombre obtenu par Léa.

Complète.

Le nombre obtenu par Léa est ....

.... = 8 m ...... c ...... d ...... u

.... = 8 000 + ... + ...

Écris en lettres le nombre de Léa.

....

N'oublie pas d'écrire les zéros dans le tableau.

Aide-toi du tableau pour écrire le nombre obtenu par Théo.

Complète.

Le nombre obtenu par Théo est ....

.... = 6 m ...... c ...... d ...... u

.... = 6 000 + ...

Écris en lettres le nombre de Théo.

....

Je m'entraîne

1 **Écris** les nombres en chiffres en t'aidant d'un tableau de numération.

a 3 m 5 c 9 d .... 2 m 9 c 8 u ....

b 4 m 5 d .... 1 u 6 m ....

2 **Complète** le tableau, comme dans l'exemple.

5 200	cinq mille deux cents	5 000 + 200	5 m 2 c
....	neuf mille quatre-vingt-dix	....	....
....	....	4 000 + 50	....
....	....	....	1 m 2 d

3 **Écris** en chiffres.

a trois mille cent vingt : ....

cinq mille deux cent cinquante : ....

b quatre mille soixante-dix : ....

trois mille deux : ....

Le coin du chercheur

Le 31 décembre 2020 est un jeudi.
Quelle est la date du lundi suivant ?

....

Compétences : Lire et écrire les nombres inférieurs à 10 000 avec des zéros intercalés.

Calcul mental : Dictée de nombres de 4 chiffres. L'enseignant dit : « 4 135 » ; l'élève écrit 4 135.

Photofiches P10 et P11

37

Problèmes : Apprendre à résoudre
Utiliser un graphique

Problème de référence 1

La bibliothécaire de l'école représente, dans un graphique, le nombre de bandes dessinées que les enfants ont empruntées ce mois-ci.

Comprendre le graphique

Réponds oralement.

Qu'indiquent les graduations de l'axe vertical ?
Quelles informations donne l'axe horizontal ?

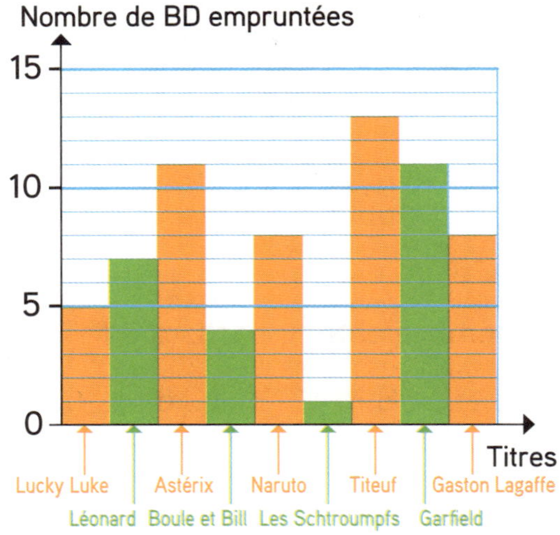

Utiliser le graphique

a Cinq élèves ont emprunté Lucky Luke.
Combien d'élèves ont emprunté les BD suivantes :

– Astérix ? .... – Léonard ? ....

– Titeuf ? .... – Boule et Bill ? ....

b Quelles sont les trois BD les plus empruntées ? ....

c Quelle est la BD la moins empruntée ? ....

Problème d'application

Ce graphique représente les activités proposées lors des temps d'activité périscolaire de l'école de Léa.

a Combien d'élèves pratiquent

– la sculpture ? ....

– le modelage ? ....

– la musique ? ....

b Quelle activité est pratiquée par le plus grand nombre d'élèves ?

....

c Quelles activités sont pratiquées :
– par plus de 25 élèves ?

....

....

– par moins de 15 élèves ?

....

....

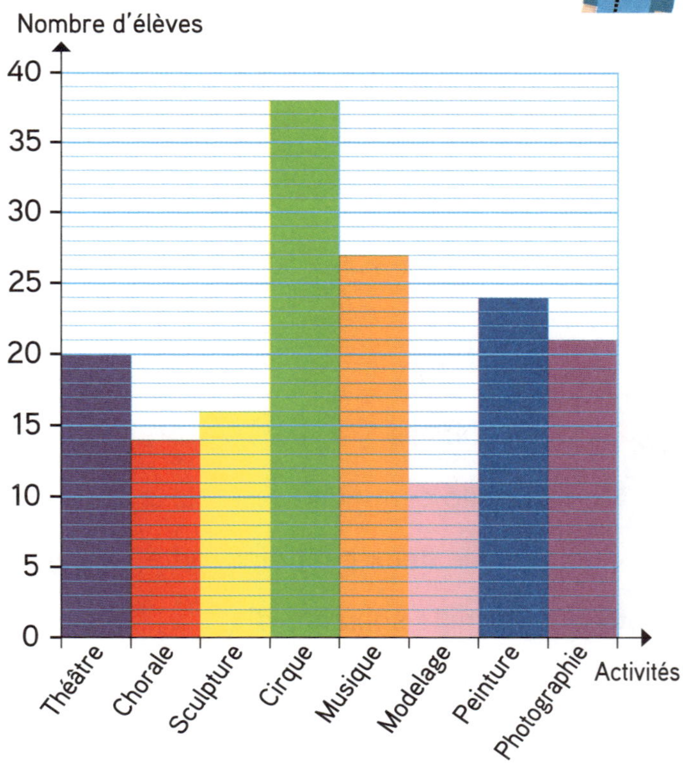

Problème de référence 2

Théo observe son carnet de santé.

Comprendre le graphique

Réponds oralement.

Qu'indiquent les graduations de l'axe vertical ?

Qu'indiquent les graduations de l'axe horizontal ?

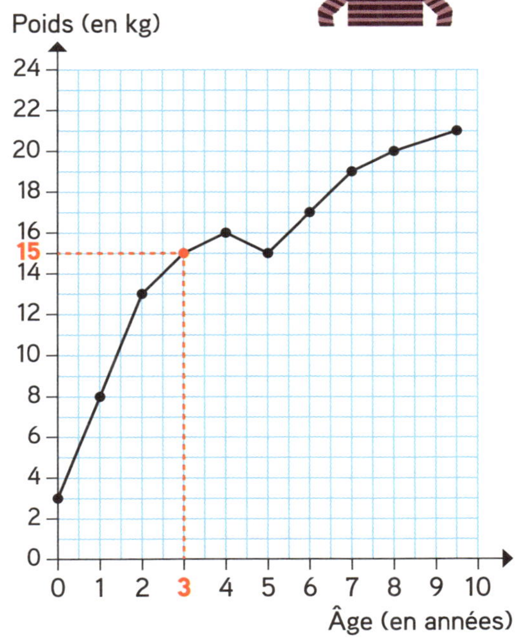

Utiliser le graphique

Observe la remarque de Théo et **réponds**.

a Quel était le poids de Théo :

– à la naissance ? ....

– à 2 ans ? ....

– à 8 ans ? ....

b À quel âge pesait-il :

– 8 kg ? ....

– 16 kg ? ....

– 20 kg ? ....

c A-t-il maigri entre :

– 3 et 4 ans ? ....

– 4 et 5 ans ? ....

– 5 et 6 ans ? ....

Problème d'application

Mélissa observe son carnet de santé.

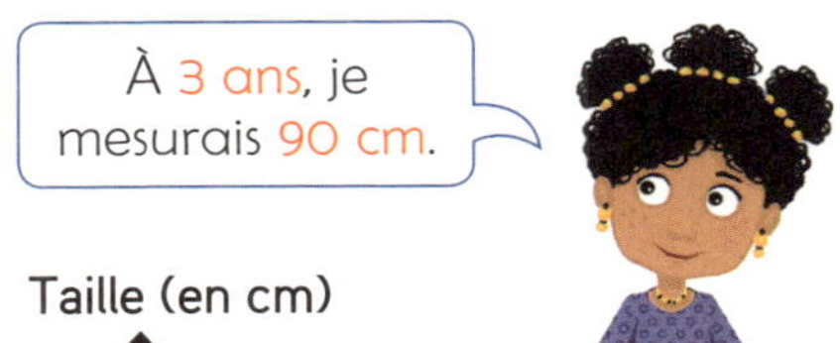

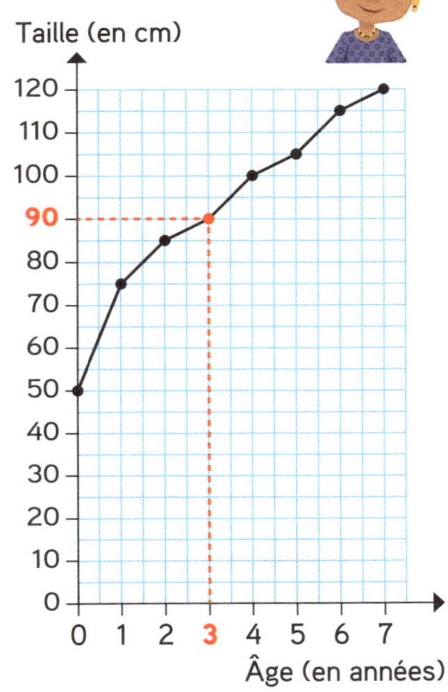

a Quelle était sa taille :

– à la naissance ? ....

– à 2 ans ? ....

– à 7 ans ? ....

b À quel âge mesurait-elle :

– 75 cm ? ....

– 100 cm ? ....

c De combien de centimètres a-t-elle grandi entre :

– 1 an et 2 ans ? ....

– 4 ans et 5 ans ? ....

Compétence : Utiliser un graphique « en bâtons » ou « en courbe » pour traiter des données.

Calcul mental : Dictée de nombres de 4 chiffres. L'enseignant dit : « 2 034 » ; l'élève écrit 2 034.

38 Multiplication et addition réitérée

Découvrons ensemble

Léa et Théo calculent chacun le nombre de chocolats de la boîte.
Il faut calculer les **produits** 7 × 3 ou 3 × 7.

Observe et **complète** les égalités.

Il y a 7 rangées de 3 chocolats.

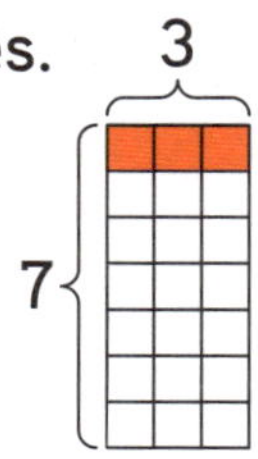

Léa calcule :

3 + 3 + 3 + 3 + 3 + 3 + 3 = ...
7 fois 3

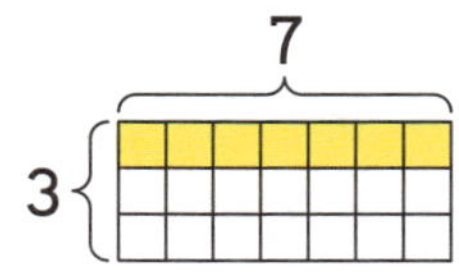

Il y a 3 rangées de 7 chocolats.

Théo calcule :

7 + 7 + 7 = ...
3 fois 7

7 × 3 = 3 × 7 = ...

Pour calculer le nombre de chocolats, il est plus simple de calculer 3 fois 7 que 7 fois 3.

Je m'entraîne

1 Complète les égalités pour calculer les nombres de fleurs.

a

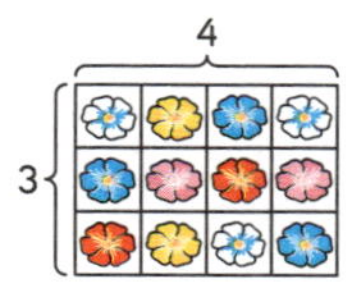

4 × 3 = 3 + ... + ... + ... = ...

3 × 4 = 4 + ... + ... = ...

b

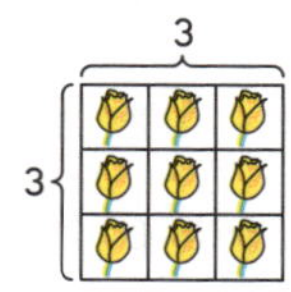

3 × ...... = 6 + ...   3 × ...... = 3 + ...

6 × ...... = 3 + ...

2 Écris la valeur des produits suivants.

a 2 × 3 = ... ; 4 × 4 = ...
2 × 5 = ... ; 3 × 5 = ...

b 2 × 7 = ... ; 4 × 6 = ...
3 × 8 = ... ; 6 × 5 = ...

Tu peux dessiner sur le quadrillage de ton cahier les rectangles correspondant à chaque produit ou écrire directement les additions.

3 Problème

Combien de pêches contient ce plateau ?

.... = ...

Ce plateau contient ....

4 Devinette : Mélissa a-t-elle raison ?

4 × 0 c'est pareil que 4 × 1.

Complète.

4 × 1 = ...   4 × 0 = ...

Mélissa ....

Compétences : Reconnaître une situation multiplicative. Utiliser l'addition réitérée pour calculer un produit.
Calcul mental : Complément à la dizaine avec un nombre de 3 chiffres. L'enseignant écrit : « 138 + ... = 140 » ; l'élève écrit 2.

39 Situations additives ou multiplicatives

Découvrons ensemble

Théo et Léa comptent leurs œufs.

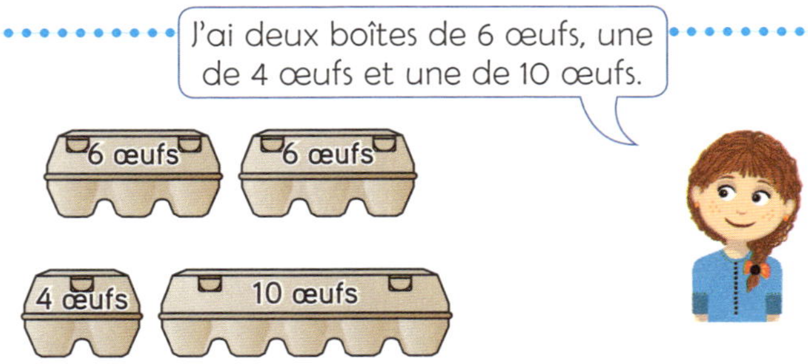

▶ **Calcule** le nombre d'œufs de Théo.

6 + ... + ... + ... = ...

Peux-tu remplacer cette addition par une multiplication ? ☐ Oui ☐ Non

Si oui, **écris**-la : ....

▶ **Calcule** le nombre d'œufs de Léa.

6 + ... + ... + ... = ...

Peux-tu remplacer cette addition par une multiplication ? ☐ Oui ☐ Non

Si oui, **écris**-la : ....

Je m'entraîne

1 **Calcule** le nombre de figurines.

a

...... + ... + ... + ... = ...

Peux-tu remplacer cette addition par une multiplication ? ☐ Oui ☐ Non

Si oui, **écris**-la : ....

b

...... + ... + ... + ... = ...

Peux-tu remplacer cette addition par une multiplication ? ☐ Oui ☐ Non

Si oui, **écris**-la : ....

2 **Relie** les étiquettes égales.

- A : $5 + 5 + 5 + 5$
- B : $3 + 3 + 3 + 3 + 3 + 3 + 3$
- C : $7 + 7 + 7 + 7$
- D : 4×5
- E : 4×7
- F : 7×3

3 **Problème**

Un ballon coûte 12 €.
Jade achète 4 ballons.
Combien paie-t-elle ?

....

Jade paie ....

Le coin du chercheur

Utilise ces points pour tracer une étoile sans lever ton crayon.

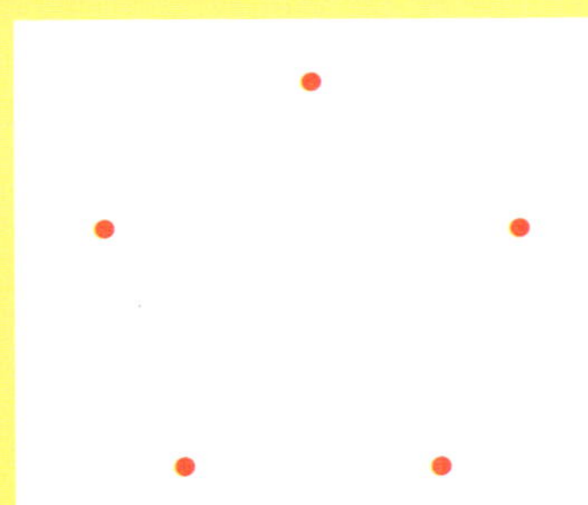

Compétences : Identifier une situation multiplicative. Transformer une somme en produit quand cela est possible et la calculer.
Calcul mental : Complément à la dizaine avec un nombre de 3 chiffres. L'enseignant écrit : « 323 + ... = 330 » ; l'élève écrit 7.

40 Unités de longueur (1) : m et cm

Découvrons ensemble

Observe la règle graduée de 1 m de la classe.

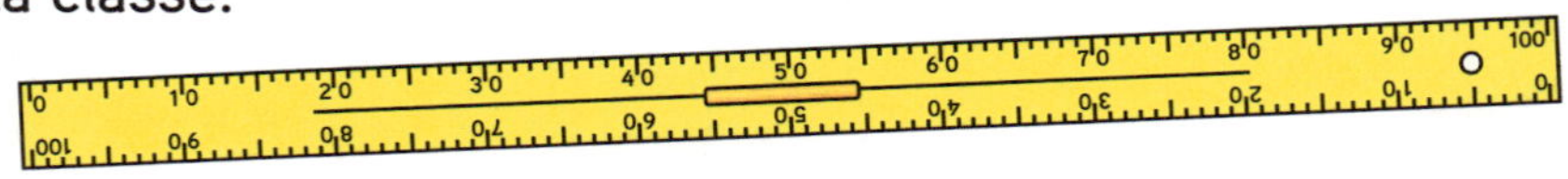

Complète. 1 m = ... cm

Les enfants comparent leur taille.

Convertis les tailles de Théo et de Mélissa en cm.

Théo mesure : 1 m 15 cm = ... cm + 15 cm = ... cm

Mélissa mesure : 1 m 8 cm = ... cm + ... cm = ... cm

Range les tailles des enfants de la plus petite à la plus grande.

.... cm < .... cm < .... cm

Entoure en vert le plus grand des trois amis et en rouge le plus petit.

Convertis la taille de Léa en m et cm. 121 cm = ... cm + 21 cm = ... m .... cm

Je m'entraîne

1 Entoure la bonne mesure.

21 cm ; 21 m

3 cm ; 3 m

13 cm ; 13 m

2 cm ; 2 m

70 cm ; 70 m

2 Complète.

a
3 m = ... cm
200 cm = ... m
250 cm = ... m .... cm

b
671 cm = ... m .... cm
290 cm = ... m .... cm
502 cm = ... m .... cm

3 Problème : À l'épreuve de saut en longueur, Éthan a sauté 1 m 82 cm, Prosper 167 cm et Souad 2 m 6 cm.

Convertis en cm les longueurs des sauts d'Éthan et de Souad.

1 m 82 cm = ... cm + ... cm = ... cm

2 m 6 cm = ... cm + ... cm = ... cm

Range ces 3 sauts du plus court au plus long. .... cm < .... cm < .... cm

Qui a sauté le plus loin ? ....

Qui a sauté le moins loin ? ....

Compétence : Connaître le mètre et le centimètre et les relations qui les lient.
Calcul mental : Soustraire un petit nombre à un nombre de 3 chiffres (multiple de dix). L'enseignant écrit : « 250 – 4 » ; l'élève écrit 246.

Photofiche A11

41 Unités de longueur (2) : cm et mm

....

Découvrons ensemble

▸ **Observe** ta règle graduée. Combien comptes-tu de mm dans 1 cm ?

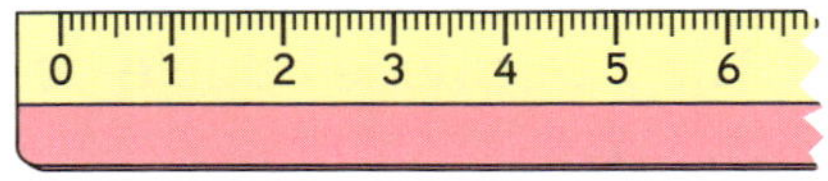

Complète. 1 cm = ... mm 1 m = ... mm

▸ Une maquette de voilier mesure 38 cm et une maquette d'avion mesure 370 mm.

Convertis la longueur de la maquette du voilier en mm. 38 cm = ... mm

Quelle est la maquette la plus grande ?

La maquette la plus grande est ....

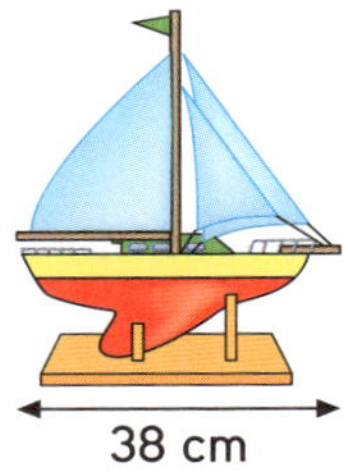

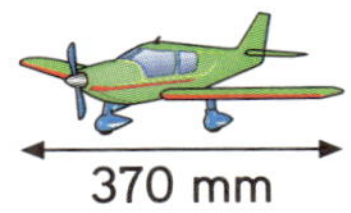

Pour comparer les longueurs des deux maquettes, écris leur longueur avec la même unité.

▸ **Trace** un segment rouge de 58 mm.
Prolonge-le en vert pour que la longueur totale des segments rouge et vert soit de 10 cm.

Quelle est, en mm, la longueur du segment vert ?

La longueur du segment vert est égale à .... mm.

Je m'entraîne

1 Complète avec cm ou mm.

17 ....

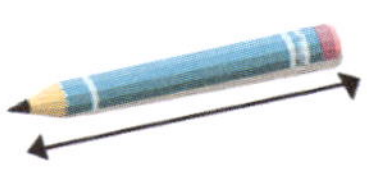

150 ....

4 ....

60 ....

5 ....

2 Convertis ces dimensions.

a

80 mm = ... cm

600 mm = ... cm

3 000 mm = ... cm

b

25 mm = ... cm ...... mm

169 mm = ... cm ...... mm

2 521 mm = ... cm ...... mm

3 Un segment rouge a une longueur de 7 cm et un segment bleu de 63 mm.
Lequel est le plus long ?

7 cm = ... mm ; .... mm < .... mm

Le segment le plus long est le segment ....

Trace ces segments pour vérifier.

Le coin du chercheur

Voici le carré magique de Dürer.
Toutes les lignes, colonnes et diagonales ont-elles le même total ?

16	3	2	13
5	10	11	8
9	6	7	12
4	15	14	1

....

Compétence : Connaître le centimètre et le millimètre et les relations qui les lient.
Calcul mental : Soustraire un petit nombre à un nombre de 3 chiffres (multiple de dix). L'enseignant écrit : « 150 – 7 » ; l'élève écrit 143.

Photofiche S18

42

Calcul réfléchi : Calculer le double d'un nombre

....

Découvrons ensemble

▶ Théo calcule le double de 14.

Complète.

Double de 10 = 10 + 10 = ...

Double de 4 = 4 + 4 = ...

Double de 14 = ... + ... = ...

14 = 10 + 4.
Le double de 14, c'est : le double de 10 + le double de 4.

▶ Léa calcule le double de 29.

Complète.

Double de 20 = ...

Double de 9 = ...

Double de 29 = ... + ... = ...

29 = 20 + 9.
Le double de 29, c'est : le double de 20 + le double de 9.

Coche la bonne réponse.

Tous les nombres ont-ils un double ? ☐ Oui ☐ Non

Un double est-il toujours un nombre pair ? ☐ Oui ☐ Non

Je m'entraîne

1 **Calcule** les doubles.

a Double de 23

23 = 20 + 3

Double de 20 = 20 + 20 = ...

Double de 3 = 3 + 3 = ...

Double de 23 = ... + ... = ...

Double de 34

34 = 30 + 4

Double de 30 = 30 + 30 = ...

Double de 4 = 4 + 4 = ...

Double de 34 = ... + ... = ...

b Double de 48

48 = 40 + ...

Double de 40 = ...

Double de ...... = ...

Double de 48 = ... + ... = ...

Double de 57

57 = ... + ...

Double de .... = ...

Double de ...... = ...

Double de 57 = ... + ... = ...

2 **Problème :** Pour la fête des écoles, Olivia a préparé 28 crêpes. Sa maman en a préparé le double.
Combien de crêpes la maman d'Olivia a-t-elle préparées ?

....

La maman d'Olivia a préparé ....

J'ai déjà appris

Aide-toi du problème de référence 1 de la leçon 22.

3 Ousmane a un sac de 34 billes, des rouges et des vertes. 15 billes sont vertes.
Combien de billes rouges possède Ousmane ?

.... = ... *Ousmane possède* ....

Compétences : Connaître et utiliser l'expression « double d'un nombre ».

Calcul mental : Ajouter 100 sans dépasser 1 000. L'enseignant dit : « 354 + 100 » ; l'élève écrit 454.

Photofiches S19 et A12

43 Tracer un rectangle, un carré

Découvrons ensemble

Trace un rectangle de 6 carreaux de longueur et 4 carreaux de largeur.

Un rectangle a :
– 4 angles droits,
– des côtés opposés de même longueur.

Le petit côté s'appelle la largeur, le grand côté s'appelle la longueur.

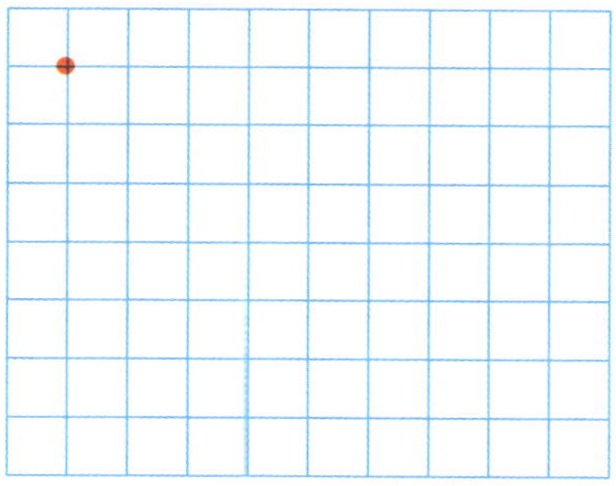

Termine le carré.

Un carré a :
– 4 côtés de même longueur,
– 4 angles droits.

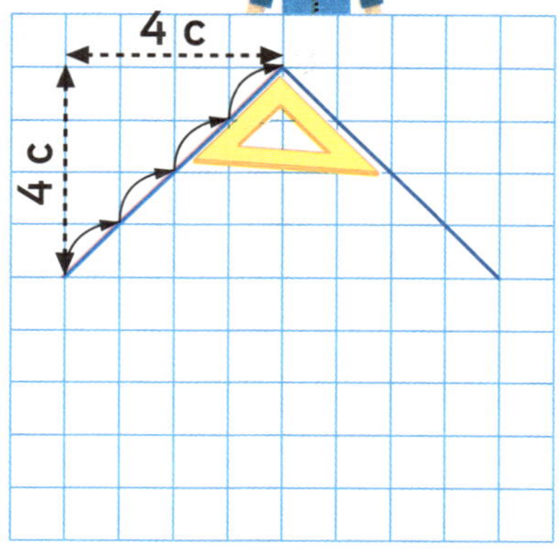

Je m'entraîne

1 **a** **Trace** un rectangle de 7 carreaux de longueur et 5 carreaux de largeur.

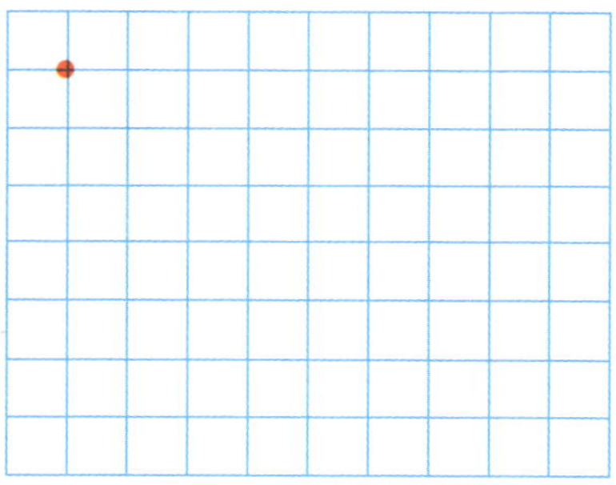

b **Termine** le carré.

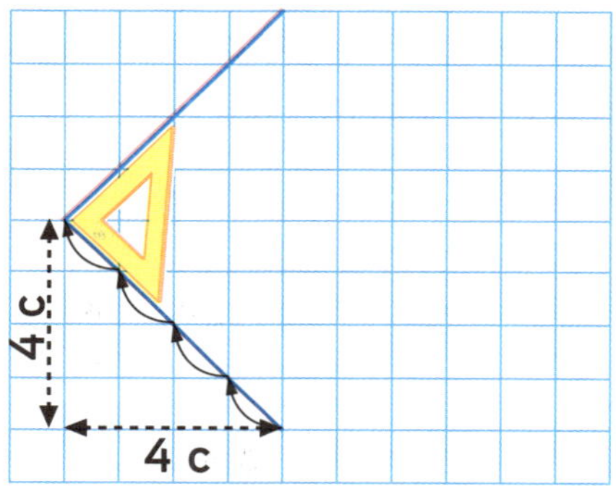

2 **Termine** le rectangle.

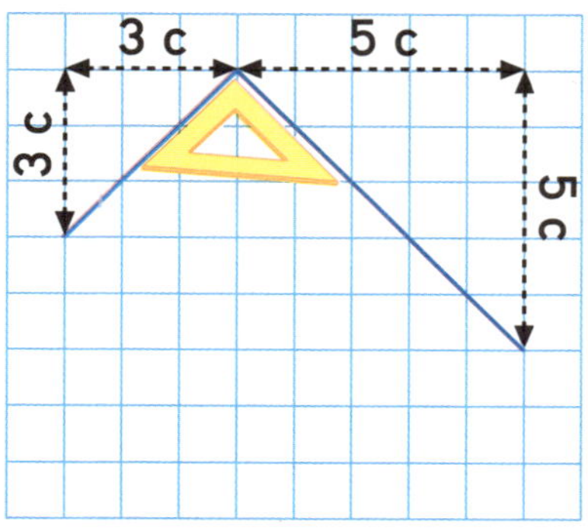

J'ai déjà appris

3 **Décompose** les nombres comme dans l'exemple.

5 308 = 5 000 + 300 + 8

2 680 = ...

6 094 = ...

Le coin du chercheur

Trouve un moyen pour lire cet étrange message.

J'utilise ....
....

Le miroir te permet de lire ce message.

Compétence : Tracer un rectangle, un carré sur quadrillage en utilisant leurs propriétés.
Calcul mental : Soustraire 100 à un nombre inférieur à 1 000. L'enseignant dit : « 572 – 100 » ; l'élève écrit 472.

44 Problèmes : Apprendre à résoudre
Situations additives ou soustractives (3)

Problème de référence 1

Théo a des images. Pour compléter sa collection, son frère lui donne 25 nouvelles images. Il a maintenant 63 images.
Combien d'images Théo avait-il au début ?

Comprendre l'énoncé

Complète.

Au début	Transformation	À la fin
Théo a des images.	Son frère lui donne .... images.	Théo a .... images.

Pour répondre à la question, **imagine** que Théo rende les 25 images à son frère.

Entoure la bonne opération.

Au début, le nombre d'images de Théo était : 63 – 25 63 + 25

Répondre à la question

Écris, puis **effectue** l'opération.

.... = ...

Complète la phrase réponse. *Au début, Théo avait* ....

Problème d'application

Ce matin, l'écureuil a des noisettes dans son nid.
Dans la journée, il en trouve encore 15. Le soir, il a 80 noisettes.
Combien de noisettes avait-il ce matin ?

Réfléchis à ce que tu dois chercher, puis **complète**.

Au début	Transformation	À la fin
L'écureuil a des noisettes.	L'écureuil trouve encore .... noisettes.	L'écureuil a .... noisettes.

Entoure la bonne opération.

Ce matin, le nombre de noisettes était : 80 + 15 80 – 15

Écris, puis **effectue** l'opération.

.... = ...

Complète la phrase réponse. *Ce matin, l'écureuil avait* ....

Problème de référence 2

Au restaurant scolaire, avant le repas, la corbeille est pleine de petits pains. Au cours du repas, les enfants en prennent 18. À la fin du repas, la corbeille n'en contient plus que 7. Combien de petits pains la corbeille contenait-elle avant le repas ?

Comprendre l'énoncé

Complète.

Au début	Transformation	À la fin
Avant le repas, la corbeille est pleine de petits pains.	Les enfants prennent .... petits pains.	La corbeille ne contient plus que ...... petits pains.

Pour répondre à la question, **imagine** que tu remettes dans la corbeille les petits pains qui ont été pris.

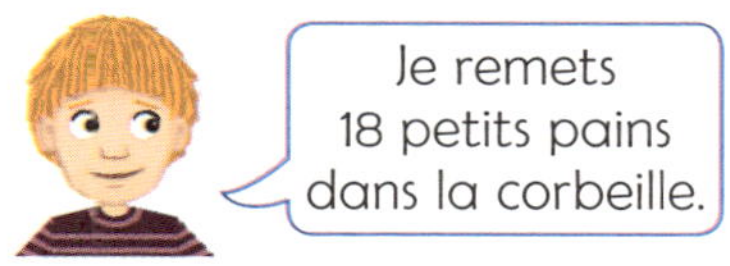

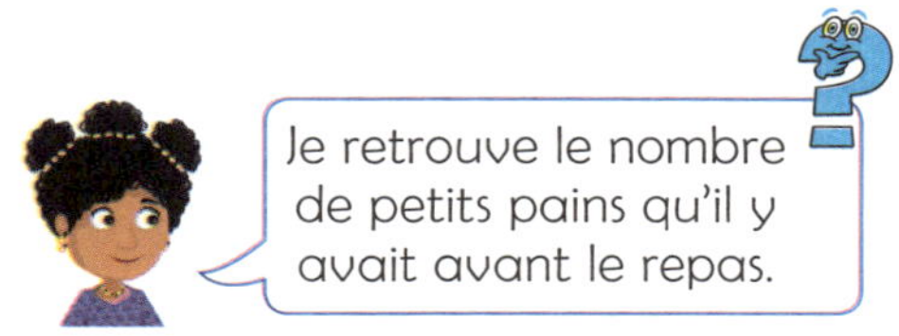

Entoure la bonne opération.

Avant le repas, le nombre de petits pains était : 18 + 7 18 – 7

Répondre à la question

Écris, puis **effectue** l'opération. .... = ...

Complète la phrase réponse. *Avant le repas, la corbeille contenait* ....

Problème d'application

Léa a des cerises dans son panier. Elle en donne 15 à sa sœur. Maintenant, il lui reste 27 cerises. Combien de cerises Léa avait-elle dans son panier ?

Réfléchis à ce que tu dois chercher, puis **complète**.

Au début	Transformation	À la fin
Léa a des cerises dans son panier.	Léa donne .... cerises à sa sœur.	Il reste .... cerises dans son panier.

Entoure la bonne opération.

Au début, le nombre de cerises dans le panier de Léa était : 27 + 15 27 – 15

Écris, puis **effectue** l'opération.

.... = ...

Complète la phrase réponse. *Dans son panier, Léa avait* ....

Compétence : Rechercher la valeur de l'état initial dans des problèmes de transformation d'états.
Calcul mental : Complément à la centaine d'un multiple de 10. L'enseignant dit : « 470 + ... = 500 » ; l'élève écrit 30.

45 TUIC n° 2 :
Tracer un rectangle, un carré

1 **Ouvre** le traitement de texte OpenOffice Writer*.
Vérifie si la barre de boutons ci-dessous apparaît en bas de la fenêtre.

Si elle n'apparaît pas, clique sur le bouton « Dessin » dans la barre du haut.

2 Clique sur la flèche noire à droite du bouton « Formes de base » .
Voici ce que tu obtiens :

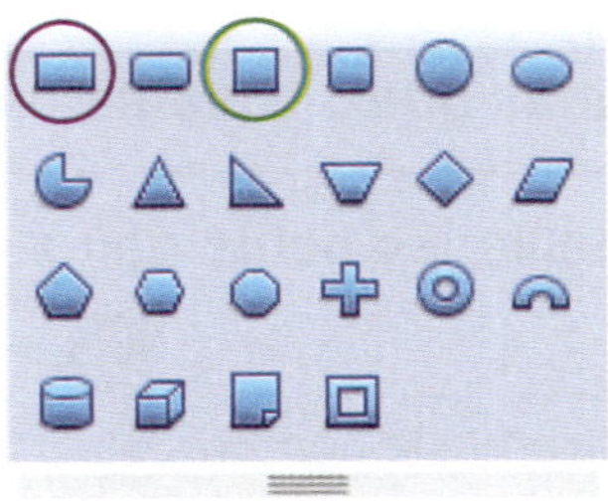

- **Pour tracer un rectangle**
  – **Clique** sur le rectangle ;
  – Pour le tracer, **déplace** la souris, clic gauche maintenu ;
  – **Recommence** plusieurs fois pour tracer différents rectangles comme ci-dessous.

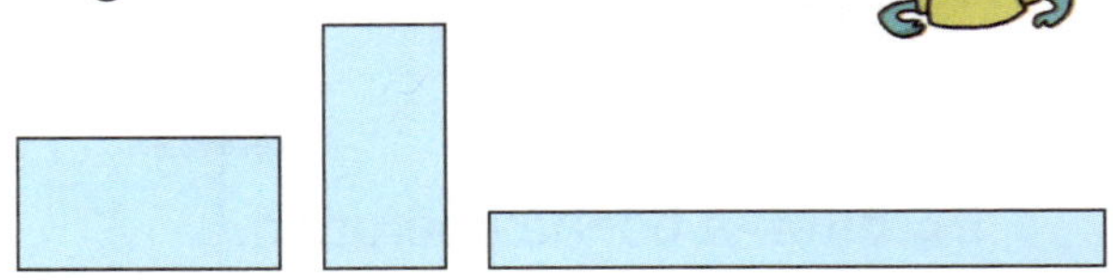

- **Pour tracer un carré**
  – **Clique** sur le carré ;
  – Pour le tracer, **déplace** la souris, clic gauche maintenu ;
  – **Recommence** plusieurs fois pour tracer différents carrés comme ci-contre.

- **Pour tracer un carré à partir du bouton**
  – **Clique** sur le rectangle ;
  – Pour le tracer, **déplace** la souris, clic gauche maintenu ; pendant que tu traces la figure, **maintiens** la touche « Majuscule » enfoncée.

3 **Clique** ensuite sur l'une des figures que tu as tracées. En utilisant les boutons ci-dessous, **modifie** l'aspect et la couleur des côtés et des surfaces.

Par exemple, **essaie** d'obtenir ces figures :

4 **Invente** un dessin en utilisant des rectangles, des carrés et des triangles.
Tu peux t'inspirer du dessin ci-contre.
Lorsque tu as terminé ton dessin, **enregistre** ton travail, puis **imprime**-le.

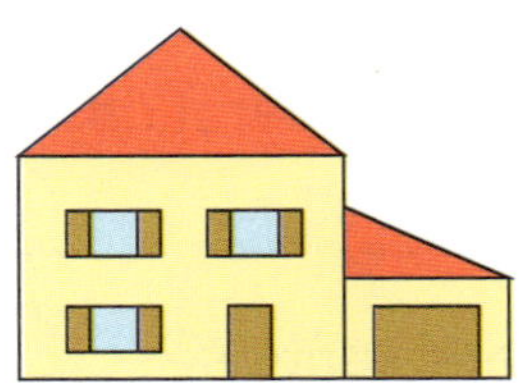

Compétence : Utiliser les outils de dessin d'un traitement de texte pour tracer des rectangles, des carrés.
Calcul mental : Complément à la centaine d'un multiple de 10. L'enseignant dit : « 120 + ... = 200 » ; l'élève écrit 80.

46 Maths Aventures [2]

Dans la forêt tropicale

Quand ta réponse est correcte, tu colories une étoile. ☆

1 ☆ Chaque lettre cache un nombre. **Trouve** le code pour entrer dans ce temple.

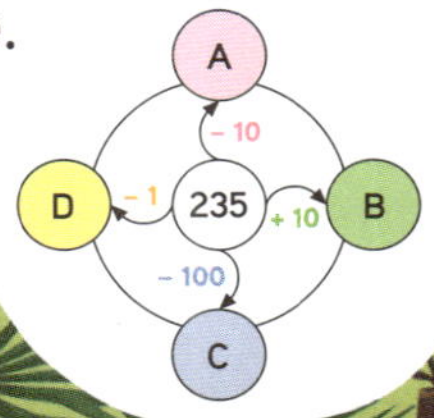

A ....
B ....
C ....
D ....

2 ☆ On compte **trois mille cinq cent trente-deux** espèces d'insectes, **trois cent neuf** espèces d'oiseaux et **mille cinq cent quatre-vingts** espèces de mammifères. **Écris** ces nombres en chiffres.

Insectes : ....

Oiseaux : ....

Mammifères : ....

3 ☆ Il y a 62 bananes sur le bananier. Les singes en mangent 38. **Combien de bananes reste-t-il ?**

Il reste .... bananes.

4 ☆ Un boa mesure 3 m 21 cm ; un python du Mexique 140 cm et un serpent corail 1 m 4 cm. **Range** ces serpents du plus court au plus long.

....

....

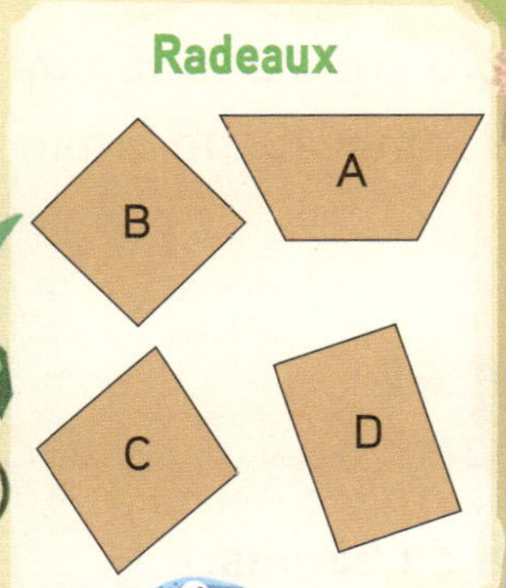

5 ☆ Pour traverser le fleuve nous prenons un radeau en forme de losange. **Entoure**-le.

Perroquets observés

	Bleu	Rouge	Vert
Jour 1	10	28	7
Jour 2	0	10	9
Jour 3	14	5	0
Jour 4	2	13	4
Total	......	......	......

6 ☆ **Calcule** le nombre total de perroquets de chaque couleur observés durant les 4 jours.

Si tu as colorié 5 ou 6 étoiles, colorie la médaille d'or ; 3 ou 4 étoiles, colorie la médaille d'argent ; sinon, colorie la médaille de bronze. Quelle médaille as-tu obtenue ?

J'ai compris et je retiens (4)

Cette page t'aide à retenir ce qui est essentiel.

Nombres

N7 Je lis les nombres jusqu'à 9 999.

4 132 → quatre mille cent trente-deux

5 027 → cinq mille vingt-sept

3 006 → trois mille six

N8 Je décompose les nombres jusqu'à 9 999.

4 132 = 4 000 + 100 + 30 + 2

4 132 = 4 m 1 c 3 d 2 u

5 027 = 5 000 + 20 + 7

5 027 = 5 m 2 d 7 u

Calcul

C9 J'écris et je calcule un produit.

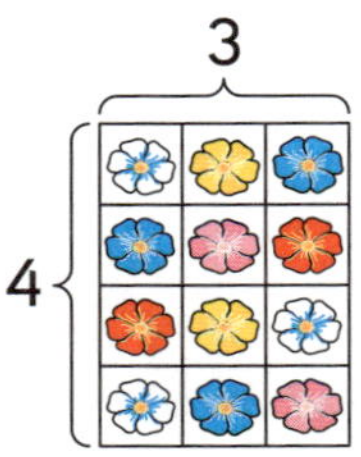

4 × 3 = 3 × 4

4 × 3 = 3 + 3 + 3 + 3 = 12

3 × 4 = 4 + 4 + 4 = 12

C10 Je calcule le double d'un nombre.

Double de 26 ?

26 = 20 + 6

Double de 20 = 40

Double de 6 = 12

Double de 26 = 40 + 12 = 52

Mesures

M5 Je connais le m, cm, mm.

1 m = 100 cm

1 m = 1 000 mm

1 cm = 10 mm

M6 Je mesure en m, cm, mm.

Hauteur d'une porte : 215 cm = 2 m 15 cm

Longueur du stylo : 159 mm = 15 cm 9 mm

Géométrie

G5 Je trace un rectangle sur quadrillage.

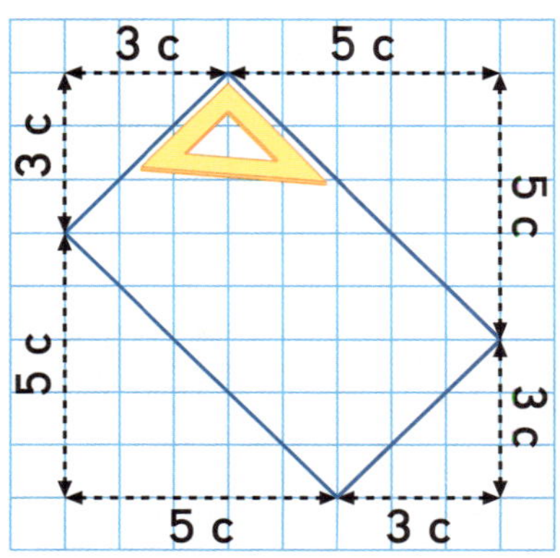

Organisation et gestion de données

O2 Je lis un graphique en bâtons.

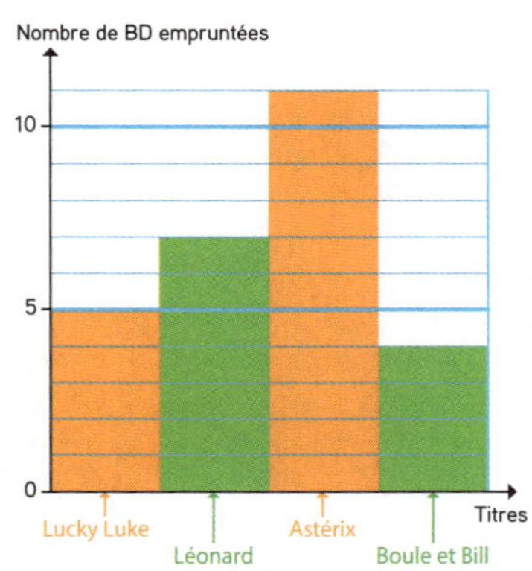

La BD *Léonard* a été empruntée 7 fois.

Je fais le point (4)

SOCLE COMMUN

Nombres

1 Complète comme dans l'exemple.

1 050	mille cinquante
2 030	....
6 001	....
....	trois mille cinq cent quarante
....	mille cent vingt-trois

Écrire en lettres ou en chiffres un nombre de 4 chiffres.

2 Complète comme dans l'exemple.

3 152	3 000 + 100 + 50 + 2
2 678	....
4 052	....
5 006	....
9 999	....

Décomposer de façon canonique un nombre de 4 chiffres.

3 Entoure en rouge le chiffre des milliers, en vert celui des dizaines.

5 1 3 4 6 7 0 0 5 0 0 2

Repérer le chiffre des milliers ou des dizaines dans un nombre de 4 chiffres.

Calcul

4 Écris sous forme de 2 produits égaux le nombre de carreaux du tapis et **calcule**-les.

.... × .... = ...

.... × .... = ...

Utiliser la commutativité de la multiplication et calculer un produit.

Mesures

5 Convertis.

1 m = ... cm

1 cm = ... mm

235 cm = ... m .... cm

364 mm = ... cm .... mm

Convertir des unités de longueur.

Géométrie

6 Termine le carré.

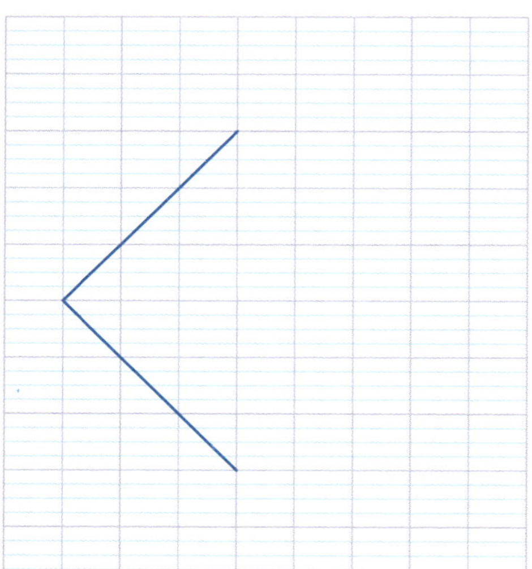

Tracer un carré sur quadrillage.

Organisation et gestion de données

7 Observe le graphique.

Dans quelle classe les filles sont-elles plus nombreuses que les garçons ? ....

Quel est le nombre d'élèves au CP ? ....

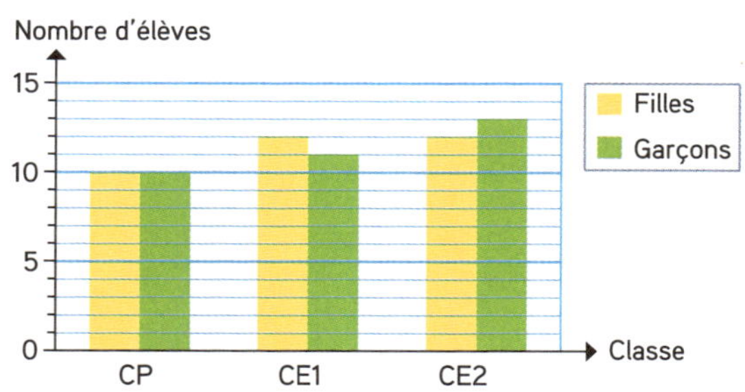

Lire et interpréter un graphique en bâtons.

47 Calcul réfléchi : Apprentissage des tables de multiplication

Découvrons ensemble

Aide Théo et Léa à compléter la table de 6.

1 × 6 2 × 6 3 × 6 4 × 6

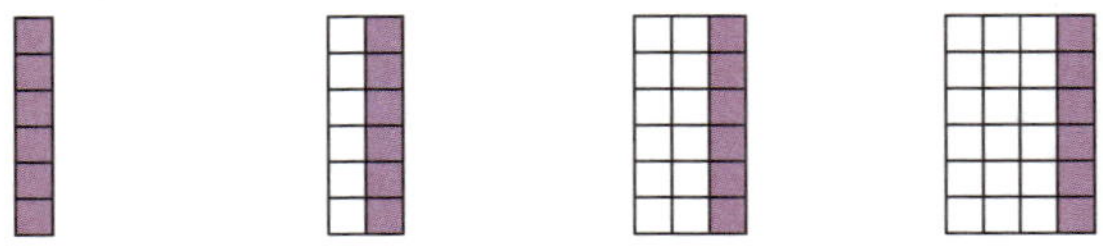

1 × 6 = 6
2 × 6 = 6 + 6 = 12
3 × 6 = 12 + 6 = 18
4 × 6 = 18 + 6 = 24
5 × 6 = 24 + 6 = 30
6 × 6 = ... + 6 = ...
7 × 6 = ... + 6 = ...
8 × 6 = ... + 6 = ...
9 × 6 = ... + 6 = ...
10 × 6 = ... + 6 = ...

Dans la table de 6, j'ajoute 6 pour passer d'un résultat au suivant.

Je connais la table de 3. En prenant les doubles, je trouve la table de 6.

3 × 3 = 9
3 × 3 = 9

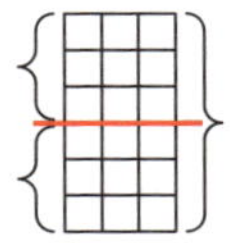

3 × 6 = 9 + 9 = 18

2 × 3 = 6 → 2 × 6 = 12
3 × 3 = 9 → 3 × 6 = 18
4 × 3 = 12 → 4 × 6 = ...
5 × 3 = 15 → 5 × 6 = ...
6 × 3 = ... → 6 × 6 = ...
7 × 3 = ... → 7 × 6 = ...
8 × 3 = ... → 8 × 6 = ...
9 × 3 = ... → 9 × 6 = ...
10 × 3 = ... → 10 × 6 = ...

Je m'entraîne

1 Calcule comme Théo.

a 5 × 7 = 35

6 × 7 = 35 + ... = ...
7 × 7 = ... + ... = ...
8 × 7 = ... + ... = ...
9 × 7 = ... + ... = ...
10 × 7 = ... + ... = ...

b 5 × 9 = 45

6 × 9 = ...
7 × 9 = ...
8 × 9 = ...
9 × 9 = ...
10 × 9 = ...

2 Calcule comme Léa.

5 × 4 = 20 → 5 × 8 = ...
6 × 4 = ... → 6 × 8 = ...
7 × 4 = ... → 7 × 8 = ...
8 × 4 = ... → 8 × 8 = ...
9 × 4 = ... → 9 × 8 = ...
10 × 4 = ... → 10 × 8 = ...

3 Complète le tableau.

×	7	8	9
6	....	....	....
7	....	....	....
8	....	....	....

J'ai déjà appris

4 Termine le rectangle rouge et le carré bleu.

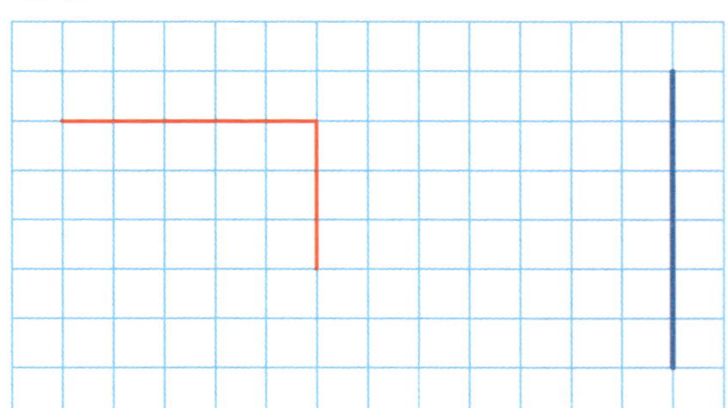

Compétences : Construire et mémoriser les produits de la table de multiplication.
Calcul mental : Ajouter un petit nombre à un nombre de 2 chiffres. L'enseignant dit : « 35 + 4 » ; l'élève écrit 39.

Photofiche S20

48 La table de Pythagore de la multiplication

Découvrons ensemble

Utilise la table de Pythagore pour calculer les produits suivants :

3 × 5 = ... 6 × 3 = ... 8 × 7 = ... 9 × 8 = ...

×	1	2	3	4	5	6	7	8	9	10
1	1	2	3	4	5	6	7	8	9	10
2	2	4	6	8	10	12	14	16	18	20
3	3	6	9	12	15	18	21	24	27	30
4	4	8	12	16	20	24	28	32	36	40
5	5	10	15	20	25	30	35	40	45	50
6	6	12	18	A	30	36	42	48	54	60
7	7	14	21	28	35	42	49	56	63	70
8	8	16	24	32	B	48	56	64	72	80
9	9	18	27	36	45	54	63	72	81	90
10	10	20	30	40	50	60	70	80	90	100

Écris les produits qui correspondent à chacun des nombres des cases bleues.

4 = 2 × 2 9 = ... × ...... 16 = ... × ...... 25 = ... × ......

36 = ... × ...... 49 = ... × ...... 64 = ... × ...... 81 = ... × ......

Compare la ligne et la colonne qui commencent par 3.
Donnent-elles les mêmes résultats ? ☐ Oui ☐ Non

Entoure les résultats de 4 × 7 et de 7 × 4. **Complète** : 4 × 7 = ... × 4 = ...

Retrouves-tu les résultats de la partie jaune dans la partie blanche ? ☐ Oui ☐ Non

Quel nombre doit-on écrire dans la case A ? .... Dans la case B ? ....

Je m'entraîne

1 **Utilise** la table de Pythagore pour calculer les produits suivants.

a 4 × 3 = ... 5 × 3 = ... 6 × 2 = ... 8 × 4 = ... 6 × 4 = ... 7 × 3 = ...

b 4 × 8 = ... 6 × 6 = ... 7 × 8 = ... 7 × 9 = ... 9 × 5 = ... 6 × 8 = ...

2 **Complète** en t'aidant de la partie jaune de la table de Pythagore.

a 12 = 6 × ...... 16 = 2 × ......
12 = 4 × ...... 16 = 4 × ......

b 18 = ... × 6 24 = ... × 4
18 = ... × 9 24 = ... × 3

3 **Calcule** le prix à payer pour chaque article, puis **indique** le total à payer.

Article	Prix unitaire	Nombre	Prix à payer
Paquet biscuits	3 €	8	.... €
Jus de fruits	4 €	6	.... €
Soda	2 €	7	.... €
Gâteau	9 €	4	.... €
	Total à payer		.... €

J'ai déjà appris

4 **Complète.** 18 mm + 2 cm = 18 mm + ... mm = ... mm

Le coin du chercheur

Quel est le résultat le plus grand ?
1 + 0 ou 1 000 × 0
Entoure-le.

Compétences : Connaître et utiliser la table de Pythagore pour calculer un produit.
Calcul mental : Ajouter un petit nombre à un nombre de 2 chiffres. L'enseignant dit : « 35 + 7 » ; l'élève écrit 42.

49 Comparer, ordonner, intercaler les nombres de 0 à 9 999

....

Découvrons ensemble

Écris le score de chaque enfant.

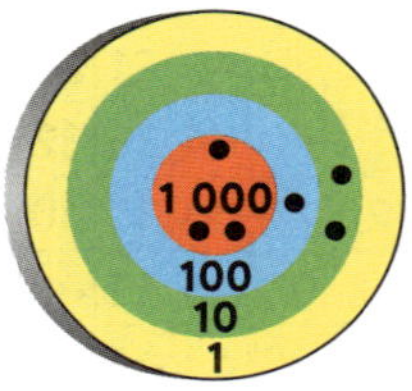

Théo : ....

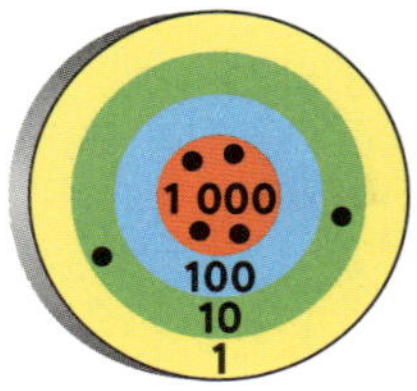

Léa : ....

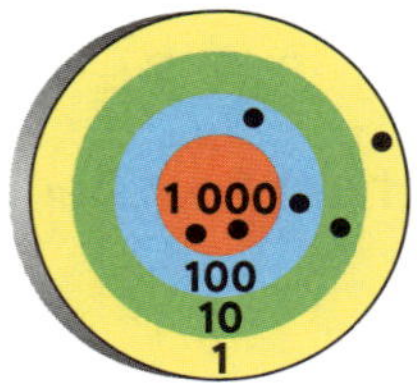

Mélissa : ....

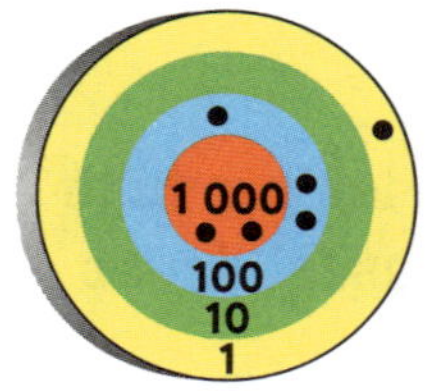

Gaël : ....

Compare les scores de Théo et de Léa. .... > ....
Qui a le plus de points ? ☐ Théo ☐ Léa

Compare les scores de Mélissa et de Gaël. .... > ....
Qui a le plus de points ? ☐ Mélissa ☐ Gaël

Je compare d'abord les chiffres des milliers. Si les nombres ont le même chiffre des milliers, je compare alors les chiffres des centaines.

Range les 4 scores du plus grand au plus petit. .... > .... > .... > ....

Nicolas a fait un score de 3 201 points.

Intercale ce score dans la liste précédente. .... > .... > .... > .... > ....

Au bout de trois parties, Léa a marqué 9 000 points et Théo 1 point de moins que Léa.
Quel est le score de Théo ? ....

Je m'entraîne

1 **Entoure** le plus grand nombre de chaque nuage.

a 3 267 ; 2 648 — 4 048 ; 4 267

b 2 267 ; 3 248 ; 1 648 — 6 670 ; 6 830 ; 6 850

2 **Range** ces nombres du plus grand au plus petit.

a 4 567 ; 2 600 ; 5 499 ; 3 378
.... > .... > .... > ....

b 6 880 ; 5 800 ; 6 875 ; 5 458
.... > .... > .... > ....

3 **Écris** le nombre qui précède et le nombre qui suit.

a .... < 1 999 < ....

b .... < 6 000 < ....

4 **Problème :** Voici les billets de tombola que mamie a achetés.
Les billets gagnants sont compris entre 2 500 et 3 500.
Colorie-les.

a 3 100 — 4 200 — 2 740 — 2 190

b 3 015 — 2 469 — 3 547 — 3 364

Compétences : Comparer, ordonner, intercaler les nombres inférieurs à 10 000.
Calcul mental : Ajouter un petit nombre à un nombre de 3 chiffres. L'enseignant dit : « 135 + 4 » ; l'élève écrit 139.

50 Encadrer les nombres de 0 à 9 999

Découvrons ensemble

La distance entre Paris et New York est égale à 5 845 km.
Place approximativement le nombre **5 845** sur cette droite numérique.

4 900 — **5 000** — 5 100 — 5 200 — 5 300 — 5 400 — **5 500** — 5 600 — 5 700 — 5 800 — 5 900 — **6 000** — 6 100

Sur la droite numérique, **entoure** en bleu les deux centaines les plus proches de 5 845.

Encadre 5 845 entre les deux centaines les plus proches. .... < 5 845 < ....

Sur la droite numérique, **entoure** en rouge les deux milliers les plus proches de 5 845.

Encadre 5 845 entre les deux milliers les plus proches. .... < 5 845 < ....

Sans utiliser la droite numérique, **encadre** 5 845 entre les deux dizaines les plus proches.
.... < 5 845 < ....

Je m'entraîne

1 **Encadre** ces nombres entre les deux milliers les plus proches.

a .... < 3 400 < .... ; .... < 5 200 < .... ; .... < 7 520 < ....

b .... < 2 222 < .... ; .... < 1 290 < .... ; .... < 6 603 < ....

2 **Encadre** ces nombres entre les deux centaines les plus proches.

a .... < 3 210 < .... ; .... < 3 650 < .... ; .... < 3 380 < ....

b .... < 2 020 < .... ; .... < 980 < .... ; .... < 1 970 < ....

3 **Écris** les dizaines et les centaines les plus proches qui encadrent ce nombre.

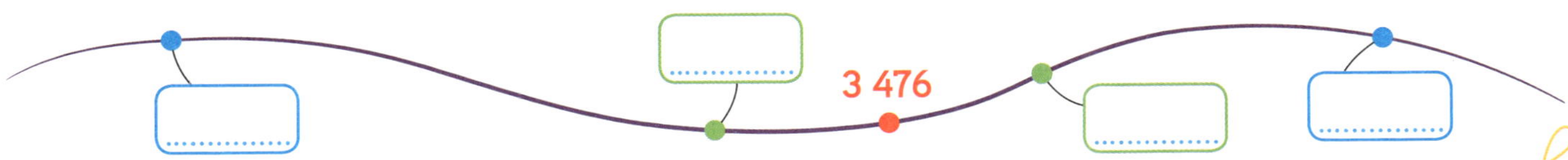

4 **Devinette**

Je suis une des deux centaines les plus proches du nombre 6 546. Mes deux premiers chiffres sont les mêmes. Qui suis-je ?

Je suis ....

Le coin du chercheur

✱, ✦ et ◆ représentent chacun un chiffre différent. Retrouve ces chiffres.

```
    ✱ ✦ ◆
  + ✦ ✦ ✱
  -------
    5 8 4
```

✱ = ...
✦ = ...
◆ = ...

Compétence : Encadrer un nombre entre deux milliers ou deux centaines ou deux dizaines les plus proches.
Calcul mental : Ajouter un petit nombre à un nombre de 3 chiffres. L'enseignant dit : « 235 + 7 » ; l'élève écrit 242.

Photofiche A14

51 Reconnaître qu'une figure possède un axe de symétrie (1)

Découvrons ensemble

> **Par pliage**, si les deux parties d'une figure se superposent parfaitement, le pli est un axe de symétrie.

Découpe les figures A, B et C de la page matériel **E**.

▶ **Trouve** par pliage les axes de symétrie de ces figures.
Trace-les en rouge.

Quelle figure possède 1 seul axe de symétrie ? ......   2 axes de symétrie ? ......

▶ **Place** chaque figure découpée sur sa trace.
Retourne chaque figure, puis **essaie** de la replacer dans sa trace.

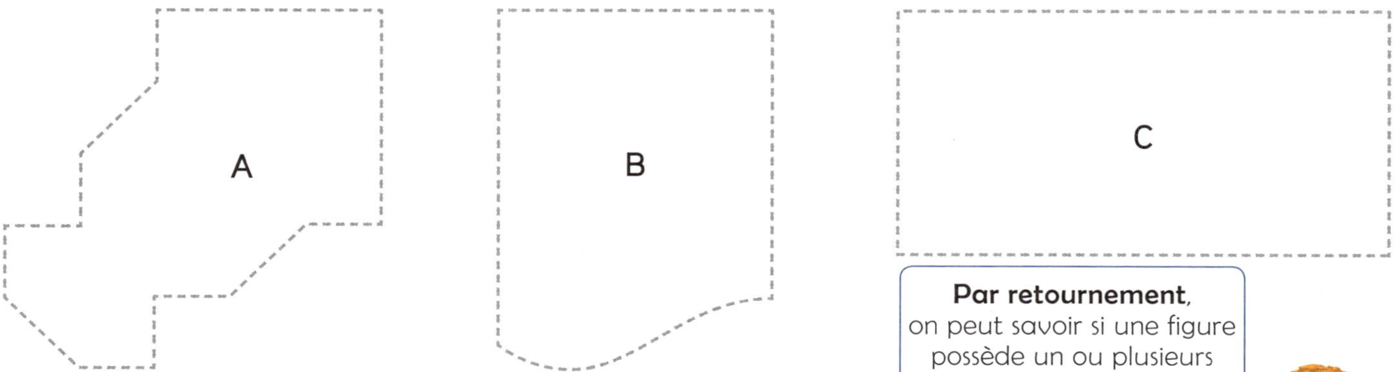

> **Par retournement**, on peut savoir si une figure possède un ou plusieurs axes de symétrie.

Quelles figures se retournent dans leur trace ? ....
Colle ces figures sur leur trace.

Je m'entraîne

1 **Découpe** les figures D et E de la page matériel **E**. **Trouve par pliage leur** axe de symétrie.
Trace-le en rouge.

a

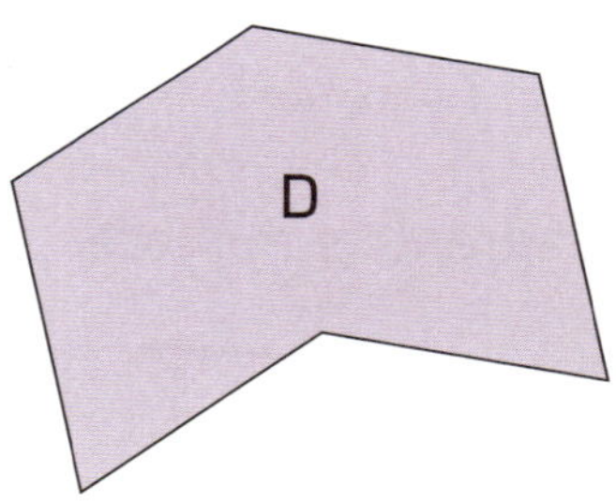

b

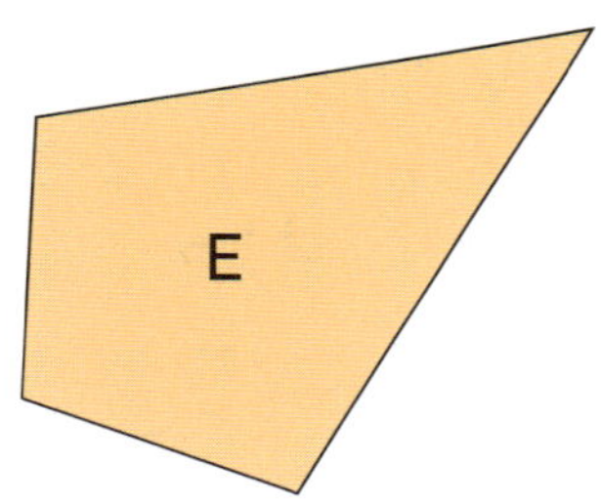

2 **Découpe** les figures F, G, H de la page matériel **E**. **Par retournement**, **trouve** les deux figures qui possèdent un axe de symétrie. **Trouve** ces axes **par pliage**. **Trace**-les en rouge.

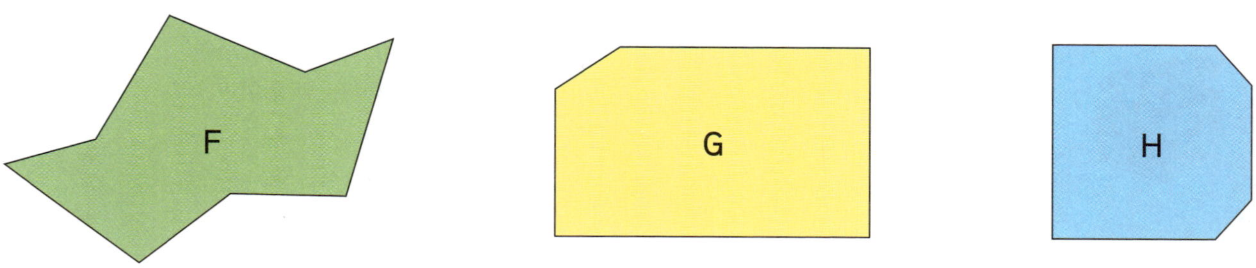

Compétence : Reconnaître qu'une figure possède un axe de symétrie par pliage ou par retournement.
Calcul mental : Calculer le double d'un nombre. L'enseignant dit : « double de 24 » ; l'élève écrit 48.

Photofiches S21 et A15

52 Reconnaître qu'une figure possède un axe de symétrie (2)

Découvrons ensemble

Entoure la lettre de la figure quand le trait rouge est un axe de symétrie.

A

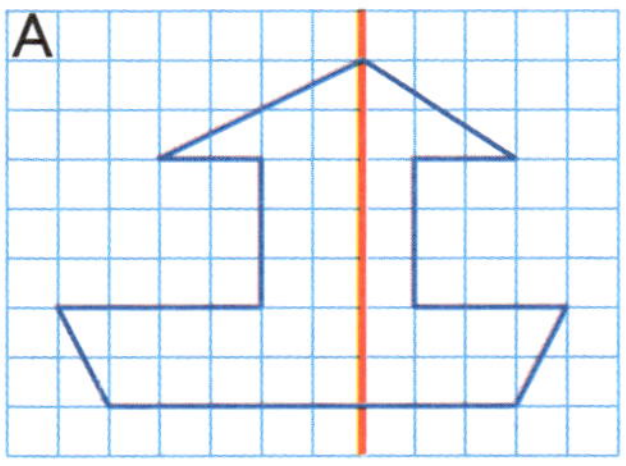

B

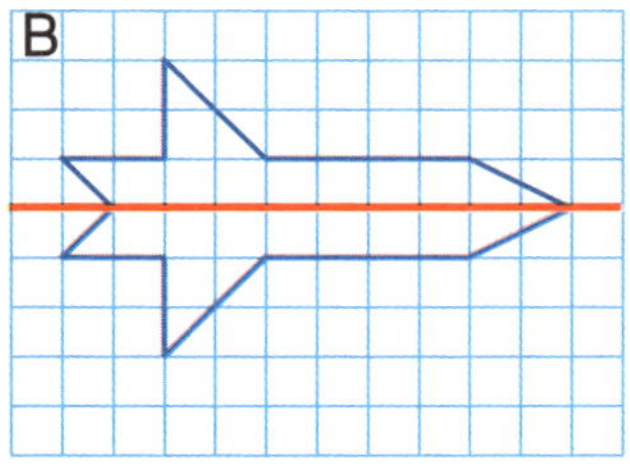

Des points symétriques sont à la même distance de l'axe de symétrie et sur la même ligne du quadrillage.

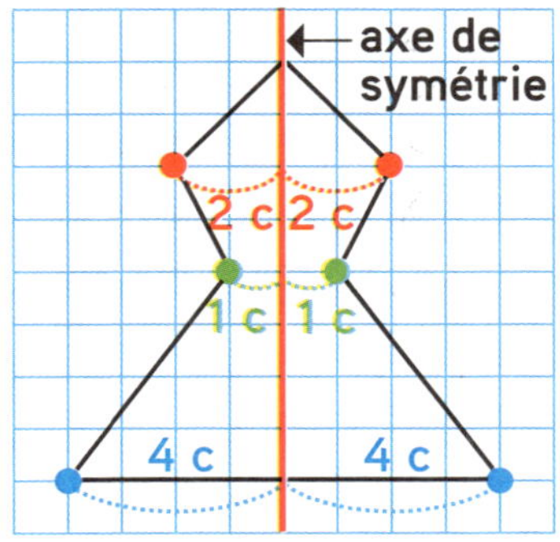

Cherche les axes de symétrie puis **trace**-les en rouge.

C

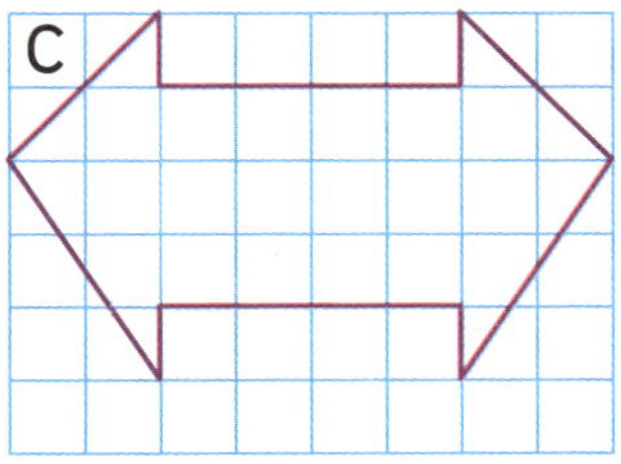

D

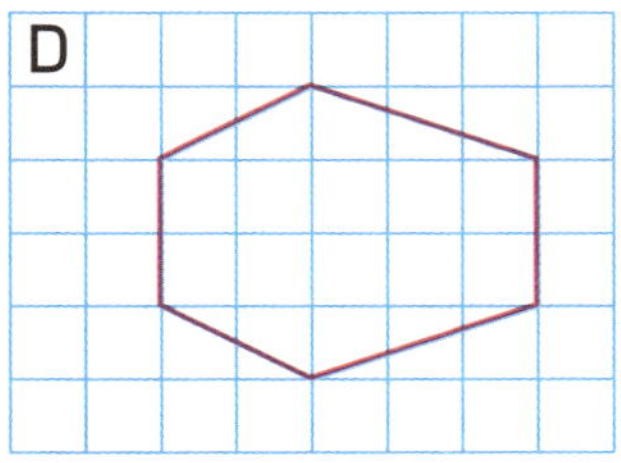

Je m'entraîne

1 **Entoure** la lettre de la figure quand le trait rouge est un axe de symétrie.

a

E

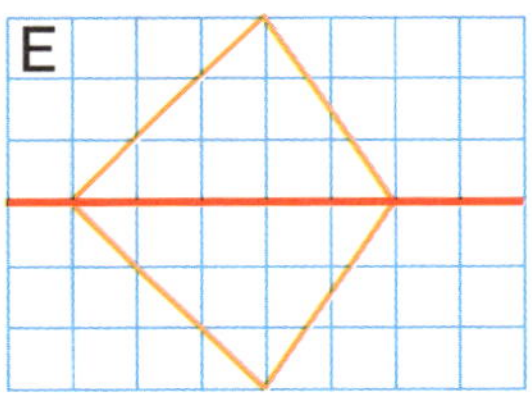

F

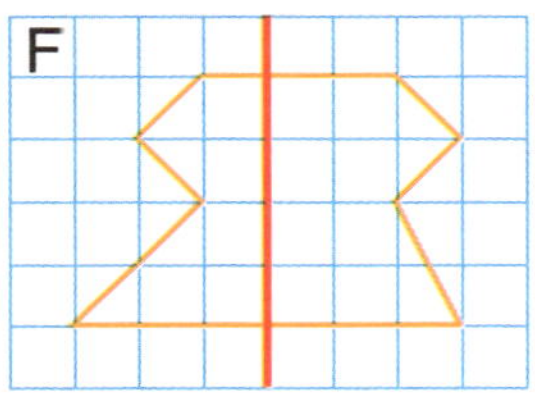

b

G

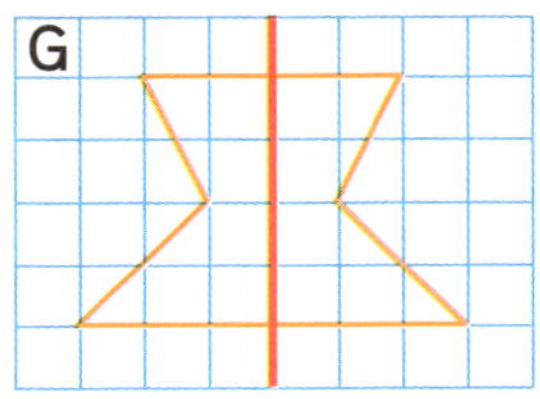

H

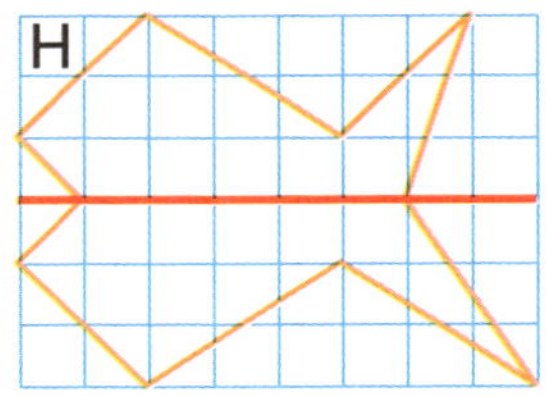

2 **Trace** en rouge les axes de symétrie.

a

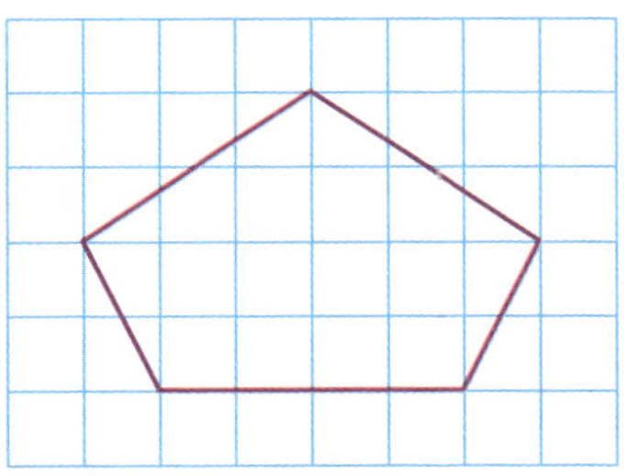

b

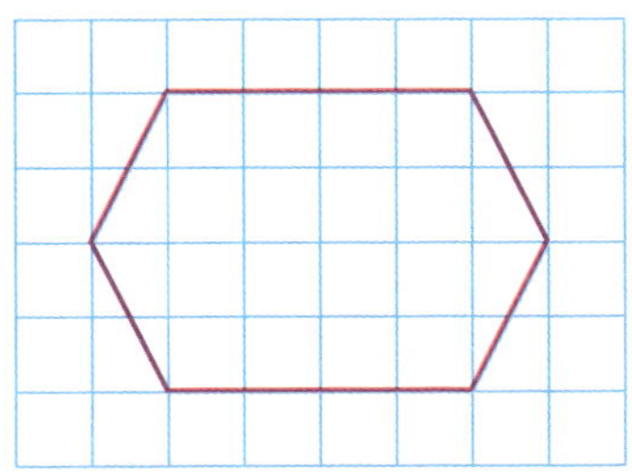

J'ai déjà appris

3 **Écris** le nombre qui précède et le nombre qui suit.

.... < 2 999 < .... ; .... < 3 399 < ....

.... < 7 000 < .... ; .... < 2 100 < ....

Le coin du chercheur

Ma règle plus la moitié de ma règle, cela fait 60 cm.
Combien mesure ma règle ?

....

Compétence : Reconnaître qu'une figure possède un axe de symétrie à l'aide d'un quadrillage.
Calcul mental : Calculer le double d'un nombre. L'enseignant dit : « double de 17 » ; l'élève écrit 34.

Photofiche P14

53 Problèmes : Méthodologie
Rédiger une phrase réponse

Analyser une phrase réponse

Dans une phrase réponse, on retrouve :
- des mots de la question ;
- le résultat du calcul.

Une phrase réponse comporte un verbe et doit répondre à la question.

Dans chaque problème ci-dessous :
- **souligne** les mots qui se trouvent à la fois dans la question et dans la phrase réponse ;
- **entoure** le résultat du calcul et le nombre écrit dans la phrase réponse.

1 Malik a 40 billes en arrivant à l'école. Il perd 15 billes à la récréation.
Combien de billes Malik a-t-il maintenant ?

Résultat du calcul	Phrase réponse
40 – 15 = 25	Maintenant, Malik a 25 billes.

2 Dans un tournoi de handball, il y a 8 équipes de 7 joueurs.
Combien de joueurs participent à ce tournoi ?

Résultat du calcul	Phrase réponse
8 × 7 = 56	56 joueurs participent à ce tournoi.

Choisir la phrase réponse

Coche, pour chacun des problèmes résolus, la phrase réponse la mieux rédigée.

Question du problème	Résultat du calcul		Phrase réponse
1. Quel est l'âge du grand-père de Mariette ?	70	→	☐ Âge = 70 ans. ☐ Le grand-père de Mariette a 70 ans. ☐ 70
2. Combien de cartes possède Manon ?	30	→	☐ 30 cartes. ☐ Le résultat, c'est 30. ☐ Manon possède 30 cartes.
3. Quelle est la longueur du segment AB ?	13	→	☐ La longueur du segment AB est 13 cm. ☐ J'ai trouvé 13. ☐ AB = 13 cm.

Écrire une phrase réponse

Je rédige une phrase réponse :
- **en commençant par une majuscule ;**
- **en utilisant des mots de la question ;**
- **en utilisant le résultat du calcul ;**
- **en terminant par un point.**

Pour chaque problème ci-dessous :
- **écris** l'opération en ligne et **effectue** les calculs mentalement ;
- **rédige** une phrase réponse.

1 Hugo arrive à l'école avec 42 billes. Il en gagne 18 à la récréation.
Combien de billes Hugo a-t-il à la fin de la récréation ?

.... = ...

....

2 Nikos achète un jeu vidéo avec un billet de 50 €. Le marchand lui rend 10 €.
Combien coûte ce jeu vidéo ?

.... = ...

....

3 Une boîte contient 4 rangées de 5 chocolats.
Combien de chocolats contient cette boîte ?

.... = ...

....

4 Anaïs a un coffret qui contient 20 bracelets.
Elle en donne un à chacune de ses 5 camarades.
Combien de bracelets reste-t-il dans son coffret ?

.... = ...

....

5 Adrien a trouvé 15 escargots, sa sœur 20 et sa cousine 25.
Combien d'escargots ont-ils ensemble ?

.... = ...

....

Compétence : Rédiger une phrase apportant une réponse à la question du problème.
Calcul mental : Comparer des nombres de 4 chiffres. L'enseignant dit : « 3 214 et 5 012 » ; l'élève écrit le plus grand : 5 012.

54 Calcul réfléchi : Multiplier un nombre par 10, par 100, par 1 000

Découvrons ensemble

▶ Théo calcule 4 × 10 et 52 × 10.

4 × 10 c'est 4 dizaines.
52 × 10 c'est 52 dizaines.

▶ Léa calcule 4 × 100 et 52 × 100.

4 × 100 c'est 4 centaines.
52 × 100 c'est 52 centaines.

Complète.

	m	c	d	u	
4 × 10 = 4 dizaines →			4	0	→ 4 × 10 = 40
52 × 10 = 52 dizaines →		5	2	……	→ 52 × 10 = …………
4 × 100 = 4 centaines →		……	……	……	→ 4 × 100 = …………
52 × 100 = 52 centaines →	……	……	……	……	→ 52 × 100 = ……………

Dans le tableau, n'oublie pas de compléter les cases avec des 0.

Pour multiplier un nombre par 10, j'écris ……………………… à droite du nombre.
Pour multiplier un nombre par 100, j'écris ……………………… à droite du nombre.

▶ **Complète.** 58 × ………… = 580 47 × ………… = 4 700 50 × ………… = 5 000

▶ **Trouve** une règle pour multiplier un nombre par 1 000 et **vérifie** avec ta calculatrice.

Pour multiplier un nombre par 1 000, j'écris ……………………… à droite du nombre.

Je m'entraîne

1 Calcule.

a 4 × 10 = ………… ; 4 × 100 = ………… ; 4 × 1 000 = ……………

b 54 × 10 = ………… ; 27 × 100 = …………… ; 8 × 1 000 = ……………

N'oublie pas que 100 × 8 = 8 × 100.

2 Calcule.

a 10 × 34 = ………… ; 100 × 65 = …………… ; 1 000 × 2 = ……………

b 10 × 30 = ………… ; 10 × 300 = …………… ; 100 × 30 = ……………

3 Problèmes

a Le carton contient 10 pochettes de 15 feutres.
Combien de feutres contient le carton ?

…………………………………………… = ……………
……………………………………………………………

b Le coffre du pirate contient 100 sacs de 24 pièces d'or.
Combien de pièces d'or contient le coffre ?

…………………………………………… = ……………
……………………………………………………………

Compétence : Multiplier un nombre par 10, par 100, par 1 000.
Calcul mental : Comparer des nombres de 4 chiffres. L'enseignant dit : « 2 128 et 2 300 » ; l'élève écrit le plus grand : 2 300.

Photofiche S23

55 Lire l'heure (1)

Découvrons ensemble

Observe et **complète** les phrases.

Les nombres rouges du cadran correspondent aux ....

Les nombres du cercle bleu correspondent aux ....

La petite aiguille rouge indique les heures.
La grande aiguille bleue indique les minutes.

Coche la bonne réponse.

Il est : ☐ 8 h 5 ☐ 8 h 25

Observe les horloges et les montres à affichage numérique. **Complète**.

09:15 21:15

11:45 .... : ....

Pour passer de l'heure du matin à l'heure du soir, on ajoute .... heures.

Je m'entraîne

1 **Écris** l'heure du matin indiquée par chaque horloge.

a

A ...... h ......

B ...... h ......

b

C ...... h ......

D ...... h ......

2 **Écris** l'heure du matin et du soir indiquée par chaque horloge.

a

E

F

	E	F
Matin :	...... h	...... h ......
Soir :	...... h	...... h ......

b

G

H

	G	H
Matin :	...... h	...... h ......
Soir :	...... h	...... h ......

Relis la dernière phrase du Découvrons ensemble.

3 **Problème :** L'école commence à 8 h 30.
Chérifa est-elle en avance ou en retard ?

....

Le coin du chercheur

Chaque jour, Matthieu perd 3 cheveux.
Lundi, il lui en restait encore 16.
Quel jour ne restera-t-il plus qu'un seul cheveu sur la tête de Matthieu ? ....

Compétence : Lire l'heure du matin et du soir (heures et minutes).
Calcul mental : Table de multiplication par 2. L'enseignant dit : « 6 multiplié par 2 » ; l'élève écrit 12.

Photofiches P15 et P16

56 Problèmes : Apprendre à résoudre
Situations additives ou soustractives (4)

Problème de référence 1 ....

Théo possède 45 images. Son frère lui en donne des nouvelles.
Maintenant, Théo possède 60 images.
Combien d'images son frère lui donne-t-il ?

Comprendre l'énoncé

Que faut-il chercher ?

....

Complète le schéma.

Au début	Transformation	À la fin
Théo a .... images.	Son frère lui donne des images.	Théo a maintenant .... images.

Pour t'aider à choisir la bonne opération, les enfants te racontent le problème.

Entoure l'opération qui permet de répondre à la question. 60 + 45 60 – 45

Répondre à la question

Recopie, puis **effectue** l'opération. .... = ...

Rédige la phrase réponse. ....

Problème d'application ....

Ce matin, l'écureuil a 54 noisettes dans son nid. Dans la journée, il en ramasse d'autres. Le soir, il a 63 noisettes.
Combien de noisettes ramasse-t-il dans la journée ?

Complète le schéma.

Au début	Transformation	À la fin
Ce matin, l'écureuil a .... noisettes dans son nid.	L'écureuil ramasse des noisettes.	Le soir, l'écureuil a .... noisettes dans son nid.

Entoure l'opération qui permet de répondre à la question. 63 – 54 63 + 54

Recopie, puis **effectue** l'opération. .... = ...

Rédige la phrase réponse. ....

Problème de référence 2

Au restaurant scolaire, avant le repas, la corbeille contenait 65 petits pains. À la fin du repas, elle n'en contient plus que 12.
Combien de petits pains les enfants ont-ils pris au cours du repas ?

Comprendre l'énoncé

Que faut-il chercher ?

....

Complète le schéma.

Au début	Transformation	À la fin
Au début du repas, la corbeille contient .... petits pains.	Les enfants prennent des petits pains.	À la fin du repas, la corbeille contient .... petits pains.

Pour t'aider à choisir la bonne opération, les enfants te racontent le problème.

Entoure l'opération qui permet de répondre à la question. 65 + 12 65 – 12

Répondre à la question

Recopie, puis **effectue** l'opération. .... = ...

Rédige la phrase réponse. ....

Problème d'application

Léa a 120 cerises dans son panier. Elle en donne à sa sœur.
Il reste 70 cerises dans son panier.
Combien de cerises Léa donne-t-elle à sa sœur ?

Complète le schéma.

Au début	Transformation	À la fin
Léa a .... cerises dans son panier.	Léa donne des cerises à sa sœur.	Il reste .... cerises dans son panier.

Choisis la bonne opération.
Entoure l'opération qui permet de répondre à la question. 120 – 70 120 + 70

Recopie, puis **effectue** l'opération. .... = ...

Rédige la phrase réponse. ....

Compétence : Rechercher la valeur de la transformation dans des problèmes de transformation d'états.
Calcul mental : Table de multiplication par 5. L'enseignant dit : « 3 multiplié par 5 » ; l'élève écrit 15.

J'ai compris et je retiens (5)

Nombres

N9 Je compare deux nombres.

• Le nombre le plus grand est celui qui possède le plus grand nombre de chiffres.

3 467 est plus grand que 969.

• Si deux nombres ont le même nombre de chiffres, on compare les chiffres à partir de la gauche.

5 734 est plus grand que 2 950 car 5 est plus grand que 2.

N10 J'ordonne des nombres.

Ces nombres sont rangés du plus grand au plus petit.

$4\ 078 > 3\ 873 > 679$

Ces nombres sont rangés du plus petit au plus grand.

$679 < 3\ 873 < 4\ 078$

N11 J'encadre un nombre.

J'encadre 4 562 :

• entre deux centaines les plus proches :

$4\ 500 < 4\ 562 < 4\ 600$

• entre deux milliers les plus proches :

$4\ 000 < 4\ 562 < 5\ 000$

Calcul

C11 J'apprends des tables de multiplication.

Je connais : $5 \times 5 = 25$

Donc : $6 \times 5 = 25 + 5 = 30$

C12 Je multiplie par 10, par 100, par 1 000…

$8 \times 10 = 80$ $8 \times 100 = 800$

$8 \times 1\ 000 = 8\ 000$

Géométrie

G6 Je reconnais sur quadrillage qu'une figure possède un axe de symétrie.

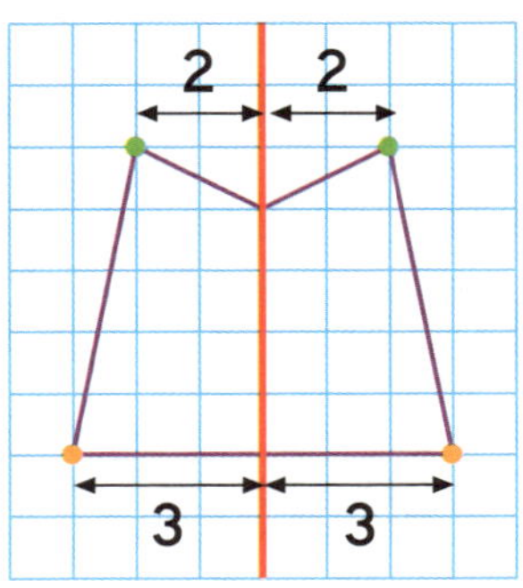

Deux points symétriques sont :
- sur la **même ligne** du quadrillage ;
- à la **même distance** de l'axe de symétrie.

Mesures

M7 Je lis l'heure.

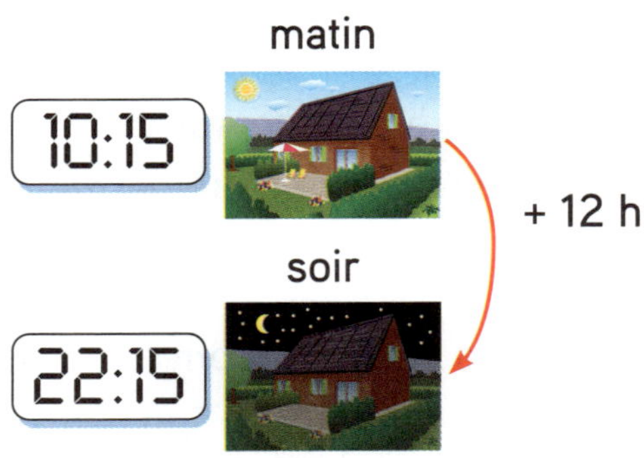

Je fais le point (5)

SOCLE COMMUN

Nombres

1 **Entoure** le plus grand nombre.

- 2 760 ; 3 022
- 4 485 ; 3 893 ; 4 560

Comparer des nombres de 4 chiffres.

2 **Écris** ces nombres du plus petit au plus grand :

2 570 ; 4 500 ; 3 980 ; 4 378

.... < .... < .... < ....

Ranger des nombres de 4 chiffres.

3 **Encadre** 5 658 entre les deux **centaines** les plus proches.

.... < 5 658 < ....

Encadrer un nombre de 4 chiffres entre deux centaines.

4 **Encadre** 5 658 entre les deux **milliers** les plus proches.

.... < 5 658 < ....

Encadrer un nombre de 4 chiffres entre deux milliers.

Calcul

5 **Calcule.**

6 × 7 = ...

7 × 7 = ...

8 × 7 = ...

9 × 7 = ...

Construire la table de 7.

6 **Calcule.**

3 × 4 = ...

7 × 5 = ...

8 × 6 = ...

9 × 3 = ...

Connaître les tables de multiplication.

7 **Calcule.**

7 × 10 = ...

12 × 10 = ...

34 × 100 = ...

5 × 1 000 = ...

Multiplier par 10, par 100, par 1 000.

Géométrie

8 **Entoure** la lettre des figures quand le trait rouge est un axe de symétrie.

A
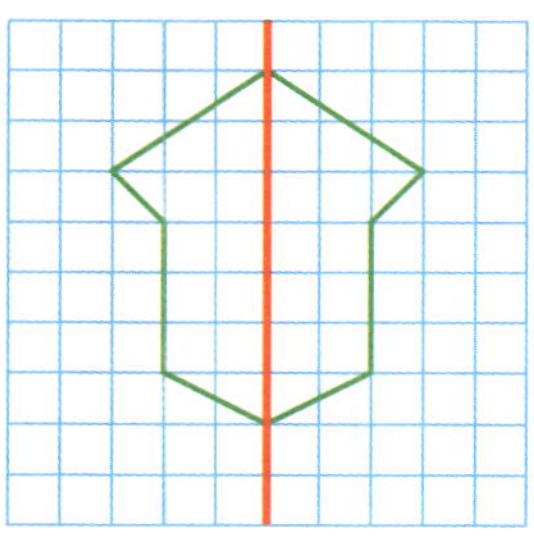

B
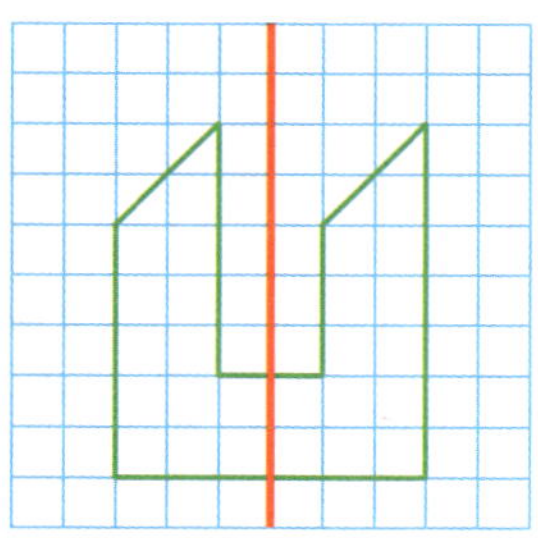

C
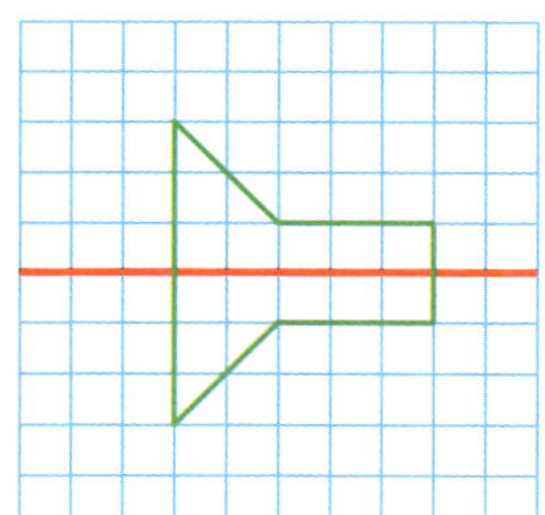

Utiliser le quadrillage pour identifier un axe de symétrie.

Mesures

9 **Écris** les heures du matin et celles du soir.

Matin : .... h ....

Soir : .... h ....

Matin : .... h ....

Soir : .... h ....

Lire les heures du matin et celles du soir.

Photofiche S24

57 Calcul réfléchi : Multiplier un nombre par 20, par 30, par 200, par 300…

....

Découvrons ensemble

Théo calcule 4 × 30.

4 × 30 = 4 × 3 dizaines.
4 × 30 = 12 dizaines.

Léa calcule 4 × 300.

4 × 300 = 4 × 3 centaines.
4 × 300 = 12 centaines.

Complète.

	m	c	d	u	
4 × 30 = 12 dizaines →		1	2	......	→ 4 × 30 = ...
4 × 300 = 12 centaines →	1	2	......	......	→ 4 × 300 = ...

Dans le tableau, n'oublie pas de compléter les cases avec des 0.

Pour multiplier un nombre par 30, je le multiplie d'abord par 3, puis j'écris .... à droite du résultat.

Pour multiplier un nombre par 300, je le multiplie d'abord par 3, puis j'écris .... à droite du résultat.

Je m'entraîne

1 Calcule.

a 3 × 30 = ... ; 3 × 300 = ... ; 4 × 20 = ... ; 4 × 200 = ...

b 3 × 50 = ... ; 3 × 500 = ... ; 7 × 40 = ... ; 7 × 400 = ...

2 Calcule.

N'oublie pas que 50 × 5 = 5 × 50

a 5 × 20 = ... ; 5 × 200 = ... ; 4 × 50 = ... ; 4 × 500 = ...

b 50 × 5 = ... ; 500 × 5 = ... ; 50 × 2 = ... ; 500 × 2 = ...

3 Problèmes

a Dans la piscine, Katia effectue 5 longueurs du bassin de 50 m.
Quelle distance a-t-elle parcourue ?

.... = ...

....

b Une directrice a commandé 200 pochettes de 6 feutres.
Combien de feutres a-t-elle commandés ?

.... = ...

....

J'ai déjà appris

4 Écris les heures du matin et du soir.

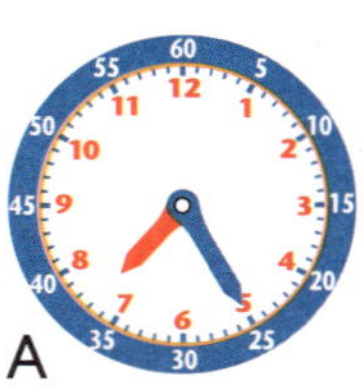

A
Matin : .... h ....
Soir : .... h ....

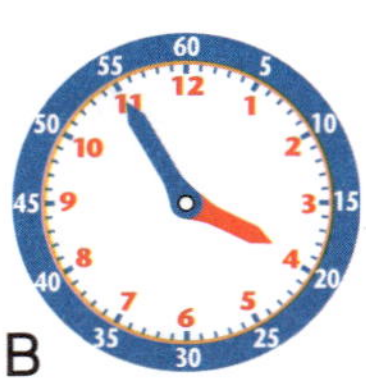

B
Matin : .... h ....
Soir : .... h ....

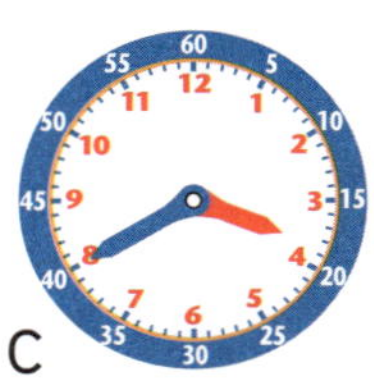

C
Matin : .... h ....
Soir : .... h ....

Compétence : Multiplier un nombre d'un chiffre par un nombre entier de dizaines ou de centaines.
Calcul mental : Table de multiplication par 5. L'enseignant dit : « 3 multiplié par 5 » ; l'élève écrit 15.

Photofiches S25, S26 et A17

58 Calculer un produit en utilisant la distributivité

Découvrons ensemble

Théo calcule 7 × 14.
Observe ses calculs.

Ce produit n'est pas dans les tables que je connais.
Je décompose 14 en 10 + 4.

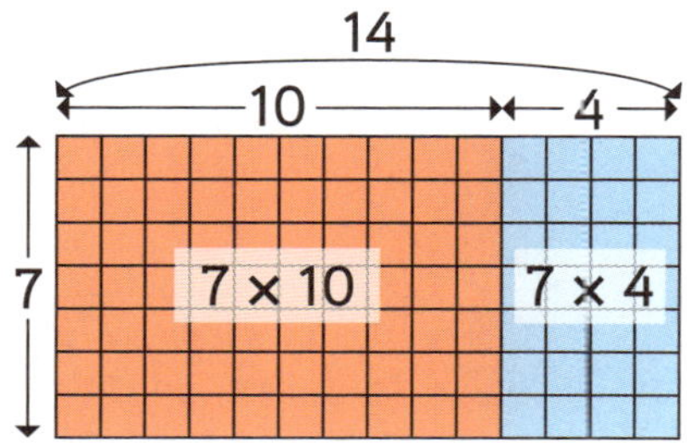

Complète.

7 × 14 = 7 × 10 + 7 × 4

7 × 14 = ... + ...

7 × 14 = ...

Léa calcule 8 × 26.
Observe ses calculs.

Je décompose 26 en 20 + 6.
Je ne dessine plus les carreaux.

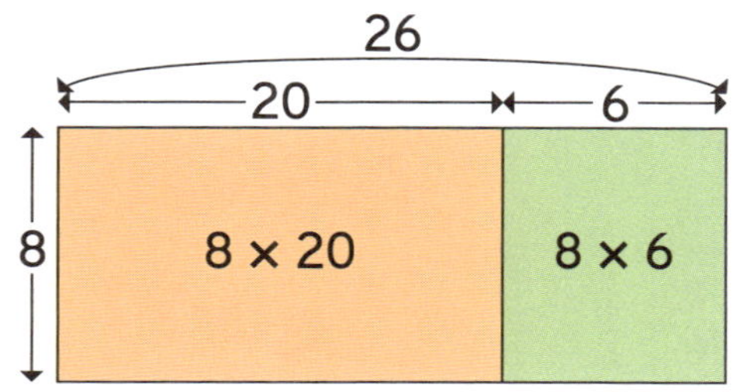

Complète.

8 × 26 = 8 × 20 + 8 × 6

8 × 26 = ... + ...

8 × 26 = ...

Je m'entraîne

1 Termine les calculs.

a

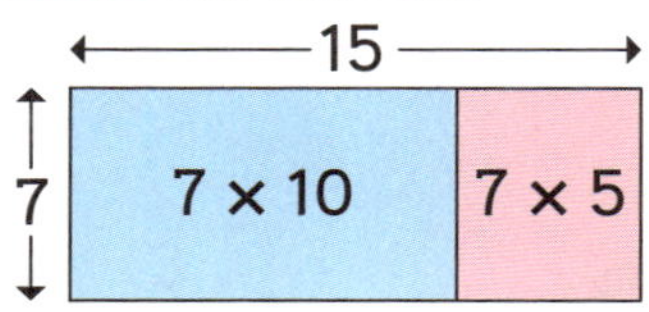

7 × 15 = 7 × 10 + 7 × 5

7 × 15 = ... + ...

7 × 15 = ...

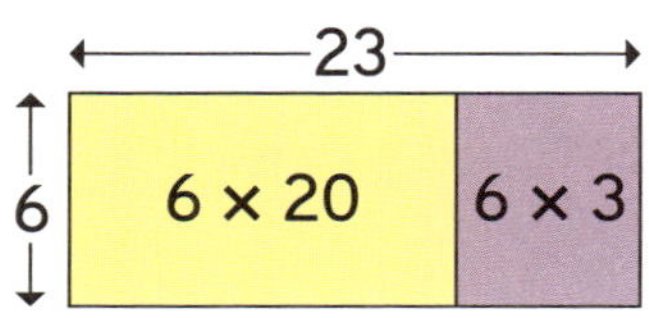

6 × 23 = 6 × 20 + 6 × 3

6 × 23 = ... + ...

6 × 23 = ...

b 4 × 35 = 4 × 30 + 4 × 5

4 × 35 = ... + ...

4 × 35 = ...

8 × 25 = 8 × .... + 8 × ......

8 × 25 = ... + ...

8 × 25 = ...

2 Problème

Manuelle réalise une mosaïque avec 6 rangées de 16 carreaux.

Combien de carreaux utilise-t-elle ?

....

....

....

Le coin du chercheur

Adèle dit : « J'ai zéro bonbon. »
Maxime ajoute :
« J'en ai moitié moins. »
Mais combien de bonbons Maxime a-t-il ?

....

Compétence : Utiliser la distributivité de la multiplication et la décomposition canonique pour calculer un produit.

Calcul mental : Table de multiplication par 3. L'enseignant dit : « 5 multiplié par 3 » ; l'élève écrit 15.

Photofiche S27

59 Lire l'heure (2)

Découvrons ensemble

Aide-toi des schémas.

▶ **Observe**, puis **relie** chaque étiquette à sa montre.

7 h 30 | 7 h 45 | 7 h 15

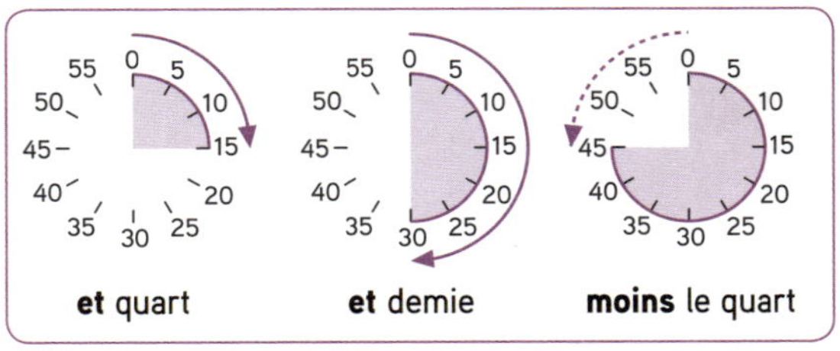

7 heures et demie | 7 heures et quart | 8 heures moins le quart

Quand on dépasse la demie, on dit les minutes qui manquent pour arriver à l'heure d'après.

▶ **Écris** d'une autre façon les heures du matin.

1 h 55

ou ....

10 h 40

ou ....

Je m'entraîne

1 **Écris** de deux façons les heures du matin selon l'exemple.

a

10 h 15

10 heures et quart

A

...... h ......

....

....

b

B

...... h ......

....

....

C

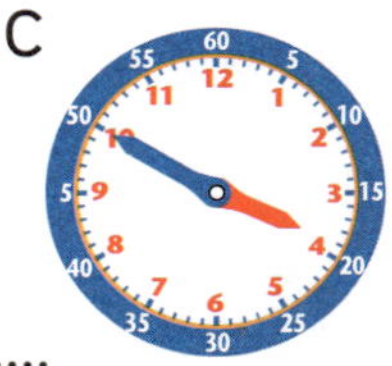

...... h ......

....

....

2 **Colorie** chaque étiquette de la couleur de son horloge.

8 h moins 25

07:35

08:20

8 heures 20

07:55

8 h moins 5

Compétence : Dire l'heure de façon usuelle : et quart, et demie, moins le quart.

Calcul mental : Table de multiplication par 6 (un des facteurs inférieur à 5). L'enseignant dit : « 4 multiplié par 6 » ; l'élève écrit 24.

La multiplication posée (1)

Découvrons ensemble

Léa et Théo calculent **43 × 5**.

Observe, puis **complète**.

43 × 5 = 40 × 5 + 3 × 5

43 × 5 = ... + ...

43 × 5 = ...

		c	d	u
			4	3
	×			5
3 × 5 →			......	......
40 × 5 →	+	......	......	......
43 × 5 →		......	......	......

Je m'entraîne

1 Calcule.

a

		c	d	u
			5	6
	×			3
6 × 3 →			......	......
50 × 3 →	+	......	......	......
56 × 3 →		......	......	......

b

		3	4
×			5
		......	......
+	......	......	......
	......	......	......

		8	6
×			4
		......	......
+	......	......	......
	......	......	......

2 Pose et effectue.

a 65 × 4 48 × 6

b 76 × 6 92 × 7

3 Problème : Les voitures parcourent 58 fois un circuit de 7 km de longueur.
Quelle est la longueur de la course ?

.... = ...

....

Le coin du chercheur

L'arbre se lamentait : « J'ai encore 20 feuilles. Chaque jour, le vent m'en arrache la moitié. » Combien de feuilles me restera-t-il dans 2 jours ?

....

Compétence : Connaître une technique opératoire de la multiplication.

Calcul mental : Table de multiplication par 7 (un des facteurs inférieur à 5). L'enseignant dit : « 3 multiplié par 7 » ; l'élève écrit 21.

Photofiche P17

61 Problèmes : Apprendre à résoudre
Situations multiplicatives

Problème de référence 1

Un pack d'eau contient 6 bouteilles. Au supermarché, Émilie achète 4 packs d'eau.
Combien de bouteilles achète-t-elle ?

Associer un schéma à l'énoncé

Léa et Théo ont chacun représenté ce problème par un schéma.

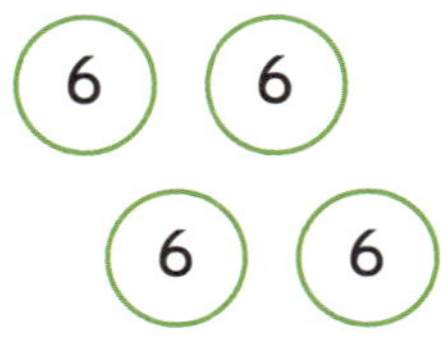

Entoure le schéma qui correspond à l'énoncé.
Entoure les opérations qui permettent de répondre à la question.

6 + 6 + 6 + 6 6 + 4 4 × 6

Répondre à la question

Écris, puis **effectue** les calculs. ....

Rédige la phrase réponse. ....

....

Problème d'application

Une boîte d'œufs contient 4 œufs. Lydia achète 5 boîtes d'œufs.
Combien d'œufs Lydia achète-t-elle ?

Léa et Théo ont chacun représenté ce problème par un schéma.

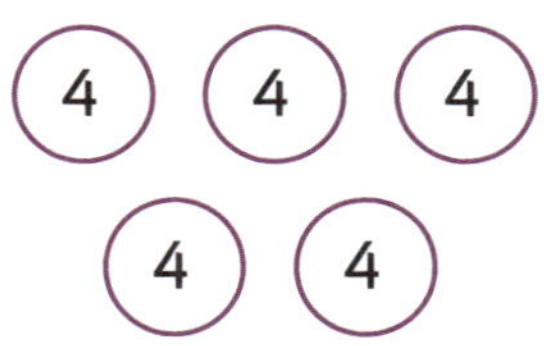

Entoure le schéma qui correspond à l'énoncé.
Entoure les opérations qui permettent de répondre à la question.

5 × 4 4 + 4 + 4 + 4 + 4 5 + 4

Écris, puis **effectue** les calculs. ....

Rédige la phrase réponse. ....

....

Problème de référence 2

L'immeuble de Théo comporte 7 étages.
Chaque étage possède 5 fenêtres.
Combien de fenêtres peut-on voir sur la façade de l'immeuble de Théo ?

Interpréter un schéma

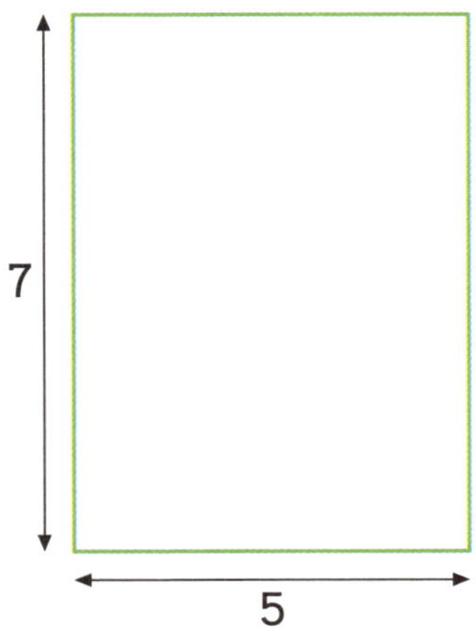

Voici le schéma qui correspond à l'énoncé.

Coche les bonnes phrases.

Le nombre 7 représente : ☐ le nombre de fenêtres par étage.
☐ le nombre d'étages.

Le nombre 5 représente : ☐ le nombre de fenêtres par étage.
☐ le nombre d'étages.

Entoure les opérations qui permettent de répondre à la question.

5 + 5 + 5 + 5 + 5 + 5 + 5　　7 + 5　　5 × 7

Répondre à la question

Écris, puis **effectue** les calculs. ....

Rédige la phrase réponse. ....

Problème d'application

Dans une tablette de chocolat, il y a 8 barres.
Chaque barre est composée de 3 carrés de chocolat.
Combien de carrés une tablette contient-elle ?

Voici le schéma qui correspond à l'énoncé.

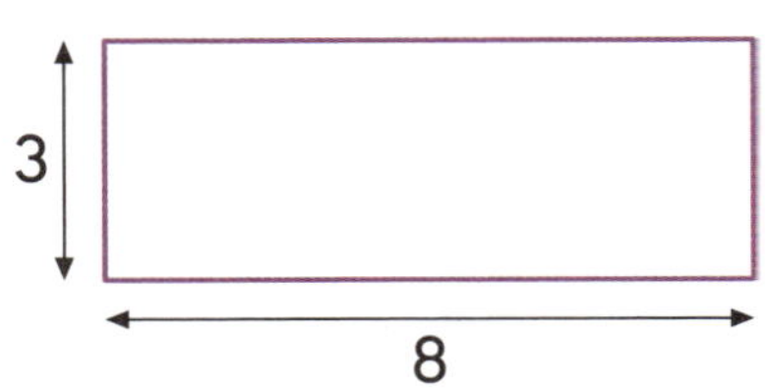

Coche les bonnes phrases.

Le nombre 3 représente : ☐ le nombre de carrés par barre.
☐ le nombre de barres.

Le nombre 8 représente : ☐ le nombre de carrés par barre.
☐ le nombre de barres.

Entoure les opérations qui permettent de répondre à la question.

3 + 8　　8 + 8 + 8　　3 × 8

Écris, puis **effectue** les calculs. ....

Rédige la phrase réponse. ....

Compétences : Utiliser un schéma pour identifier et résoudre une situation multiplicative.
Calcul mental : Table de multiplication par 8 (un des facteurs inférieur à 5). L'enseignant dit : « 4 multiplié par 8 » ; l'élève écrit 32.

62 Identifier deux figures symétriques sur quadrillage

Découvrons ensemble

Théo a tracé en vert le symétrique du triangle **noir** par rapport à la droite rouge.

Observe et **coche**.

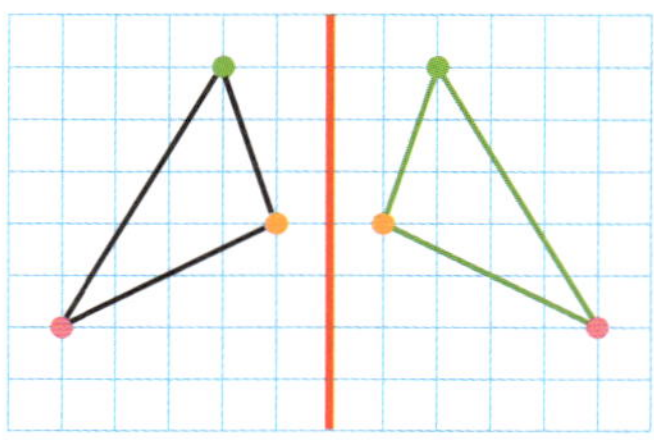

Un point et son symétrique sont-ils sur la même ligne du quadrillage ? ☐ Oui ☐ Non

Un point et son symétrique sont-ils à la même distance de l'axe de symétrie ? ☐ Oui ☐ Non

Ces figures sont-elles symétriques par rapport à la droite rouge ?

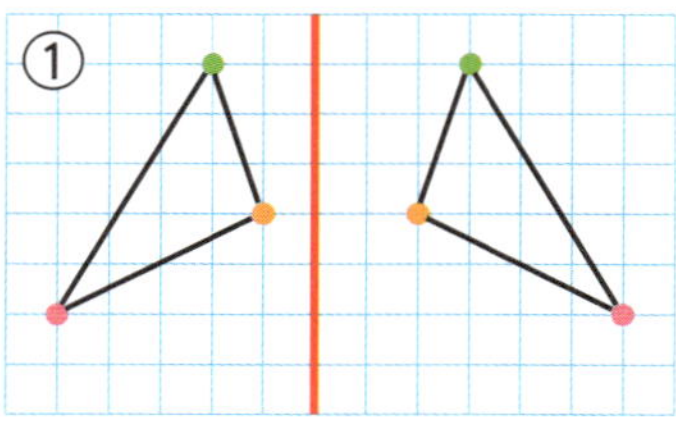

☐ Oui ☐ Non

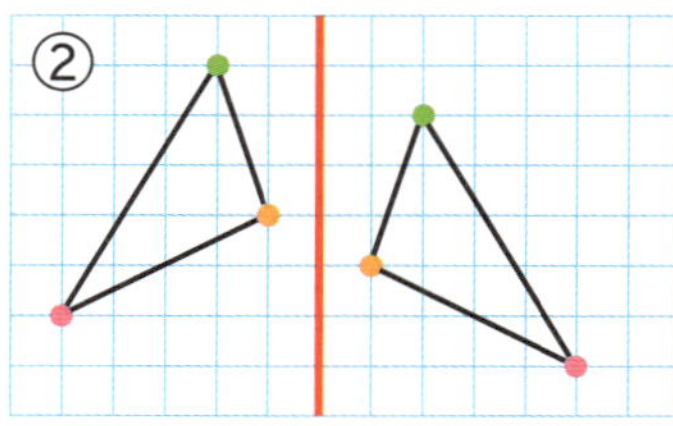

☐ Oui ☐ Non

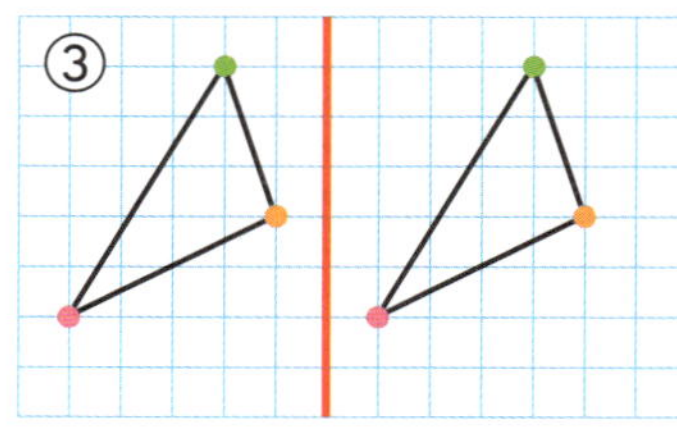

☐ Oui ☐ Non

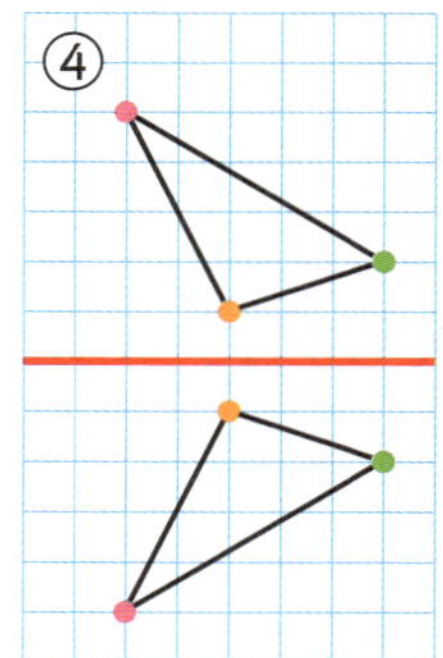

☐ Oui ☐ Non

Je m'entraîne

1 Ces figures sont-elles symétriques par rapport à la droite rouge ?

a

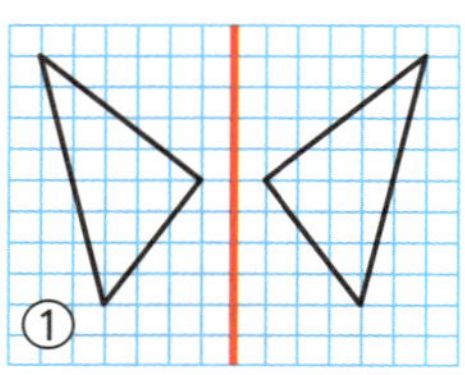

☐ Oui ☐ Non

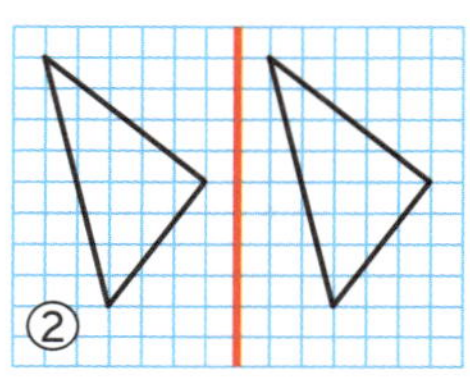

☐ Oui ☐ Non

b

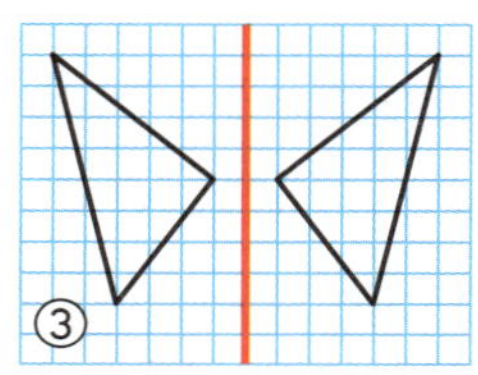

☐ Oui ☐ Non

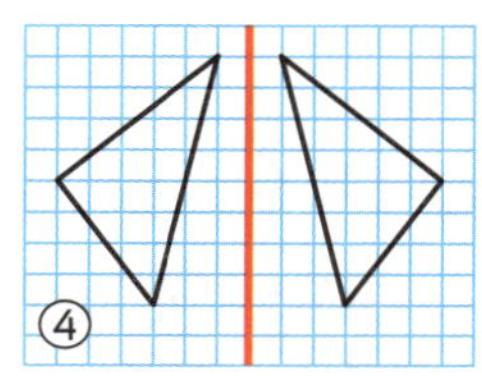

☐ Oui ☐ Non

2 Ces figures sont-elles symétriques par rapport à la droite rouge ?

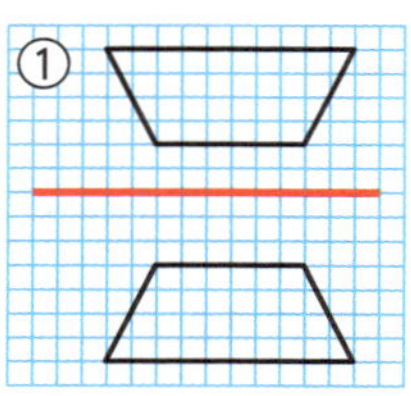

☐ Oui ☐ Non

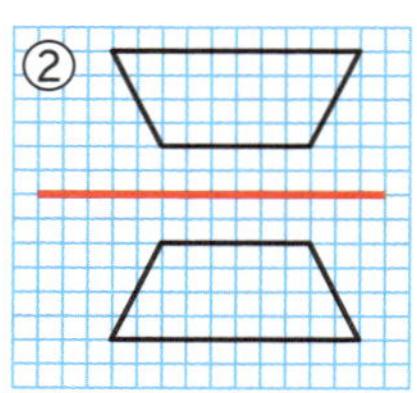

☐ Oui ☐ Non

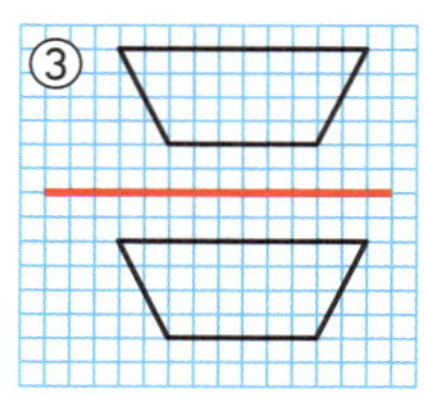

☐ Oui ☐ Non

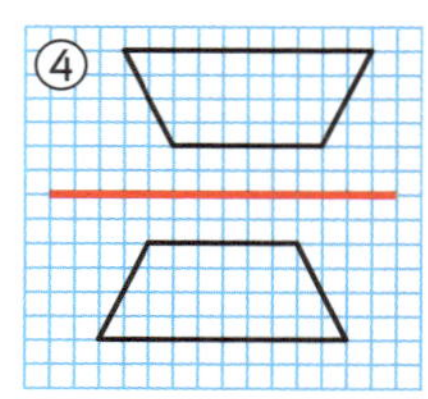

☐ Oui ☐ Non

J'ai déjà appris

3 **Écris** l'heure du matin et l'heure du soir indiquée par chaque horloge.

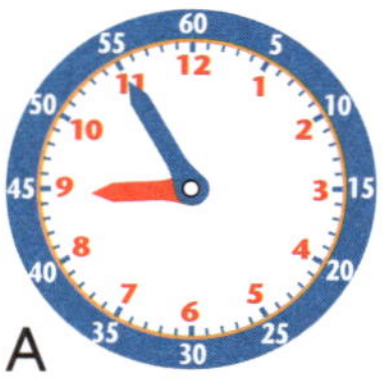

A

Matin : .... h ....

Soir : .... h ....

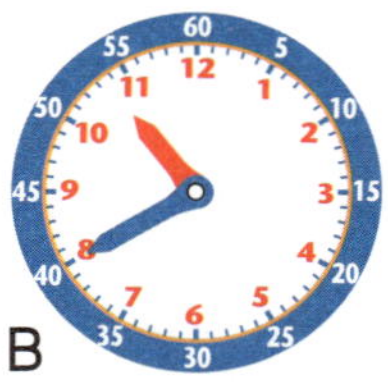

B

Matin : .... h ....

Soir : .... h ....

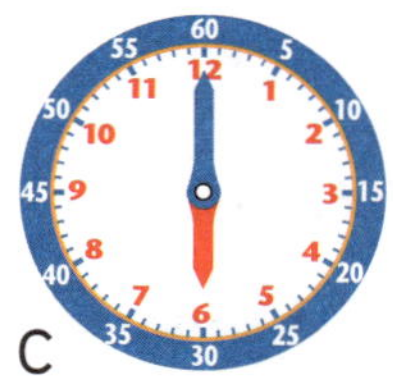

C

Matin : .... h ....

Soir : .... h ....

Compétence : Identifier, sur quadrillage, la figure symétrique d'une figure par rapport à une droite donnée.

Calcul mental : Table de multiplication par 9 (un des facteurs inférieur à 5). L'enseignant dit : « 3 multiplié par 9 » ; l'élève écrit 27.

Photofiche S28

63 Tracer le symétrique d'une figure sur papier quadrillé

Découvrons ensemble

Trace le symétrique de la figure par rapport à la droite rouge.

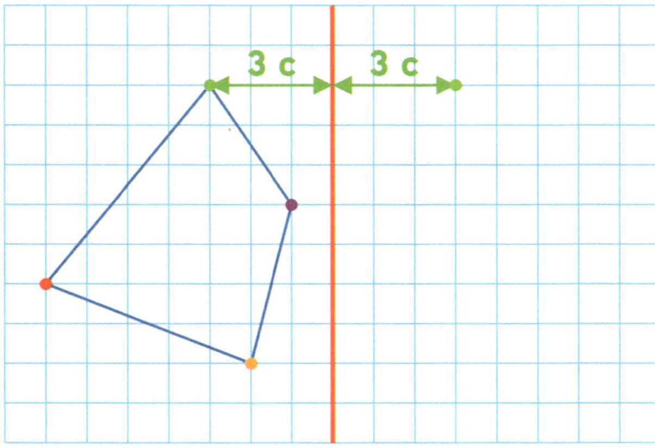

Je m'entraîne

1 **Trace** le symétrique de chaque figure par rapport à la droite rouge.

a

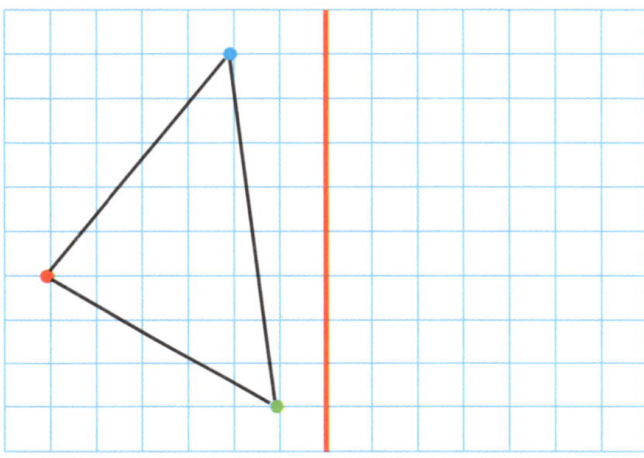

b

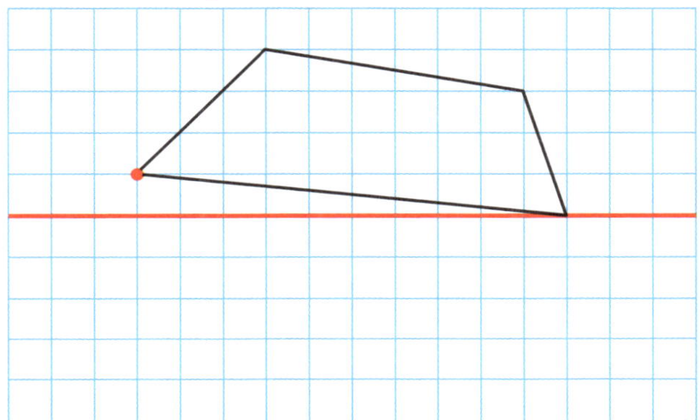

2 **Trace** le symétrique de chaque figure par rapport à la droite rouge.

a

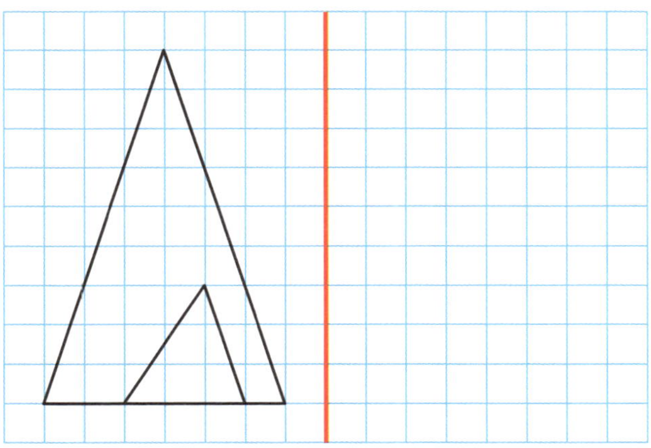

b

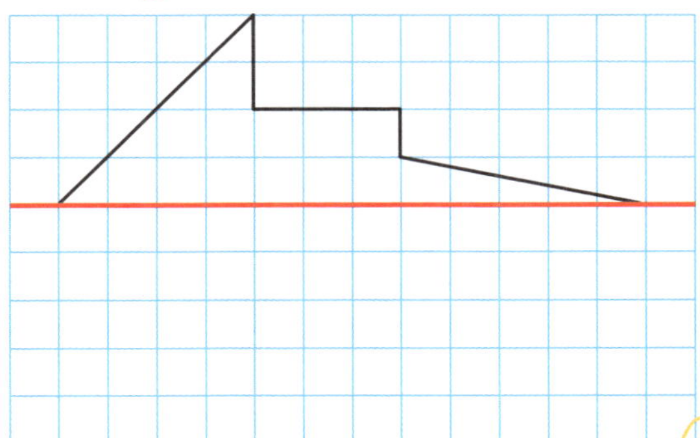

J'ai déjà appris

3 **Calcule.**

3 × 5 = ... 3 × 50 = ... 3 × 500 = ...

5 × 4 = ... 5 × 40 = ... 5 × 400 = ...

Le coin du chercheur

Choisis un nombre entre 1 et 19.
Ajoute 4 à ce nombre.
Multiplie par 10.
Prends la moitié du nombre obtenu.
Enlève 20. Multiplie par 2.
Efface le 0.
Que retrouves-tu ? ....

Compétence : Tracer, sur quadrillage, la figure symétrique d'une figure par rapport à une droite donnée.
Calcul mental : Multiplier par 10. L'enseignant dit : « 12 multiplié par 10 » ; l'élève écrit 120.

Photofiche S29

64 La multiplication posée (2)

Découvrons ensemble

Théo calcule 73 × 5.

Observe et **complète** sa multiplication.

Je commence par les unités : 3 × 5 = 15
J'écris 5 et je retiens ①.
Je continue avec les dizaines : 7 × 5 = 35 et j'ajoute la retenue : 35 + ①
J'écris...

	c	d	u
		7	3
×			5
	......	......	5

①

73 × 5 = ...

Léa calcule 273 × 5.

Observe et **complète** sa multiplication.

	c	d	u
	2	7	3
×			5
......	......	6	5

~~①~~ ③

Comme Théo, je commence par les unités, puis je continue avec les dizaines :
7 × 5 = 35 et j'ajoute la retenue : 35 + ① = 36.
J'écris 6 et je retiens ③.
Je continue avec les centaines...

273 × 5 = ...

Je m'entraîne

1 Effectue.

a

	c	d	u
		5	8
×			4
	......	......	......

○

b

	c	d	u
	3	6	5
×			8
......	......	......	......

○ ○

2 Pose et effectue.

a 37 × 3

	c	d	u
×			

○

b 237 × 4

3 Problème

Le centre de loisirs achète 7 VTT.
Un VTT coûte 264 €.
Quelle est la dépense du centre de loisirs pour cet achat ?

....

....

Compétence : Connaître la technique usuelle de la multiplication par un nombre d'un chiffre.
Calcul mental : Multiplier par 100. L'enseignant dit : « 16 multiplié par 100 » ; l'élève écrit 1 600.

65 Unités de longueur (3) : m et km

Découvrons ensemble

kilo : placé devant une unité la multiplie par mille.
1 km = 1 000 m

▶ **Convertis** en mètres la distance jusqu'à l'étang. 2 km = ... m

Convertis en mètres la distance jusqu'au stade. 1 km 500 m = ... m + ... m = ... m

▶ **Range** les trois distances indiquées par le panneau de la plus petite à la plus grande.

.... m < .... m < .... m Quel est le lieu le plus éloigné ? ....

Je m'entraîne

1 **Complète** avec la bonne unité.

Longueur d'une classe

12 ....

Distance entre deux villages

4 ....

Hauteur d'un arbre

10 ....

Distance entre ces deux villes

1 000 ....

2 **Convertis** en m, comme dans l'exemple. 2 km 700 m = 2 000 m + 700 m = 2 700 m

a 2 km 500 m = ... m + ... m = ... m

3 km 750 m = ... m + ... m = ... m

b 2 km 964 m = ...

3 km 106 m = ...

3 **Convertis** en km et m, comme dans l'exemple. 3 400 m = 3 000 m + 400 m = 3 km 400 m

a
- 1 300 m = ... m + ... m

  1 300 m = ... km .... m
- 4 785 m = ... m + ... m

  4 785 m = ... km .... m

b
- 8 040 m = ...

  8 040 m = ...
- 1 007 m = ...

  1 007 m = ...

4 **Problème**

Parmi ces courses, laquelle est la plus longue :
– l'épreuve de relais 4 fois 400 m ?
– l'épreuve de demi-fond de 1 km 500 m ?

....

....

Le coin du chercheur

Trace cette figure sans lever le crayon et sans passer deux fois sur la même ligne.

Compétence : Connaître le mètre et le kilomètre et les relations qui les lient.
Calcul mental : Multiplier par 20. L'enseignant dit : « 6 multiplié par 20 » ; l'élève écrit 120.

Photofiches P18, P19 et P20

66

Problèmes : Apprendre à résoudre
Ajouter ou retrancher des longueurs

Problème de référence 1

Le directeur veut coller une bande adhésive rouge sur le contour du panneau d'affichage de l'école.
Le panneau a la forme d'un rectangle, sa largeur est égale à 80 cm, sa longueur est égale à 2 m 40 cm.
Quelle longueur de bande adhésive doit-il utiliser ?

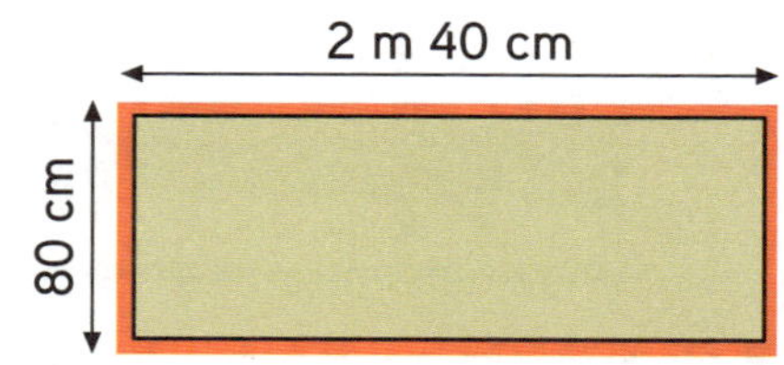

Comprendre l'énoncé

Complète. On doit calculer : 80 cm + 2 m 40 cm + ... + ...

Convertis. 2 m 40 cm = ... cm + ... cm = ... cm

Répondre à la question

Effectue l'opération. .... cm + ... cm + ... cm + ... cm = ... cm

Exprime la réponse en m et cm : .... cm = ... m .... cm

Rédige une phrase réponse. ....

Problème d'application

Le parcours de santé a la forme d'un rectangle.
Sa largeur est égale à 860 m, sa longueur à 1 km 340 m.
Léa fait le tour du parcours de santé en vélo.
Quelle distance parcourt-elle ?

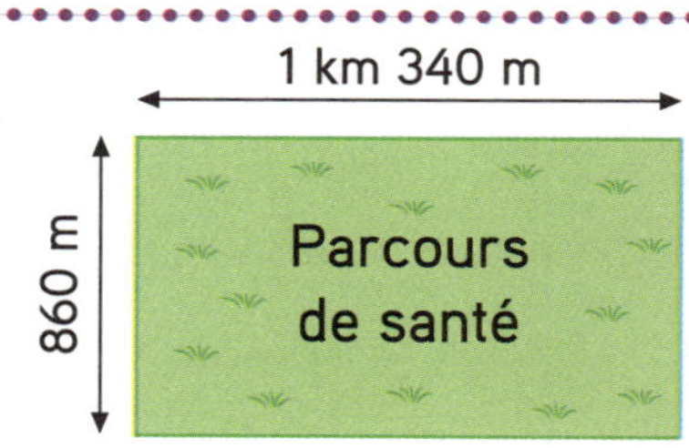

Complète. On doit calculer : 860 m + 1 km 340 m + ... + ...

Convertis. 1 km 340 m = ... m + ... m = ... m

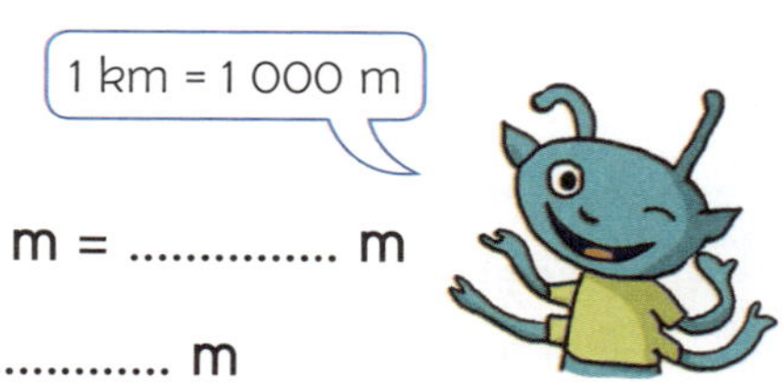

Effectue l'opération. 860 m + ... m + ... m + ... m = ... m

Exprime la réponse en km et m : .... m = ... km .... m

Rédige une phrase réponse. ....

Problème de référence 2

Une entreprise doit installer 3 km 400 m de fil téléphonique. Elle a déjà installé 1 800 m de fil.
Quelle longueur de fil doit-elle encore installer ?

Comprendre l'énoncé

Complète le schéma.

Longueur totale : .... km .... m	
Longueur déjà installée : .... m	Longueur qui reste à installer : ? m

Entoure l'opération qui permet de répondre à la question.

3 km 400 m + 1 800 m   3 km 400 m – 1 800 m

Convertis. 3 km 400 m = ... m + ... m = ... m

Répondre à la question

Écris, puis **effectue** l'opération que tu as choisie.

.... = ... m

Exprime la réponse en km et m : .... m = ... km .... m

Rédige une phrase réponse. ....

Problème d'application

Gabrielle achète un coupon de tissu de 2 m 60 cm de longueur pour fabriquer une nappe et un napperon.
Elle découpe 80 cm de ce tissu pour fabriquer le napperon.
Quelle longueur de tissu lui reste-t-il pour fabriquer la nappe ?

Complète le schéma.

Longueur du coupon : .... m .... cm	
Longueur du napperon : .... cm	Longueur de la nappe : ? m

Entoure l'opération qui permet de répondre à la question.

2 m 60 cm + 80 cm   2 m 60 cm – 80 cm

Convertis. 2 m 60 cm = ... cm + ... cm = ... cm

Écris, puis **effectue** l'opération. .... = ... cm

Exprime la réponse en m et cm : .... cm = ... m .... cm

Rédige une phrase réponse. ....

Compétence : Convertir des mesures dans la même unité pour pouvoir les ajouter ou les retrancher.
Calcul mental : Multiplier par 20. L'enseignant dit : « 13 multiplié par 20 » ; l'élève écrit 260.

Photofiche A18

67 TUIC n° 3 : La calculatrice (1)

1 **Ouvre** la calculatrice* de ton ordinateur.

Colorie sur le dessin ci-contre :
- en vert la touche « égale »
- en rouge la touche « de remise à zéro ».
- en bleu la touche qui effectue une multiplication.

Le signe « × » est remplacé par « * ».

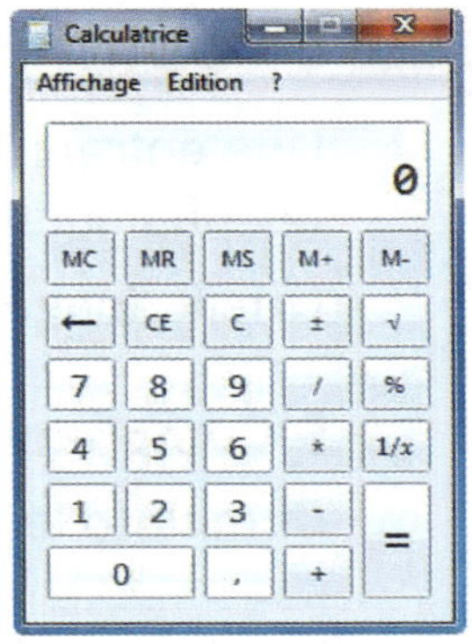

2 À l'aide de la calculatrice, **retrouve** le résultat de chaque opération parmi ces étiquettes.

2 864 — 3 524 — 2 122 — 5 135 — 1 667

659 + 567 + 896 = ... 6 842 – 3 978 = ... 79 × 65 = ...

3 **Dessine** les touches que tu utilises pour calculer chaque opération et **écris** les résultats.

89 × 23

89 × 23 = ...

369 × 28

369 × 28 = ...

4 **Observe** la facture.
Colorie en vert sur la facture le calcul que tu peux effectuer mentalement. **Effectue**-le.

Article	Quantité	Prix unitaire en €	Prix total en €
Raquettes	8	36	....
Tremplins	4	385	....
Tapis	10	107	....
Ballons	75	8	....
		Prix total à payer	....

Après avoir appuyé sur la touche (C), **dessine** les touches nécessaires :

– au calcul du prix total des raquettes :

– au calcul du prix total des tremplins :

Termine la facture.

* Cette activité est conçue à l'aide de l'application Calculatrice d'un ordinateur fonctionnant sous Windows. Elle peut être réalisée avec n'importe quelle calculatrice de poche.

Compétence : Utiliser les touches des opérations de la calculatrice.
Calcul mental : Multiplier une dizaine entière par un petit nombre. L'enseignant dit : « 60 multiplié par 4 » ; l'élève écrit 240.

68 Maths Aventures [3]

Au Sahara

Quand ta réponse est correcte, tu colories une étoile. ☆

1 ☆ Chaque dromadaire porte 125 kg de sel. **Quelle quantité de sel transporte cette caravane de 8 dromadaires ?**

Cette caravane transporte ....

2 ☆ Un dromadaire parcourt 50 km par jour. **Quelle distance parcourt-il en une semaine ?**

En une semaine, il parcourt ....

3 ☆ **Trace** l'axe de symétrie de ce bijou.

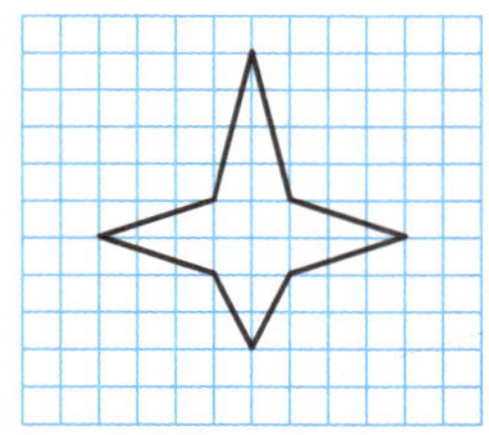

4 ☆ **Trace** le symétrique du losange par rapport à la droite rouge pour terminer le tapis.

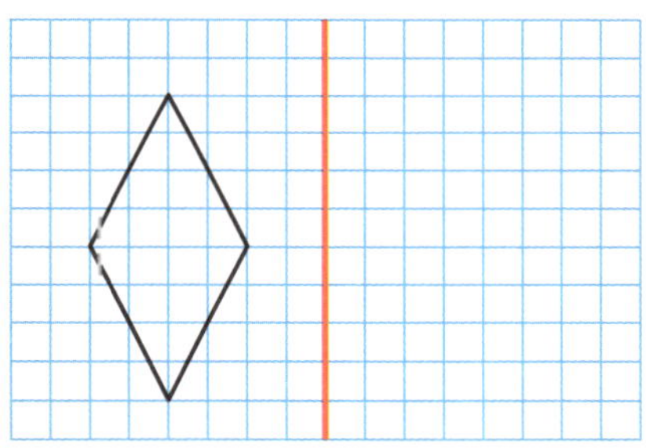

5 ☆ Un dromadaire boit 100 L d'eau. **Combien de litres d'eau le chamelier doit-il puiser pour faire boire 12 dromadaires ?**

Il doit puiser ....

6 ☆ **Écris** cette distance en km et m.

...... km .... m

Si tu as colorié 5 ou 6 étoiles, colorie la médaille d'or ; 3 ou 4 étoiles, colorie la médaille d'argent ; sinon, colorie la médaille de bronze. Quelle médaille as-tu obtenue ?

J'ai compris et je retiens (6)

Calcul

C13 Je multiplie par 20, 30, 200, 300…

Pour multiplier un nombre par 20, je le multiplie d'abord par 2 puis j'écris un zéro à droite du résultat.

24 × 20 = 480

Pour multiplier un nombre par 200, je le multiplie d'abord par 2 puis j'écris deux zéros à droite du résultat.

24 × 200 = 4 800

C14 Je calcule un produit.

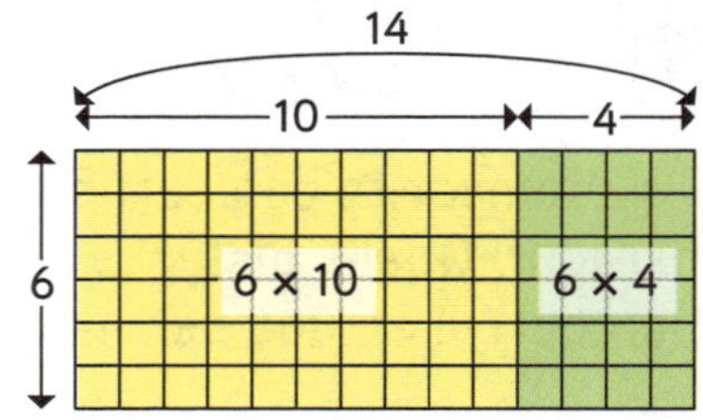

6 × 14 ?

14 = 10 + 4

6 × 14 = 6 × 10 + 6 × 4

6 × 14 = 60 + 24

6 × 14 = 84

C15 Je pose et j'effectue une multiplication.

			c	d	u
			2	5	3
		×			5
3 × 5 →				1	5
50 × 5 →			2	5	0
200 × 5 →	+	1	0	0	0
253 × 5 →		1	2	6	5

	c	d	u
	2	5	3
×			5
1	2	6	5

Géométrie

G7 J'identifie deux figures symétriques.

Des points symétriques sont sur la même ligne du quadrillage et à la même distance de l'axe de symétrie.

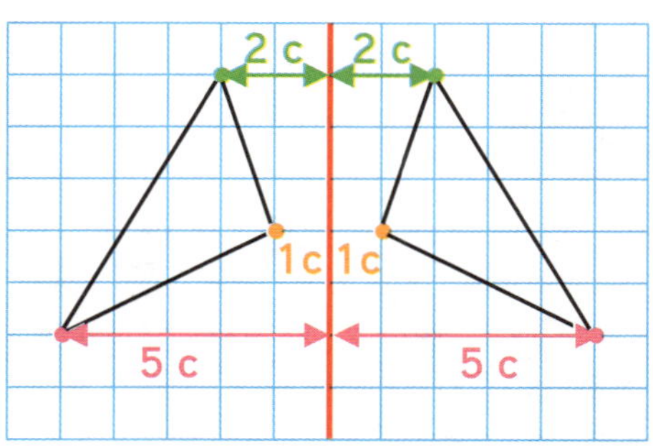

Les 2 figures sont symétriques.

Mesures

M8 Je lis l'heure.

11 h 20

11 h moins 20

M9 Je connais le m et le km.

1 km = 1 000 m

1 km 80 m = 1 000 m + 80 m = 1 080 m

1 650 m = 1 000 m + 650 m = 1 km 650 m

Je fais le point (6)

SOCLE COMMUN

Calcul

1 Calcule. 7 × 20 = ... 4 × 300 = ... 12 × 40 = ...

Multiplier par un nombre entier de dizaines, de centaines.

2 Calcule : 5 × 24

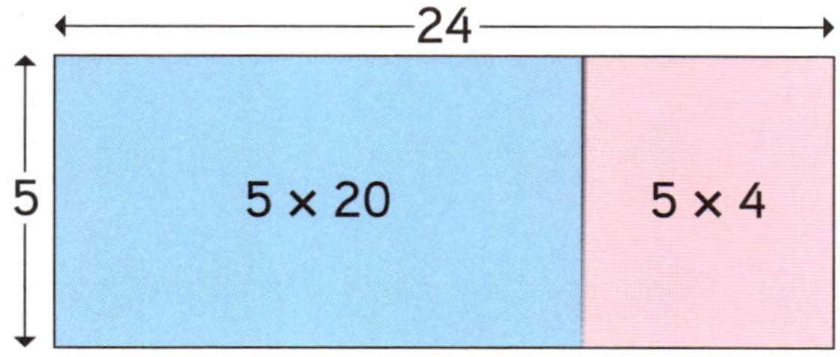

24 = 20 + ...

5 × 24 = 5 × 20 + ... × ......

5 × 24 = ... + ...

5 × 24 = ...

Effectuer une multiplication en ligne.

3 Pose et calcule : 342 × 6

Poser et effectuer une multiplication.

Géométrie

4 Ces figures sont-elles symétriques par rapport à la droite rouge ?

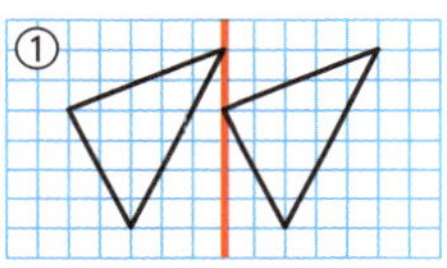

☐ Oui ☐ Non

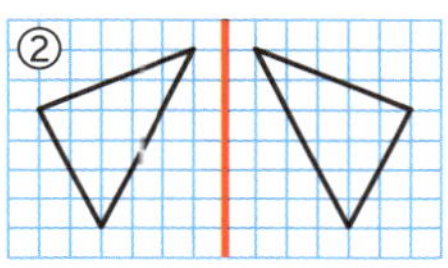

☐ Oui ☐ Non

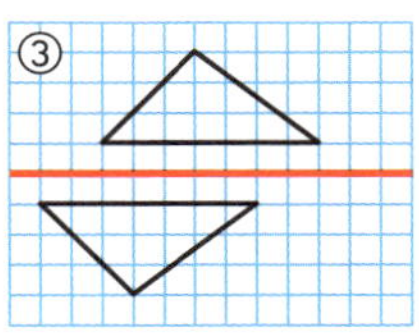

☐ Oui ☐ Non

Identifier deux figures symétriques.

5 Trace le symétrique de ce triangle par rapport à la droite rouge.

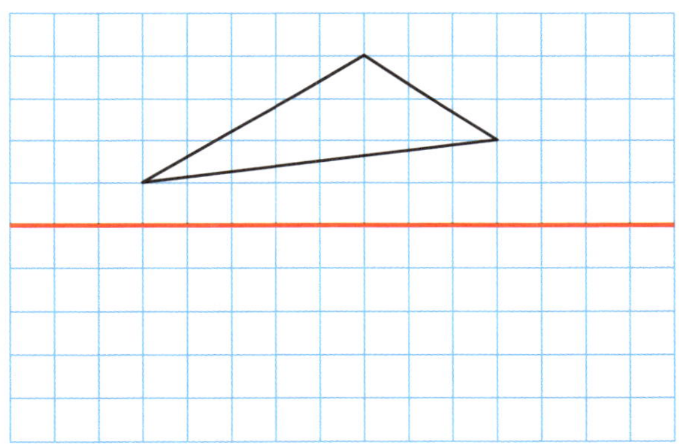

Tracer sur quadrillage le symétrique d'une figure.

Mesures

6 Écris de deux façons l'heure du matin.

....

....

Lire l'heure.

7 Convertis.

1 km 800 m = ... m + ... m

1 km 800 m = ... m

1 km 800 m + 300 m = ... m + ... m = ... m

1 km 800 m + 300 m = ... km .... m

Convertir et ajouter des longueurs.

69 Lire, écrire les nombres jusqu'à 999 999

....

Découvrons ensemble

273540

85600

▶ **Écris** les nombres de Léa et de Théo dans le tableau, puis **écris**-les sur les pointillés ci-dessous en séparant la classe des milliers de la classe des unités.

Classe des milliers			Classe des unités		
centaine de mille	dizaine de mille	unité de mille	centaine	dizaine	unité
......	......	......	......	......	......
......	......	......	......	......	......

 ....  ....

Le nombre de Léa se lit : « 273 » mille « 540 ».

Complète : Le nombre de Théo se lit : « .... » mille « .... ».

▶ **Lis** ces nombres et **écris**-les en chiffres.

Trois cent cinquante-huit mille six cent vingt

....

Douze mille cinq cent trente

....

▶ **Entoure** en rouge leur chiffre des unités de mille et en jaune leur chiffre des unités.

Je m'entraîne

1 **Écris** ces nombres en séparant par un espace la classe des milliers de celle des unités. **Entoure** en orange le chiffre des dizaines de mille et en vert le chiffre des dizaines.

a 456783 → ....

781560 → ....

b 10450 → ....

21008 → ....

2 **Écris** en chiffres.

huit cent cinquante-trois mille deux cent dix	....
quatre-vingt mille cinq cent quarante	....
deux cent trois mille quarante	....
cent mille dix	....

N'oublie pas l'espace !

J'ai déjà appris

3 Léon possède 35 voitures miniatures. Il en reçoit de nouvelles pour son anniversaire. Il a alors 48 voitures.

Combien de voitures a-t-on offertes à Léon ?

....

....

Aide-toi du problème de référence 1 de la leçon 56.

Compétences : Lire et écrire en chiffres ou en lettres les nombres inférieurs à un million.
Calcul mental : Calculer la somme de trois petits nombres. L'enseignant dit : « 3 + 2 + 4 » ; l'élève écrit 9.

Photofiches S32 et A19

70 Décomposer les nombres jusqu'à 999 999

Découvrons ensemble

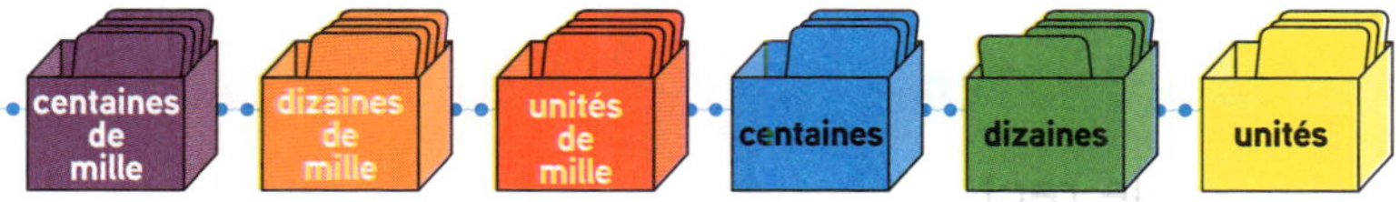

Théo, Léa et Mélissa tirent des cartes.

Utilise le tableau pour écrire les nombres obtenus par chaque enfant.

Classe des milliers			Classe des unités		
centaine de mille	dizaine de mille	unité de mille	centaine	dizaine	unité
......	......	......	......	......	......
......	......	......	......	......	......
......	......	......	......	......	......

Le nombre de Théo se décompose de la manière suivante :
423 000 = 400 000 + 20 000 + 3 000

Décompose de la même façon les nombres de Léa et de Mélissa.

Nombre de Léa : .... = ...

Nombre de Mélissa : .... = ...

N'oublie pas de compléter avec des zéros.

Je m'entraîne

1 **Écris** en chiffres les nombres suivants, puis **complète**.

a

Nombre de Julia : ....

.... = 400 000 + ... + ...

b

Nombre de Nils : ....

.... = ... + ...

2 **Complète** le tableau suivant l'exemple.

deux cent trente-cinq mille cent	235 100	200 000 + 30 000 + 5 000 + 100
vingt-trois mille neuf cent dix-huit	....	....
cent cinquante-quatre mille trente	....	....

J'ai déjà appris

Aide-toi du problème de référence 1 de la leçon 61.

3 Une boîte d'œufs contient 12 œufs.
Le pâtissier achète 8 boîtes d'œufs.
Combien d'œufs le pâtissier achète-t-il ?

....

....

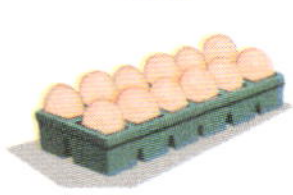

Le coin du chercheur

Je suis un nombre impair de deux chiffres.
Mon double se termine par 0.
La somme de mes chiffres est égale à 9.
Qui suis-je ? ....

Compétence : Décomposer les nombres inférieurs au million selon les puissances de dix.
Calcul mental : Calculer la somme de trois multiples de dix. L'enseignant dit : « 30 + 10 + 20 » ; l'élève écrit 60.

71 Reconnaître les axes de symétrie d'un rectangle, d'un losange ou d'un carré

....

Découvrons ensemble

Découpe le rectangle bleu, le carré vert ainsi que le losange orange, page matériel **E**.

Cherche par pliage leurs axes de symétrie.

Trace ces axes en rouge.

Colle chaque figure dans sa trace.

Tu peux vérifier que ces figures se retournent dans leur trace : chacune possède donc au moins un axe de symétrie.

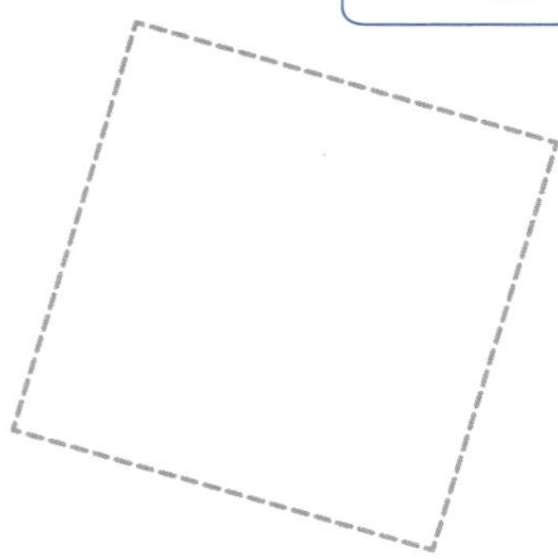

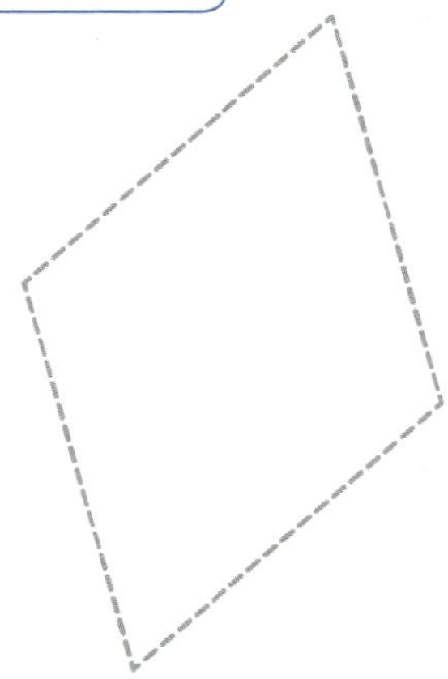

Complète :

Un rectangle possède ...... axes de symétrie.

Un carré possède ...... axes de symétrie. *Un losange possède ...... axes de symétrie.*

Je m'entraîne

1 **Repasse** en rouge les axes de symétrie de ces figures.

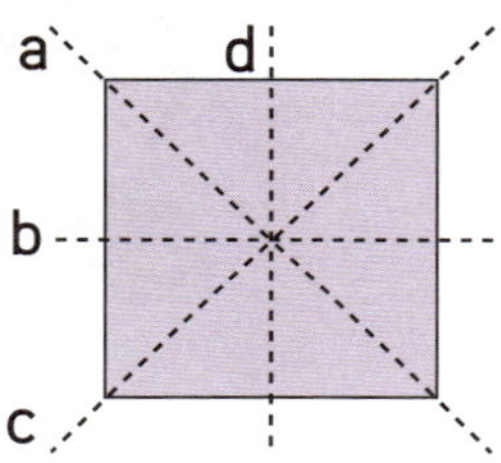

carré

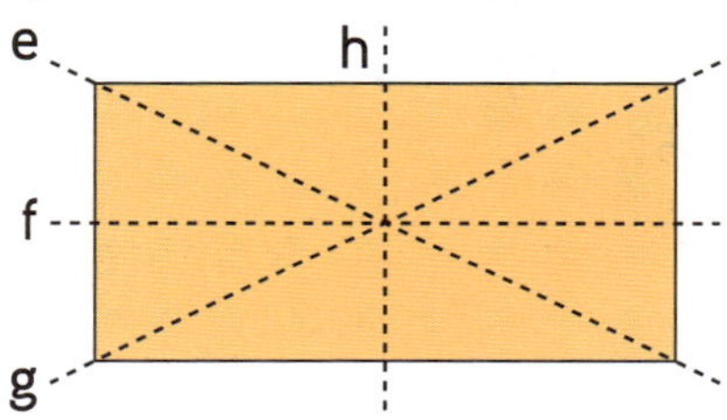

rectangle

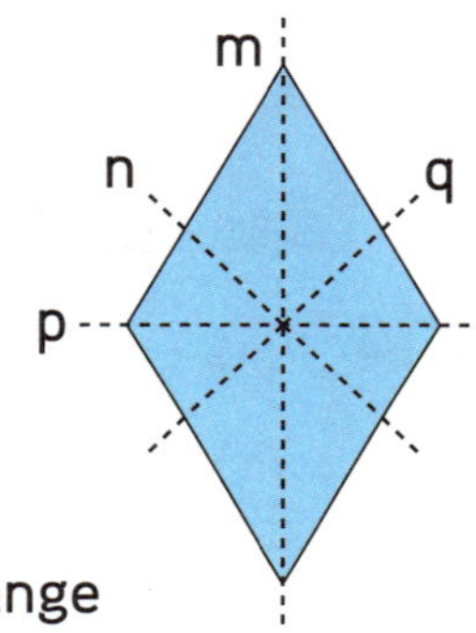

losange

2 **Devinette**. Qui suis-je ?

Un quadrilatère est une figure qui possède 4 côtés.

a Je suis un quadrilatère qui possède 4 axes de symétrie.

Je suis un ....

b Je suis un quadrilatère qui possède 2 axes de symétrie qui passent par mes sommets.

Je suis un ....

J'ai déjà appris

3 **Décompose** les nombres ci-dessous selon l'exemple.

685 074 = 600 000 + 80 000 + 5 000 + 70 + 4

590 200 = ... 406 040 = ...

Compétence : Reconnaître les axes de symétrie d'un rectangle, d'un losange ou d'un carré.

Calcul mental : Soustraire un multiple de dix d'un nombre de 3 chiffres. L'enseignant dit : « 350 – 20 » ; l'élève écrit 330.

Photofiches S33 et A20

72 Calcul réfléchi : Nombre de dizaines, de centaines dans un nombre

Découvrons ensemble

▶ Théo calcule le nombre de dizaines dans 240.

240 → 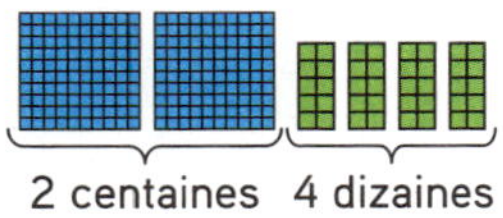

240 → 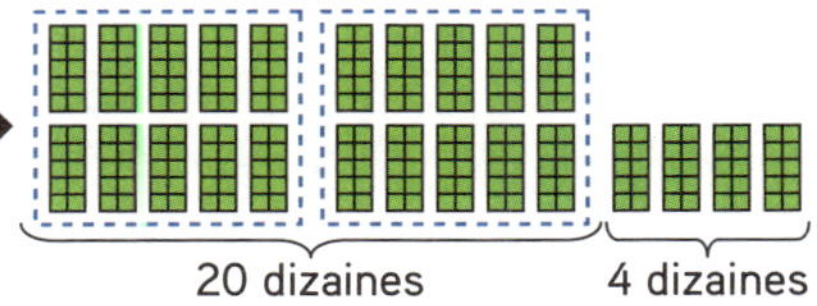

Complète. 240 = ... dizaines

Dans 240, le nombre de dizaines est ....

Dans 240, le chiffre des dizaines est ....

m	c	d	u
	2	4	

▶ Léa calcule le nombre de centaines dans 1 240.

1 240 → 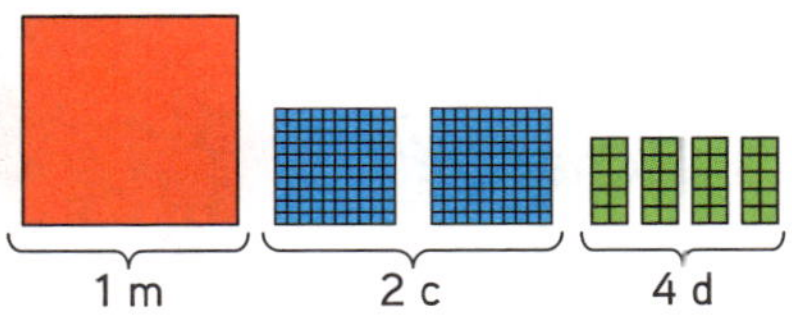

Complète. 1 240 = ... centaines + 40

Dans 1 240, le nombre de centaines est ....

Dans 1 240, le chiffre des centaines est ....

m	c	d	u
1	2		

▶ Quel est le nombre de milliers dans :

5 400 → .... ; 32 600 → .... ; 410 000 → ....

Je m'entraîne

1 **Utilise** le tableau de numération ci-dessous et **complète**.

a Dans 762 :

- le chiffre des dizaines est ....
- le nombre de dizaines est ....

m	c	d	u
......	......	......	......
......	......	......	......

b Dans 7 025 :

- le chiffre des centaines est ....
- le nombre de centaines est ....

2 Pour chaque nombre, **souligne** le chiffre des milliers, **entoure** le nombre des milliers.

a 3 6 9 8   2 5 6 7 9 | **b** 8 6 0 4 3   3 8 0 6 7 5

3 **Problème**

Dans son jeu de société, Victor achète, avec des billets de 100 €, la place de l'Étoile qui coûte 3 600 €.

Combien de billets doit-il donner ?

....

Le coin du chercheur

Dans un quart d'heure, il sera minuit !
Quelle heure est-il ?

....

Compétence : Trouver le nombre de dizaines, de centaines, de milliers dans un nombre.
Calcul mental : Soustraire un multiple de cent d'un nombre de 3 chiffres. L'enseignant dit : « 456 – 200 » ; l'élève écrit 256.

Photofiches P21 et P22

73 Problèmes : Méthodologie Rechercher des informations dans un énoncé complexe

Rechercher des informations dans un texte ....

Dans un énoncé, on trouve des informations.
Toutes ne sont pas utiles pour répondre à la question.

Dans chaque problème ci-dessous :
- **souligne** les informations utiles ;
- **écris** l'opération ;
- **rédige** une phrase réponse.

1 Hier, Julia a fabriqué 3 bracelets avec des élastiques. Ce matin, sa mamie lui a acheté 5 nouveaux paquets d'élastiques à 1 € chacun. Julia fabrique alors 2 nouveaux bracelets.
Combien de bracelets Julia a-t-elle réalisés en tout ?

.... = ...

....

2 Sarah est allée à 10 h à la piscine. Elle a payé 4 € l'entrée.
À 13 h, elle a acheté une part de pizza à 3 € et une glace à 2 €.
Combien a-t-elle dépensé pour son repas ?

.... = ...

....

3 Lia a 4 poupées. Pour son anniversaire, ses parents lui offrent une nouvelle poupée, ses grands-parents 20 € et sa tante 15 €.
Combien de poupées possède-t-elle maintenant ?

.... = ...

....

4 Dans ce jeu de société, la place de la Liberté coûte 6 800 €.
Teddy a 3 500 €, Thibault 5 600 € et Quentin 1 200 €.
Quelle somme manque-t-il à Thibault pour acheter la place de la Liberté ?

.... = ...

....

Rechercher des informations dans une illustration

Dans un énoncé, toutes les informations ne sont pas écrites, certaines sont données par l'illustration.

Dans chaque problème ci-dessous :
- **entoure** les informations utiles ;
- **écris** l'opération ;
- **rédige** une phrase réponse.

1 Samia achète un maillot de bain et une paire de lunettes de soleil.
Combien Samia va-t-elle dépenser ?

.... = ...
....
....

2 À la jardinerie, Nils achète ces deux pots de fleurs.
Combien Nils va-t-il dépenser ?

.... = ...
....
....

3 Marie va au parc de jeux en passant par le lac.
Combien de mètres doit-elle parcourir ?

.... = ...
....

Compétence : Rechercher des informations dans un texte ou une illustration.
Calcul mental : Dictée de nombres de 5 chiffres. L'enseignant dit : « 35 235 » ; l'élève écrit 35 235.

Photofiche S34

74 La multiplication posée (3)

Découvrons ensemble

▶ Théo calcule 37 × 25.
Observe, puis **complète** sa multiplication.

Pour multiplier 37 par 25, je commence par multiplier 37 par 5. Puis je multiplie 37 par 2 dizaines ou 20 unités. Enfin, j'additionne.

		c	d	u	
			3	7	
	×		2	5	
37 × 5 →		......	......	5	③
37 × 20 →	+	......	......	0	○
37 × 25 →		......	......	......	

▶ Léa calcule 64 × 70.
Observe, puis **complète** sa multiplication.

Cette multiplication se fait en une seule ligne.

	c	d	u	
		6	4	
×		7	0	
......	......	8	0	②

Multiplier par 70, c'est multiplier par 7 puis par 10.

Je m'entraîne

1 **Effectue.**

a

		c	d	u	
			2	9	
	×		1	7	
29 × 7 →		......	......	3	⑥
29 × 10 →	+	......	......	0	
29 × 17 →		......	......	......	

b

		c	d	u	
			5	9	
×			3	6	
		......	......	......	○
+	......	......	......	0	○
	......	......	......	......	

2 **Pose** et **effectue.**

627 × 63

3 **Problème**

Le directeur du centre de vacances achète 20 BMX.

Combien va-t-il payer ?

....

....

....

J'ai déjà appris

4 Une feuille de papier de format A4 est un rectangle de 297 mm de longueur et 21 cm de largeur.
Une fourmi marche sur le bord de la feuille et en fait le tour.

Quelle distance parcourt-elle ? ....

Aide-toi du problème de référence 1 de la leçon 66. Fais les calculs sur ton ardoise.

Compétence : Connaître la technique usuelle de la multiplication par un nombre de deux chiffres.
Calcul mental : Dictée de nombres de 6 chiffres. L'enseignant dit : « 245 634 » ; l'élève écrit 245 634.

Photofiches S35 et A21

75 Calcul réfléchi : Moitié d'un nombre

Découvrons ensemble

Théo calcule la moitié de 50.

Complète.

Je calcule la moitié de 50 en décomposant 50 en 40 + 10.

Moitié de 40 = ... car .... + ... = ...

Moitié de 10 = ... car ...... + ... = ...

Moitié de 50 = ... + ... = ...

Léa calcule la moitié de 58.

Complète.

Je calcule la moitié de 58 en décomposant 58 en 50 + 8 et j'utilise le résultat de Théo.

Moitié de 50 = ... car .... + ... = ...

Moitié de 8 = ... car ...... + ... = ...

Moitié de 58 = ... + ... = ...

Coche la bonne réponse.

Peut-on calculer la moitié de 29 ? ☐ Oui ☐ Non

Tous les nombres ont-ils une moitié ? ☐ Oui ☐ Non

Les nombres pairs ont une moitié, les nombres impairs n'en ont pas.

Je m'entraîne

1 **Calcule** la moitié des nombres suivants.

a Moitié de 20 = ... Moitié de 60 = ...

b Moitié de 30 = ... Moitié de 70 = ...

2 **Calcule** les moitiés des nombres suivants.

a Moitié de 26

26 = 20 + 6

Moitié de 20 = ... car .... + ... = 20

Moitié de 6 = ... car ...... + ... = 6

Moitié de 26 = ... + ... = ...

b Moitié de 78

78 = 70 + ...

Moitié de 70 = ... car .... + ... = ...

Moitié de ...... = ... car ...... + ... = ...

Moitié de 78 = ... + ... = ...

Fais les calculs sur ton ardoise.

3 **Calcule** la moitié des nombres suivants.

Fais les calculs sur ton ardoise.

a Moitié de 24 = ... Moitié de 46 = ... Moitié de 82 = ...

b Moitié de 36 = ... Moitié de 74 = ... Moitié de 98 = ...

4 **Problème :** Pour la fête des écoles, la maman de Sylvia a préparé 72 crêpes. Sylvia en a préparé la moitié.

Combien de crêpes Sylvia a-t-elle préparées ?

....

....

Le coin du chercheur

Le berger avait 20 moutons.
Le loup les a tous mangés sauf 5.
Combien de moutons reste-t-il ? ....

Compétences : Connaître et utiliser l'expression « moitié d'un nombre ».

Calcul mental : Indiquer le chiffre des centaines ou des dizaines.
L'enseignant écrit « 8 742 » et dit : « Quel est le chiffre des centaines de ce nombre ? » ; l'élève écrit 7.

76 Construire un losange

Découvrons ensemble

▶ Théo utilise le triangle rectangle **bleu**, page matériel **G**, comme gabarit pour **tracer** un losange.

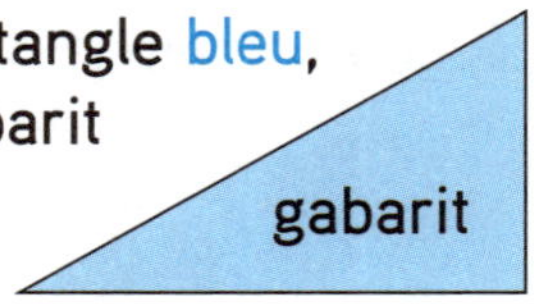

Termine le losange.
Repasse en rouge les côtés du losange.

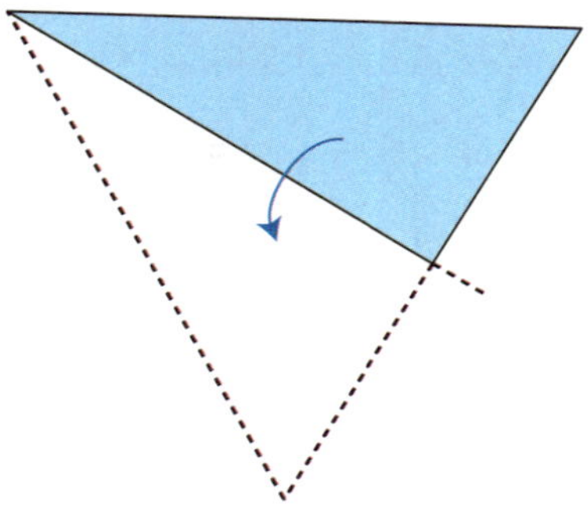

▶ Léa utilise la symétrie pour tracer un losange sur quadrillage.
Termine le losange.

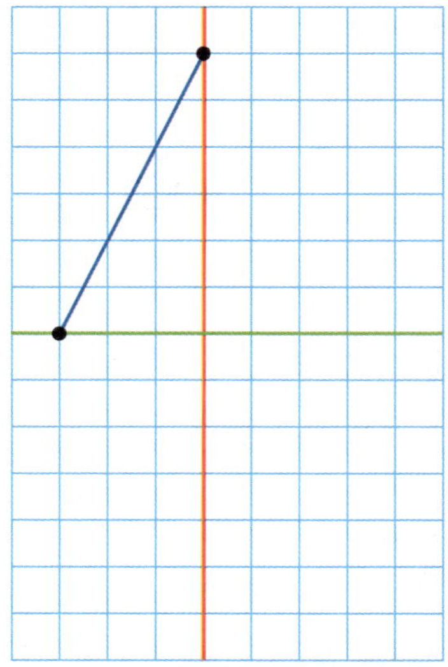

Je m'entraîne

1 **Découpe** le triangle rectangle jaune, page matériel **G**. **Trace** un losange selon la méthode de Théo.
Repasse en rouge les côtés du losange.

2 **Termine** le losange en utilisant la symétrie selon la méthode de Léa.

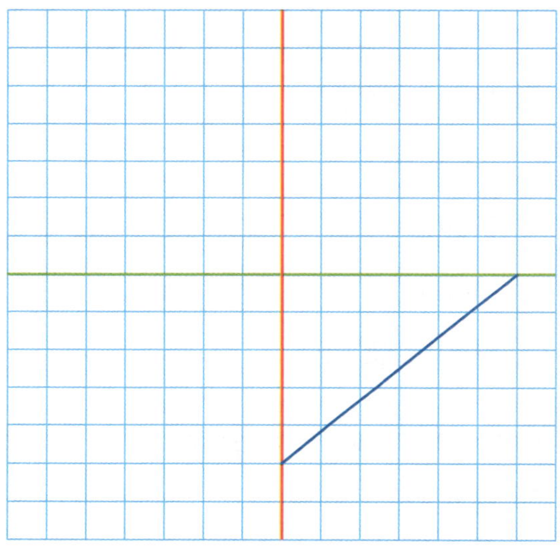

3 Parmi ces triangles de la page matériel **G**, **entoure** celui qui a été utilisé comme gabarit pour construire ce losange avec la méthode de Théo. **Dessine** ce gabarit dans le losange.

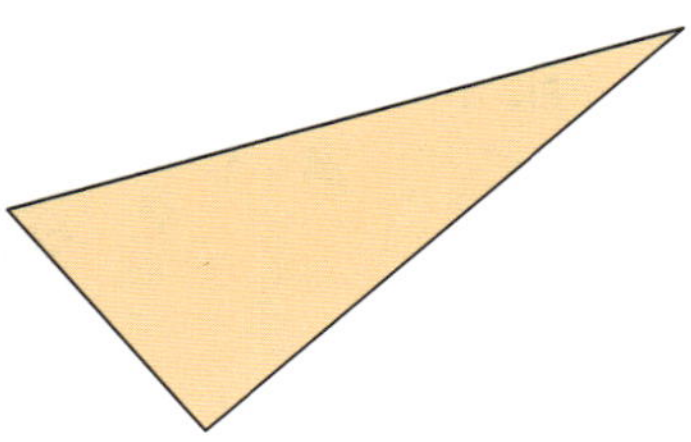

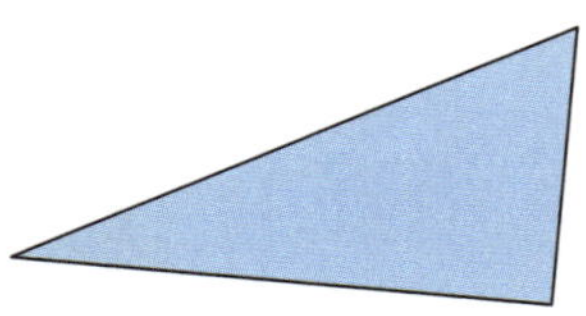

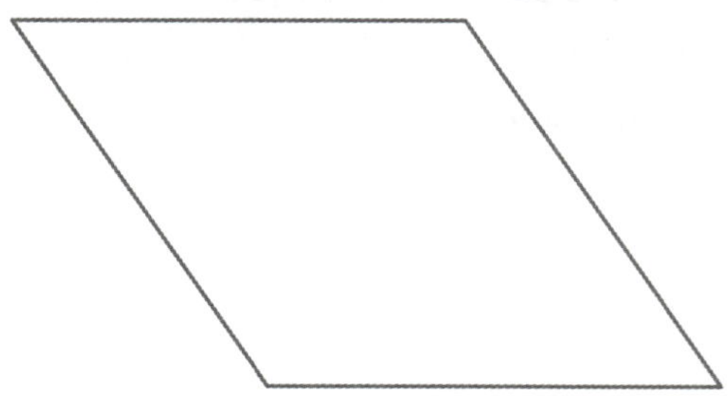

Compétence : Construire un losange en utilisant un gabarit de triangle rectangle ou la symétrie.
Calcul mental : Indiquer le nombre de dizaines. L'enseignant écrit « 5 817 » et demande le nombre de dizaines ; l'élève écrit 581.

77 Du rectangle au carré

Découvrons ensemble

Léa a commencé de tracer un carré en utilisant le petit côté d'un rectangle.
Découpe le rectangle orange, page matériel **G** et **termine** le carré.

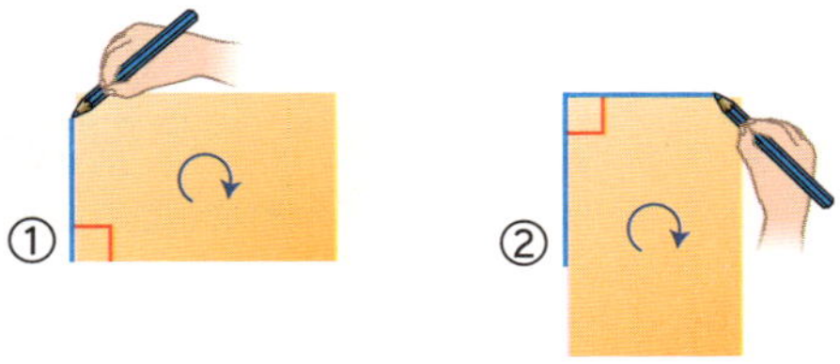

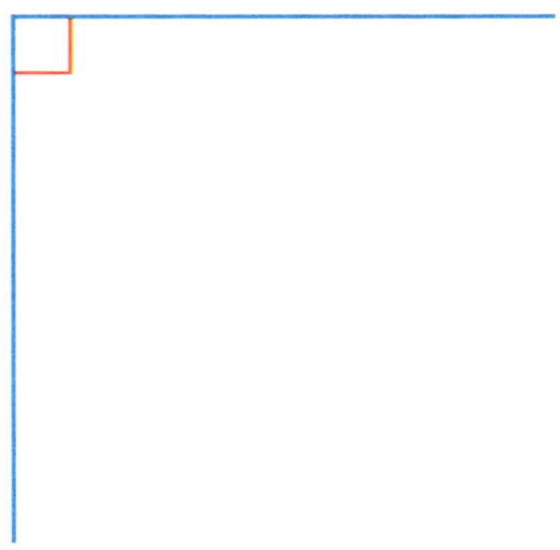

Je m'entraîne

1 **Découpe** le rectangle vert, page matériel **G**.
En utilisant la méthode de Léa, **trace** deux carrés différents.

a

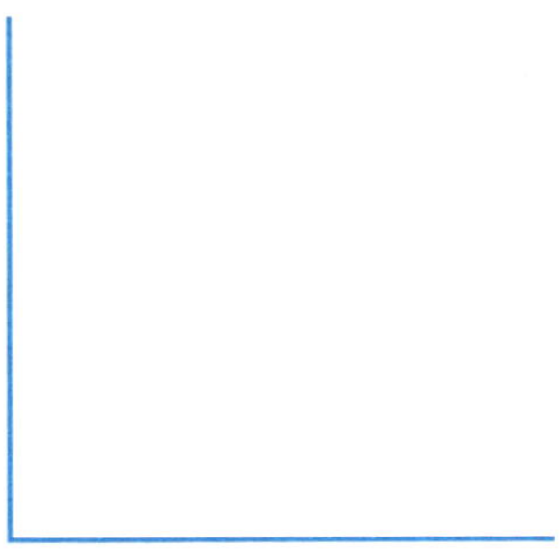

b

2 **Découpe** le rectangle bleu, page matériel **G**.
Utilise ce gabarit pour terminer le carré.

J'ai déjà appris

3 **Pose** et **effectue** :
84 × 70

Le coin du chercheur

Une brique plus une demi-brique pèsent 3 kg.
Combien pèse une brique ? ....

Compétence : Utiliser les propriétés d'un gabarit rectangulaire pour construire un carré sur papier uni.
Calcul mental : Indiquer le nombre de centaines. L'enseignant écrit « 3 564 » et demande le nombre de centaines ; l'élève écrit 35.

Photofiches P23 et P24

78 Problèmes : Apprendre à résoudre
Situations additives ou soustractives (5)

Problème de référence 1

Paul mesure 158 cm.
Ali mesure 13 cm de moins que Paul.
Combien mesure Ali ?

Comprendre l'énoncé

Qui est le plus petit ? ....

Entoure le schéma qui correspond à l'énoncé.

Coche la bonne proposition.

Pour trouver la taille d'Ali, il faut :

☐ soustraire 13 cm à la taille de Paul.

☐ additionner 13 cm à la taille de Paul.

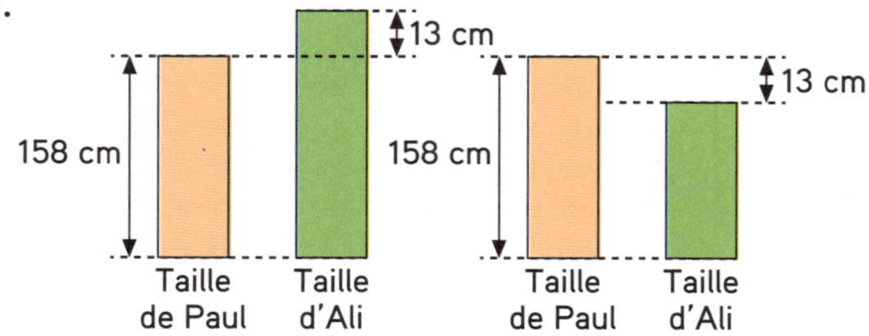

schéma 1 **schéma 2**

Répondre à la question

Écris l'opération, puis **effectue** les calculs : ....

Rédige une phrase réponse : ....

....

Problème d'application

Anne possède 48 images.
Louise a 15 images de plus qu'Anne.
Combien d'images possède Louise ?

Complète.

Qui a le plus d'images ? ....

Entoure le schéma qui correspond à l'énoncé.

Coche la bonne proposition.

Pour trouver le nombre d'images que possède Louise, il faut :

☐ soustraire 15 au nombre d'images d'Anne.

☐ additionner 15 au nombre d'images d'Anne.

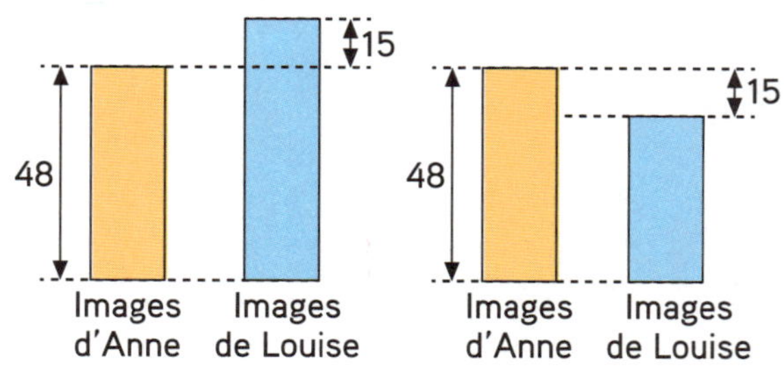

schéma 1 **schéma 2**

Écris l'opération, puis **effectue** les calculs : ....

Rédige une phrase réponse : ....

....

Problème de référence 2

Suzie mesure 147 cm.
Elle mesure 14 cm de plus que Dana.
Combien mesure Dana ?

Comprendre l'énoncé

Qui est la plus petite ? ....

Entoure le schéma qui correspond à l'énoncé.

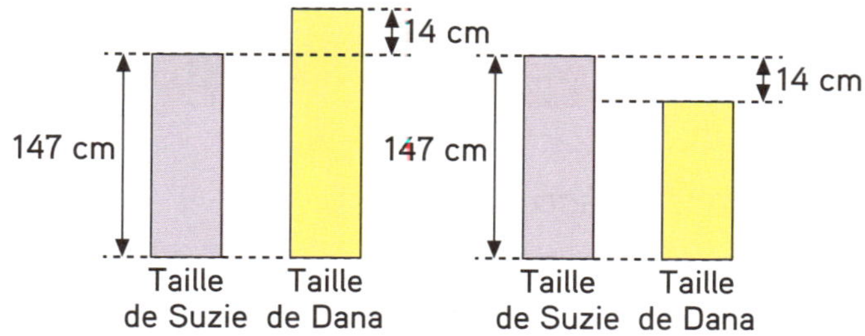

schéma 1 — schéma 2

Coche la bonne proposition.
Pour trouver la taille de Dana, il faut :

- ☐ soustraire 14 cm à la taille de Suzie.
- ☐ additionner 14 cm à la taille de Suzie.

Répondre à la question

Écris l'opération, puis **effectue** les calculs : ....

Rédige une phrase réponse : ....

Problèmes d'application

1 Clara a 43 € dans sa tirelire.
Elle possède 25 € de moins que Sofia.
Combien possède Sofia ?

Qui a le plus d'argent ? ....

Entoure le schéma qui correspond à l'énoncé.

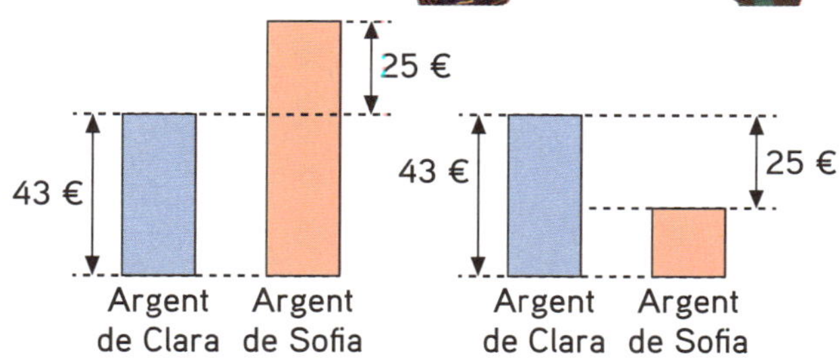

schéma 1 — schéma 2

Coche la bonne proposition.
Pour trouver ce que possède Sofia, il faut :

- ☐ soustraire 25 € à ce que possède Clara.
- ☐ additionner 25 € à ce que possède Clara.

Écris l'opération, puis **effectue** les calculs : ....

Rédige une phrase réponse : ....

....

2 Antoine a parcouru 36 km en vélo.
C'est 12 km de plus que Mario.
Combien de kilomètres Mario a-t-il parcourus ?

Écris l'opération, puis **effectue** les calculs : ....

Rédige une phrase réponse : ....

....

Compétence : Comprendre et résoudre un problème de comparaison additive ou soustractive.
Calcul mental : Table de multiplication par 6. L'enseignant dit : « 8 multiplié par 6 » ; l'élève écrit 48.

J'ai compris et je retiens (7)

Nombres

N12 Je lis, j'écris les nombres.

Classe des milliers			Classe des unités		
centaine de mille	dizaine de mille	unité de mille	centaine	dizaine	unité
4	5	3	7	0	0

Ce nombre s'écrit : 453 700.

Ce nombre se lit : « 453 » mille « 700 ».

5 est le chiffre des dizaines de mille.

N13 Je décompose les nombres.

453 700 = 400 000 + 50 000 + 3 000 + 700

307 058 = 300 000 + 7 000 + 50 + 8

N14 Je trouve le nombre de dizaines, de centaines.

m	c	d	u
3	2	5	7

Nombre de dizaines : 325

m	c	d	u
3	2	5	7

Nombre de centaines : 32

Calcul

C16 J'effectue une multiplication.

			3	7	
	×		2	5	
37 × 5 →		1	8	5	3
37 × 20 →	+	7	4	0	1
37 × 25 →		9	2	5	

C17 Je calcule la moitié d'un nombre.

Moitié de 26

26 = 20 + 6

Moitié de 20 = 10

Moitié de 6 = 3

Moitié de 26 = 10 + 3 = 13

Géométrie

G8 Je connais les axes de symétrie du carré, du rectangle et du losange.

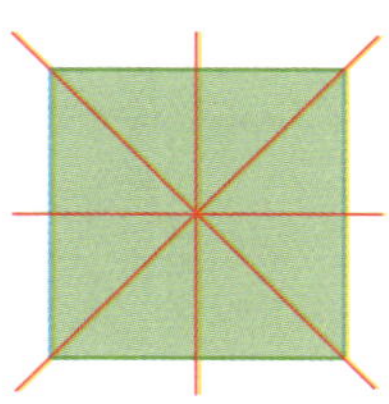

Carré :
4 axes de symétrie

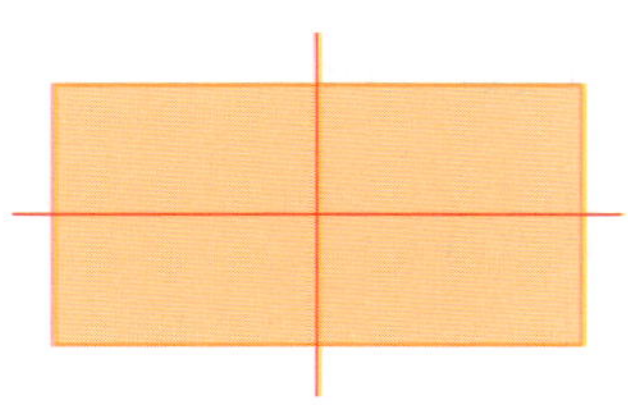

Rectangle :
2 axes de symétrie

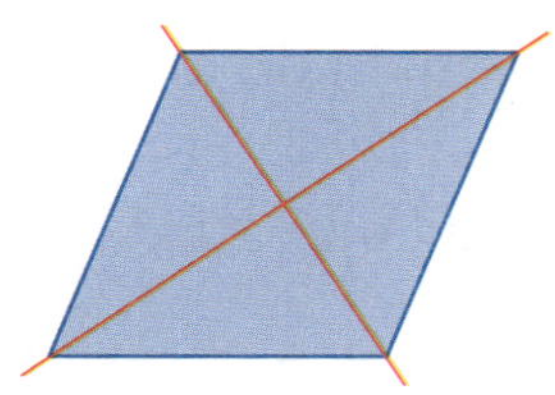

Losange :
2 axes de symétrie

Je fais le point (7)

SOCLE COMMUN

Nombres

1 **Écris** en chiffres.

huit cent cinquante-trois mille deux cent dix	....
quatre-vingt mille cinq cent quarante	....
deux cent trois mille quarante	....

Lire et écrire un nombre en chiffres.

2 **Décompose** les nombres suivant l'exemple.

247 513	200 000 + 40 000 + 7 000 + 500 + 10 + 3
386 718	....
510 670	....

Décomposer un nombre selon les puissances de dix.

3 **Complète** les tableaux.

	nombre de centaines	chiffre des centaines
3 540	......	......

	nombre de dizaines	chiffre des dizaines
5 640	......	......

Différencier nombre de ... et chiffre des ... .

Calcul

4 **Calcule.**

Moitié de 64 = ... Moitié de 56 = ...

Calculer la moitié d'un nombre.

5 **Pose** et **effectue**.

36 × 42.

Multiplier par un nombre de 2 chiffres.

Géométrie

6 **Trace** les axes de symétrie de ces figures.

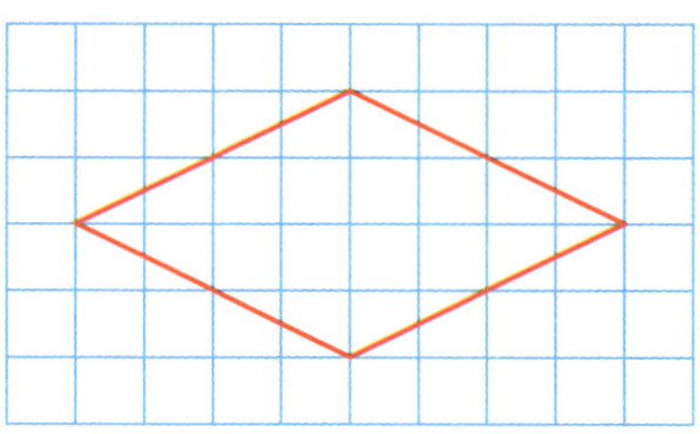

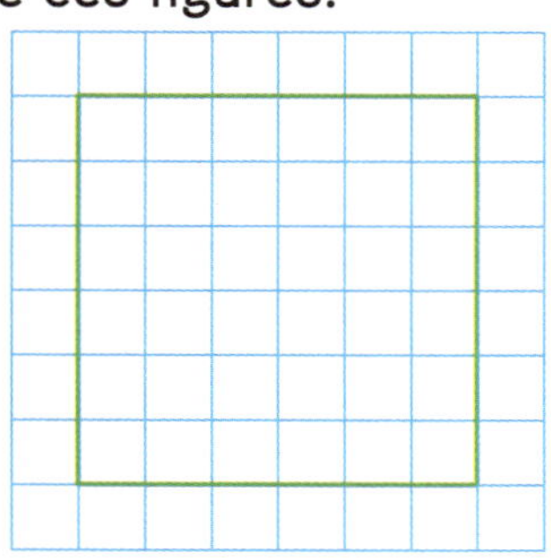

Identifier des axes de symétrie.

Photofiche S36

79 Comparer, ordonner les nombres jusqu'à 999 999

Découvrons ensemble

Léa et Théo comparent les nombres de places de ces grands stades.

Maracana (Brésil)
78 000 places

Estadio Azteca (Mexique)
105 000 places

Stade de France
81 400 places

Allianz Arena (Allemagne)
71 140 places

Quand on compare deux nombres, le plus grand est celui qui a le plus de chiffres.

S'ils ont le même nombre de chiffres, on compare leurs chiffres en commençant par la gauche.

Range les nombres de places de ces 4 stades par ordre décroissant.

.... > .... > .... > ....

Entoure le nombre de milliers de places de chaque stade.

78 000   105 000   81 400   71 140

Range ces nombres de milliers par ordre décroissant.

.... > .... > .... > ....

En réalité, on ne compare pas des chiffres mais des nombres de milliers, des nombres de centaines...

Ce rangement correspond-il à celui que tu as fait précédemment ? ☐ Oui ☐ Non

Je m'entraîne

1 Souligne le plus grand nombre de chaque nuage.

a
- 53 234   162 648
- 45 279   42 048

b
- 92 267   93 248   91 648
- 206 671   206 670   206 800

2 Complète avec le signe < ou >.

a
- 9 000 ...... 11 600
- 20 600 ...... 8 548
- 86 545 ...... 86 265
- 65 321 ...... 65 087

b
- 745 300 ...... 745 350
- 996 680 ...... 996 610
- 90 800 ...... 532 300
- 105 479 ...... 105 489

3 Problème : Range, par ordre décroissant, le nombre d'habitants de ces villes françaises.

Ville	Grenoble	Lyon	Dijon	Toulouse
Population	157 400	491 200	151 600	447 300

.... > .... > .... > ....

J'ai déjà appris

4 Termine le losange en utilisant les axes de symétrie en rouge.

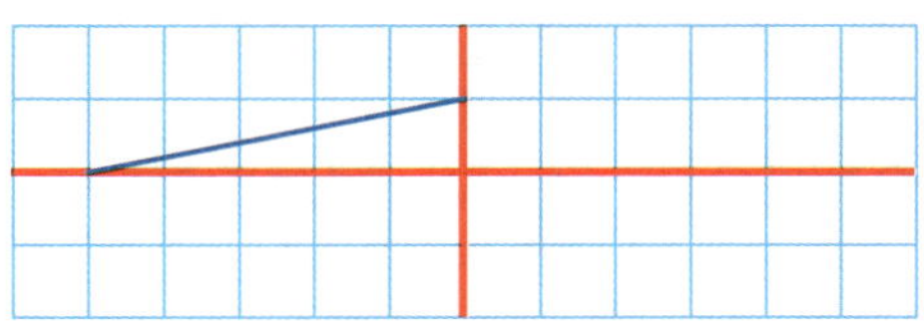

Compétences : Comparer, ordonner les nombres inférieurs au million.
Calcul mental : Table de multiplication par 7. L'enseignant dit : « 3 multiplié par 7 » ; l'élève écrit 21.

Photofiche A22

80 Encadrer les nombres jusqu'à 999 999

| .... | .... | .... | .... | .... |

Découvrons ensemble

Voici les populations de quelques villages du département du Vaucluse :
Gordes : 2 113 habitants ; Sarrians : 5 809 habitants ;
Roussillon : 1 305 habitants ; Pernes-les-Fontaines : 10 405 habitants.

Gordes

Sur la droite graduée, **colorie** chaque rond de la couleur du village.

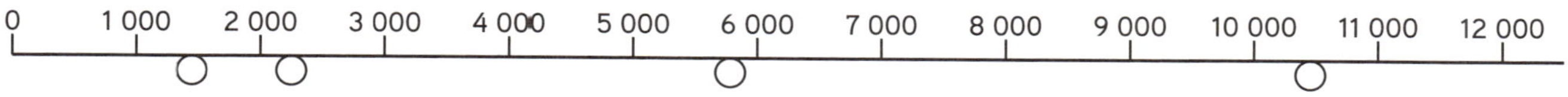

Encadre les populations de Gordes et de Sarrians entre deux milliers qui se suivent.

.... < 2 113 < .... < 5 809 < ....

Voici les populations de quelques grandes villes de France :
Nantes : 287 845 habitants ; Nice : 344 064 habitants ;
Lille : 227 533 habitants ; Marseille : 850 636 habitants.

Marseille

Sur la droite graduée, **colorie** chaque rond de la couleur de la ville.

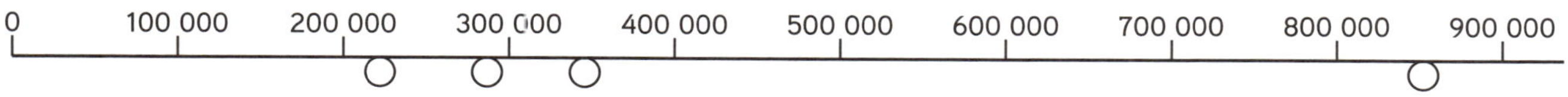

Encadre les populations de Nantes et de Nice entre deux centaines de milliers qui se suivent.

.... < 287 845 < .... < 344 064 < ....

Je m'entraîne

1 **Encadre** ces nombres entre deux milliers qui se suivent.

a .... < 4 500 < ....

b .... < 3 282 < ....

2 **Encadre** ces nombres entre deux centaines de milliers qui se suivent.

a .... < 245 000 < ....

b .... < 856 789 < ....

3 **Entoure** les nombres compris entre :

a 10 000 et 20 000.
95 362 ; 6 899 ; 10 500 ; 17 096

b 100 000 et 200 000.
10 999 ; 876 000 ; 150 000 ; 101 897

J'ai déjà appris

4 Loïc a gagné 138 points aux fléchettes.
C'est 14 points de plus que son ami Arthur.
Combien de points Arthur possède-t-il ?

.... = ...

....

Aide-toi du problème de référence 2 de la leçon 78.

Le coin du chercheur

Dans une minute, il sera 10 h.
Quelle heure est-il ?

....

Compétence : Encadrer un grand nombre entre deux milliers ou deux centaines de milliers.
Calcul mental : Table de multiplication par 8. L'enseignant dit : « 4 multiplié par 8 » ; l'élève écrit 32.

Photofiche S37

81 Situations de division : groupements (1)

Découvrons ensemble

Léa veut ranger 23 images dans des pochettes de 5 images.

Combien de pochettes remplira-t-elle ?
Combien restera-t-il d'images ?

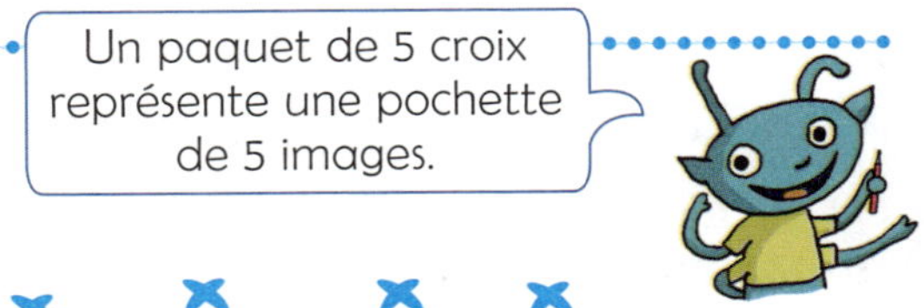

Aide Léa à résoudre ce problème.
Fais des paquets de 5 croix tant que cela est possible.

Combien de paquets as-tu faits ? ....

Combien de croix sont à l'extérieur des paquets ? ....

Complète.

Léa remplira ...... pochettes de 5 images. Il restera ...... images.

Je m'entraîne

1 Alex range sa collection de 32 voitures dans des boîtes de 6.

Combien de boîtes Alex peut-il remplir ?
Combien restera-t-il de voitures ?

Représente les voitures par des croix, puis **fais** des paquets de 6 croix.

Combien de paquets as-tu faits ? ....

Combien de croix sont à l'extérieur des paquets ? ....

Complète.

Alex aura ...... boîtes pleines. Il restera ...... voitures.

2 La fermière range 30 œufs dans des boîtes de 6 œufs.

Combien de boîtes seront pleines ? ....

Restera-t-il des œufs non rangés ?

....

3 Théo range 17 images dans des pochettes de 4 images.

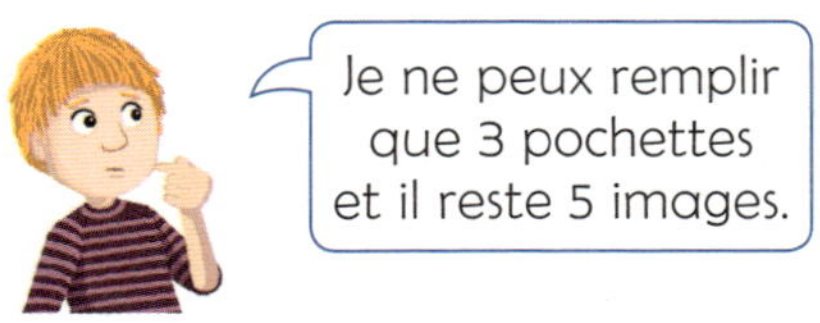

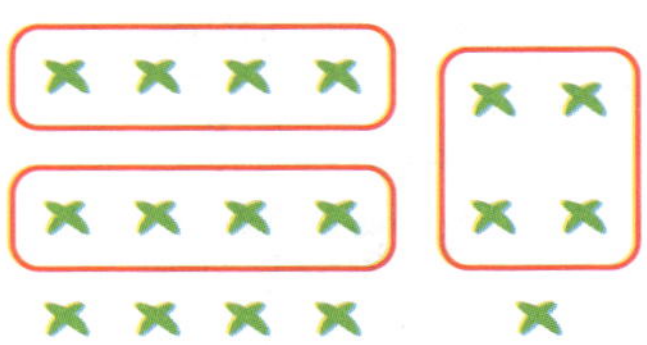

Théo a-t-il raison ? ☐ Oui ☐ Non

Aurait-il pu remplir une pochette supplémentaire ? ☐ Oui ☐ Non

Compétence : Résoudre une situation de division en effectuant des groupements.
Calcul mental : Table de multiplication par 9. L'enseignant dit : « 3 multiplié par 9 » ; l'élève écrit 27.

Photofiche A23

82 Situations de division : groupements (2)

Découvrons ensemble

Thomas range 28 volants de badminton dans des boîtes de 6 volants.

Combien de boîtes remplira-t-il ?

Combien de volants restera-t-il ?

Nombre de boîtes remplies	Nombre de volants rangés	Nombre de volants restants
1	1 × 6 = 6	28 – 6 = 22
2	2 × 6 = 12	28 – 12 = ...
3	3 × 6 = ...	28 – .... = ...
4	4 × 6 = ...	28 – .... = ...
5	5 × 6 = ...	Impossible car il n'y a que .... volants.

Complète le tableau.

Complète l'égalité.

28 = ... × 6 + ...

Complète les phrases réponses.

Thomas remplira ...... boîtes.

Il restera ...... volants.

Je m'entraîne

1 Dans une classe, il y a 29 élèves. Sur le terrain d'éducation physique, l'enseignant forme des équipes de 5 élèves.

Combien d'équipes a-t-il formées ?

Complète le tableau.

Nombre d'équipes	Nombre d'élèves placés	Nombre d'élèves restants
1	1 × 5 = ...	29 – ...... = ...
2	2 × 5 = ...	29 – .... = ...
3	3 × 5 = ...	29 – .... = ...
4	4 × 5 = ...	29 – .... = ...
5	5 × 5 = ...	29 – .... = ...
6	6 × 5 = ...	Impossible car il n'y a que .... élèves.

Complète l'égalité.

29 = ... × 5 + ...

Rédige les phrases réponses.

....

....

Le coin du chercheur

Je pense à deux nombres. Lorsque je les additionne, je trouve 13. Lorsque je les soustrais, je trouve 3.

Quels sont ces deux nombres ?

....

Compétence : Résoudre une situation de groupements en effectuant des calculs.

Calcul mental : Comparer deux nombres. L'enseignant écrit 75 238 et 124 652, l'élève écrit le plus grand nombre : 124 652.

83

Identifier un pavé droit

Découvrons ensemble

Observe la boîte.

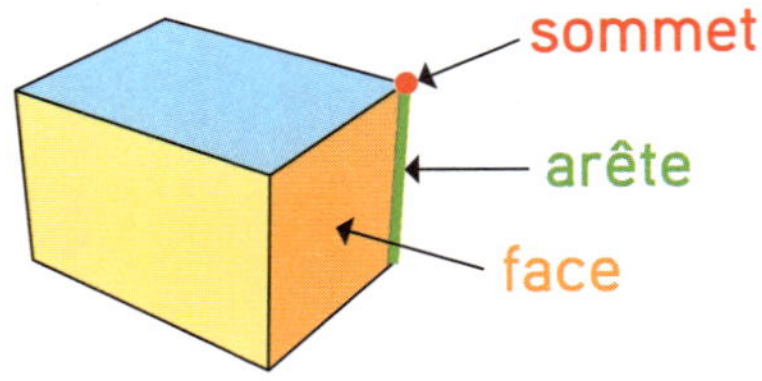

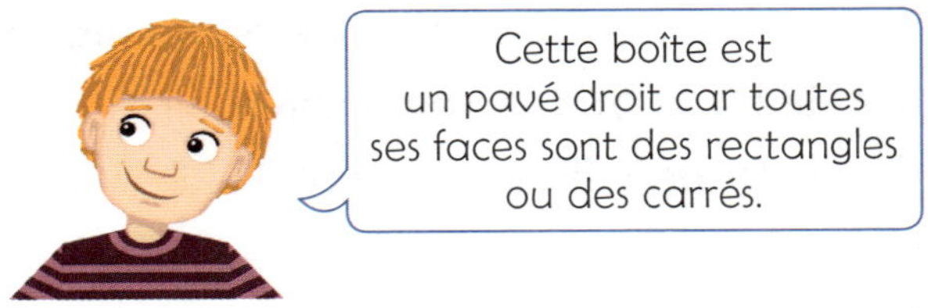

Complète. *Un pavé droit possède ...... faces, ... arêtes et ...... sommets.*

Entoure les traces que peut laisser un pavé droit.

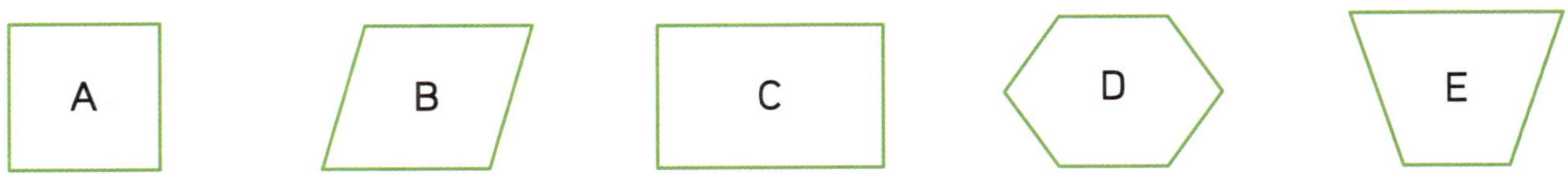

Je m'entraîne

1 **Entoure** les pavés droits.

a

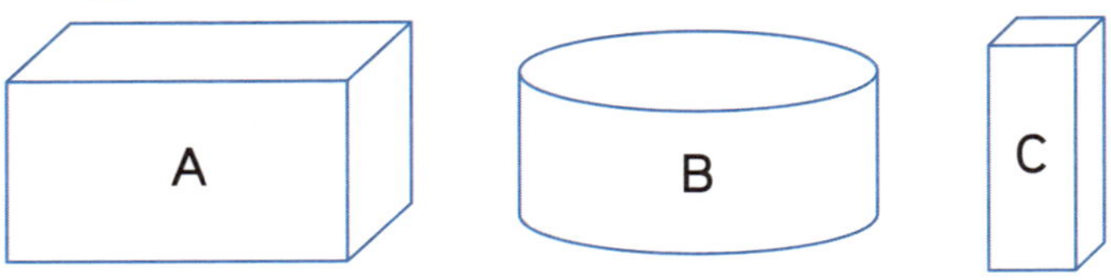

b

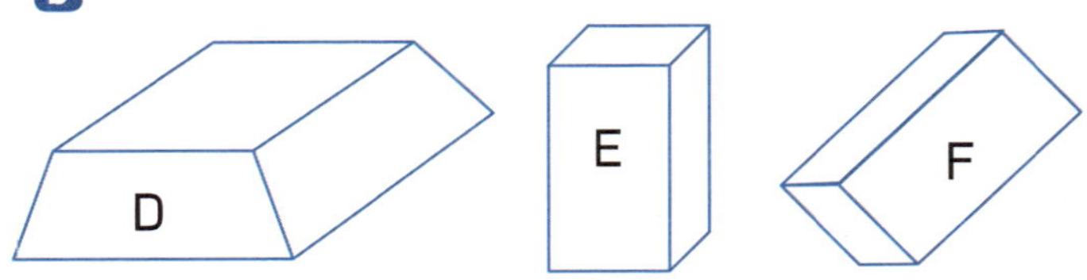

2 **a** **Colorie** :

- une face en jaune ;
- une arête en bleu ;

Entoure un sommet.

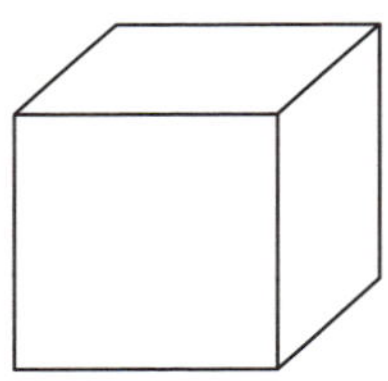

b **Écris** le nombre de :

- sommets cachés : ......
- arêtes cachées : ......
- faces cachées : ......

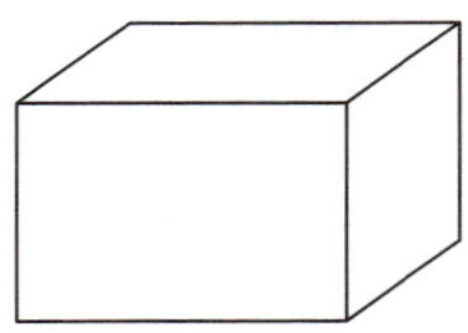

3 **Entoure** les traces de pavés droits.

a

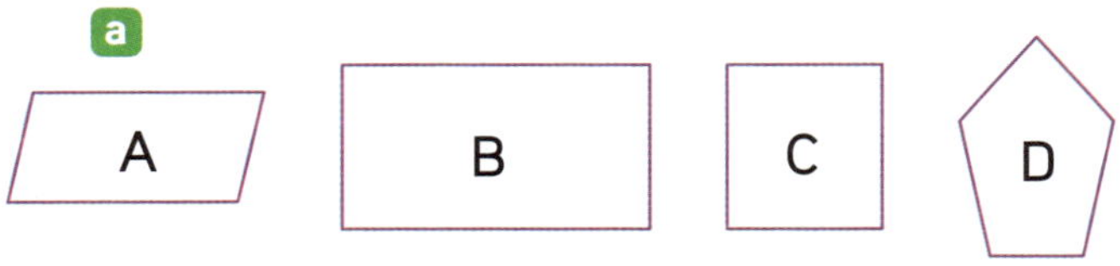

b

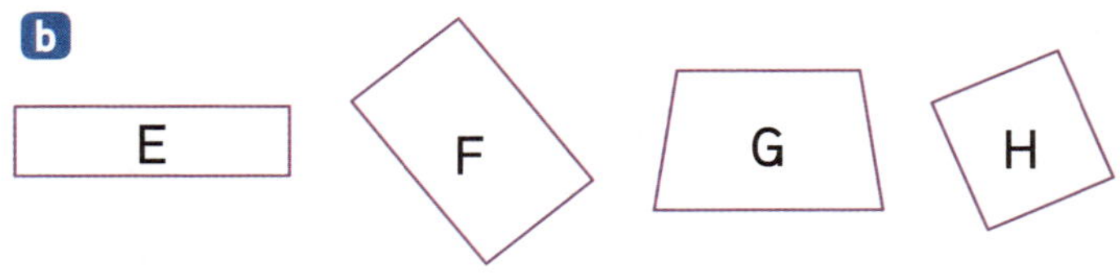

4 **Coche** la bonne réponse.

a Un pavé droit possède le même nombre de sommets que de faces.

☐ Vrai ☐ Faux

b Un pavé droit possède le même nombre de faces que d'arêtes.

☐ Vrai ☐ Faux

Compétences : Reconnaître, décrire un pavé droit. Utiliser en situation le vocabulaire géométrique.
Calcul mental : Calculer la différence entre deux nombres proches. L'enseignant dit : « 31 – 28 » ; l'élève écrit 3.

Photofiche S38

84 Distinguer un cube ou un pavé droit

Découvrons ensemble

Observe une boîte de mouchoirs et une boîte à chaussures comme celles ci-dessous.

Si toutes les faces d'un pavé droit sont des carrés, il s'agit d'un cube.

Ces deux boîtes sont des pavés droits.
L'une est un cube. Laquelle ?

☐ la boîte de mouchoirs ☐ la boîte à chaussures

Entoure l'empreinte que peut donner la boîte de mouchoirs.

Je m'entraîne

Attention, un pavé droit peut avoir deux faces carrées.

1 Deux solides ont laissé les empreintes ci-dessous.

a Solide 1

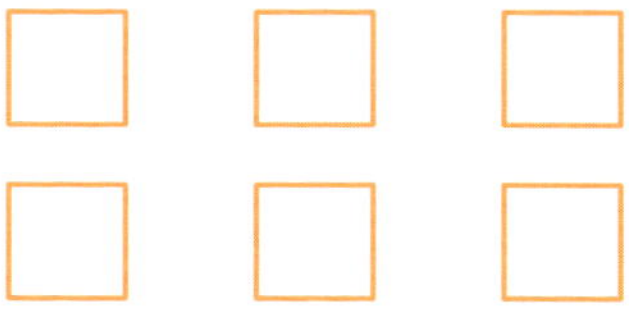

Ce solide est-il un cube ? ☐ Oui ☐ Non

b Solide 2

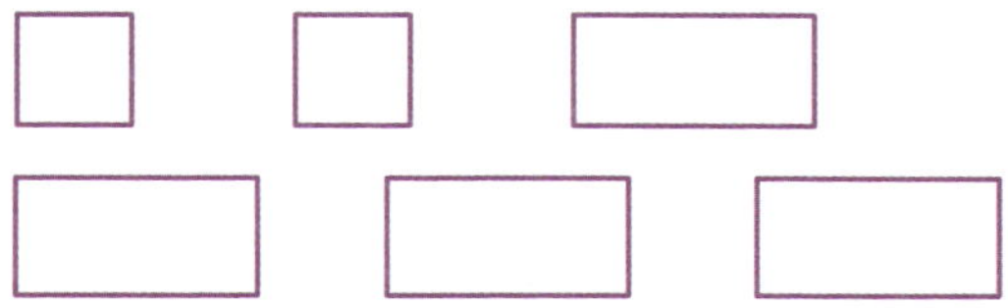

Ce solide est-il un cube ? ☐ Oui ☐ Non

2 **Colorie** :

a en bleu les deux empreintes du cube.

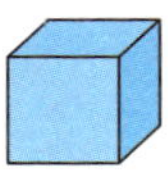

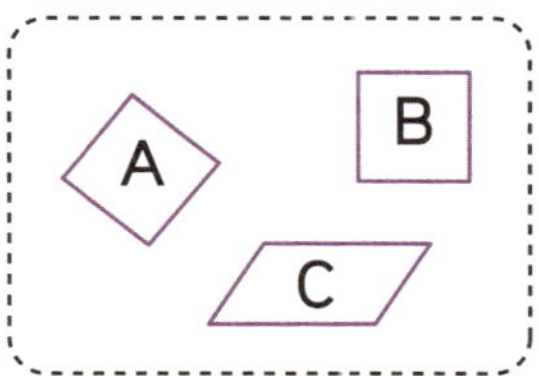

b en vert les deux empreintes du pavé droit.

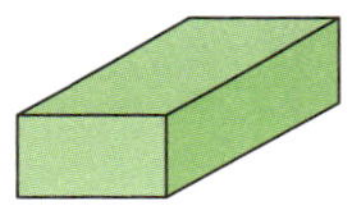

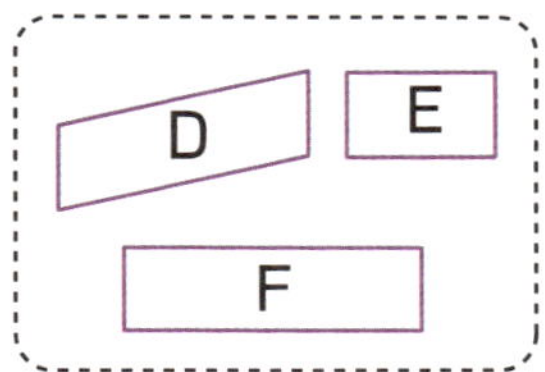

3 **Problème :** Théo a posé ce cube sur la table.
Chaque arête mesure 4 cm.
Dessine la trace de la face posée sur la table.

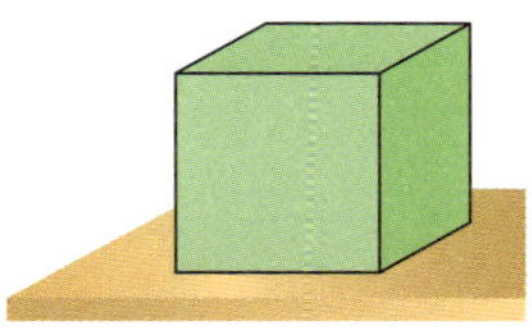

J'ai déjà appris

4 **Calcule** la moitié des nombres suivants :

Moitié de 26 = ... moitié de 42 = ...

Moitié de 36 = ... moitié de 54 = ...

Le coin du chercheur

Mais quelle heure est-il ?

....

Compétence : Distinguer un cube ou un pavé droit d'après leurs propriétés.
Calcul mental : Calculer la différence entre deux dizaines proches. L'enseignant dit : « 150 – 130 » ; l'élève écrit 20.

Photofiche S39

85 Situations de division : partages (1)

Découvrons ensemble

Théo veut partager équitablement un paquet de 21 bonbons entre ses quatre amis.
Combien de bonbons chaque ami a-t-il ? Combien de bonbons reste-t-il ?

Aide Théo à résoudre ce problème grâce au schéma.
Chaque fois que tu as distribué un bonbon à chacun, **barre** 4 ronds.

Les bonbons sont représentés par des ronds jaunes.

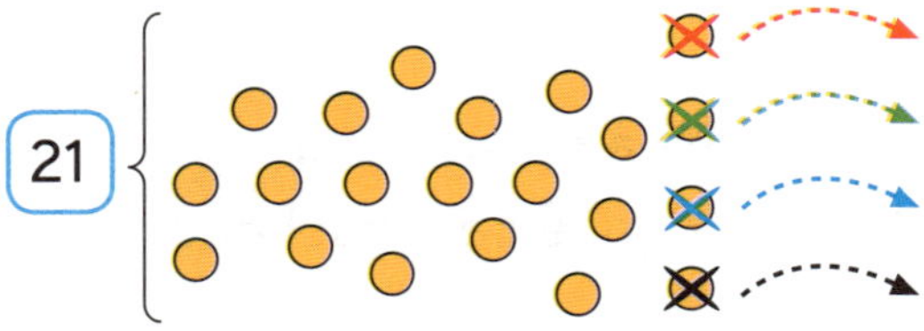

●	Luc
●	Mélissa
●	Karim
●	Olga

Complète.

Chaque ami a ...... bonbons. Il reste ...... bonbon non distribué.

Tu as divisé 21 par 4.

Je m'entraîne

1 Léa, Nils, Chen et Kim se partagent équitablement un paquet de 16 feuilles de dessin.

Termine ce partage.

Combien de feuilles chacun aura-t-il ?

Restera-t-il des feuilles non distribuées ?

☐ Oui ☐ Non

Rédige les phrases réponses.

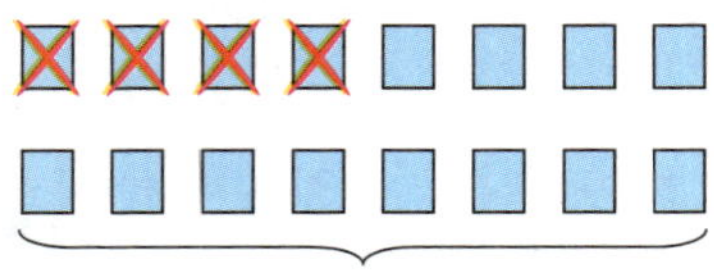

☐	Léa
☐	Nils
☐	Chen
☐	Kim

....

....

2 Théo, Shanice et Maxime se partagent 15 balles.

Combien de balles chacun aura-t-il ?

Combien de balles restera-t-il ?

Réalise ce partage.

Rédige les phrases réponses.

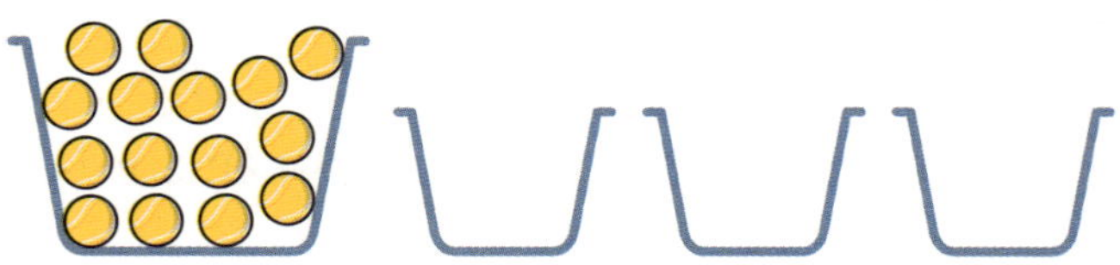

....

....

J'ai déjà appris

3 **Intercale** 354 200 entre :

a deux centaines de milliers qui se suivent.

.... < 354 200 < ....

b deux milliers qui se suivent.

.... < 354 200 < ....

Compétence : Résoudre une situation de partage de façon figurative.
Calcul mental : Multiplier par un nombre entier de dizaines. L'enseignant dit : « 5 multiplié par 30 » ; l'élève écrit 150.

Photofiche A24

86 Situations de division : partages (2)

Découvrons ensemble

Mamie partage 50 cerises entre ses 8 petits-enfants.
Combien de cerises reçoit chaque enfant ?
Combien de cerises ne sont pas distribuées ?

Complète le tableau.

Nombre de cerises données à chacun	Nombre de cerises distribuées	Nombre de cerises restantes
1	1 × 8 = 8	50 − 8 = 42
2	2 × 8 = 16	50 − 16 = 34
3	3 × 8 = 24	50 − 24 = 26
4	4 × 8 = ...	50 − .... = ...
......	5 × 8 = ...	....
......	....	....
......	....	....

Complète. 50 = ... × 8 + ...

Chaque enfant reçoit ...... cerises.
Il reste ...... cerises non distribuées.

Je m'entraîne

1 Mehdi partage un jeu de 32 cartes entre 5 joueurs.
Combien de cartes chacun reçoit-il ?
Combien de cartes ne sont pas distribuées ?

Complète le tableau.

Nombre de cartes données à chacun	Nombre de cartes distribuées	Nombre de cartes restantes
1	1 × 5 = 5	32 − 5 = 27
2	2 × 5 = 10	32 − 10 = 22
3	3 × 5 = ...	....
4	....	....
......	....	....
......	....	....
......	....	....

Complète. 32 = ... × 5 + ...

Rédige les phrases réponses.

....

....

2 La maîtresse partage 45 cahiers entre 10 élèves de CE2.
Combien de cahiers chaque élève reçoit-il ?
Combien de cahiers ne seront pas distribués ?

Complète. 45 = ... × 10 + ...

Rédige les phrases réponses.

....

....

Le coin du chercheur

Dans 10 min, il sera demain.
Quelle heure est-il ?

....

Compétence : Résoudre une situation de partage par le calcul.
Calcul mental : Multiplier par un nombre entier de centaines. L'enseignant dit : « 6 multiplié par 200 » ; l'élève écrit 1 200.

87 Étude du reste dans une situation de division

Découvrons ensemble

Lundi, Zurga a pêché 16 perles.
Il les partage équitablement entre ses 6 amis.

▶ **Observe** le tableau, puis **complète**.

Il donne ...... perles à chacun.

Il reste ...... perles à Zurga.

16 = ... × 6 + ...

Lorsqu'on divise 16 par 6 :
6 est le diviseur, 2 est le quotient,
4 est le reste de la division.

	Lundi	Mardi	Mercredi	Jeudi	Vendredi	Samedi
Perles pêchées	16	20	24	18	15	25
Amis	6	6	6	6	6	6
Perles données à chaque ami	2	3	4	2	2	3
Perles gardées par Zurga	4	2	0	6	3	7

▶ **Observe** le tableau et **écris** les jours où Zurga s'est trompé.

Zurga s'est trompé .... et .... parce qu'il doit toujours lui rester moins de ...... perles.

Le reste d'une division est toujours inférieur au diviseur : 4 < 6

▶ **Entoure** les égalités qui correspondent à un partage correct des perles.

Jeudi : 18 = 2 × 6 + 6
Jeudi : 18 = 3 × 6 + 0

Samedi : 25 = 3 × 6 + 7
Samedi : 25 = 4 × 6 + 1

Je m'entraîne

1 Cinq amis se partagent équitablement 48 images.
Combien d'images chacun reçoit-il ?

Entoure l'égalité qui permet de savoir combien chacun recevra d'images.

48 = 8 × 5 + 8   48 = 9 × 5 + 3   48 = 10 × 4 + 8

Rédige les phrases réponses. ....

2 La fermière a ramassé 52 œufs dans son poulailler.
Elle les range dans des boîtes de 6 œufs.
Combien de boîtes seront complètes ?

Entoure l'égalité qui permet de savoir combien de boîtes seront complètes.

52 = 7 × 6 + 10   52 = 8 × 6 + 4   52 = 5 × 10 + 2

Rédige les phrases réponses. ....

Compétence : Donner du sens au reste d'une division. Introduction des mots quotient et reste.
Calcul mental : Connaître les carrés de petits nombres. L'enseignant dit : « 4 multiplié par 4 » ; l'élève écrit 16.

Photofiche S40

88 Mesurer une masse : g et kg

Découvrons ensemble

Observe et **complète**.

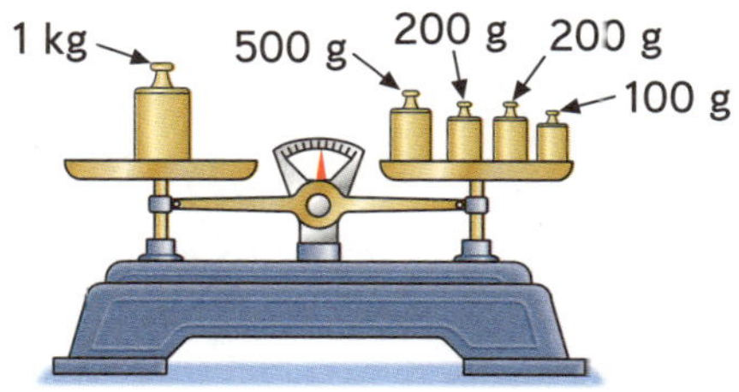

1 kilogramme (kg) = ... grammes (g)

Masse des pommes = ... g

Masse des pommes = ... kg .... g

Calcule la masse totale des fruits de la corbeille.

Bananes : 600 g
Pommes : 500 g
Fraises : 100 g
Ananas : 1 kg 50 g
Poires : 400 g

Pour comparer ou calculer avec des masses, on les exprime avec la même unité.

....

....

Je m'entraîne

1 **Calcule** les masses des objets pesés.

a

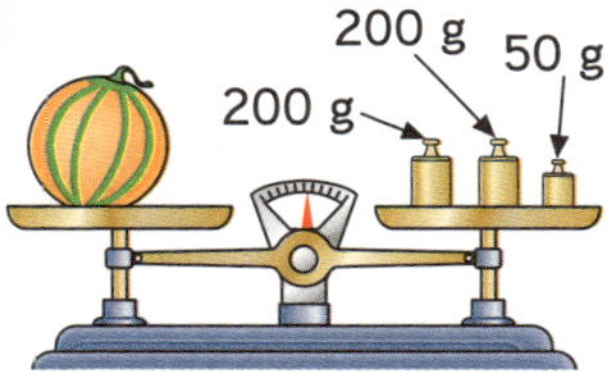

Masse du melon : ....

b

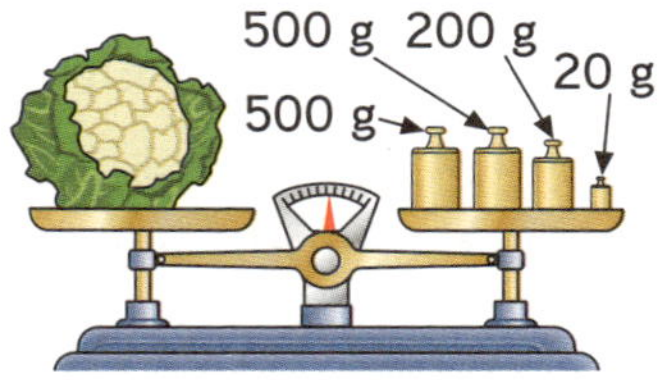

Masse du chou-fleur : ....

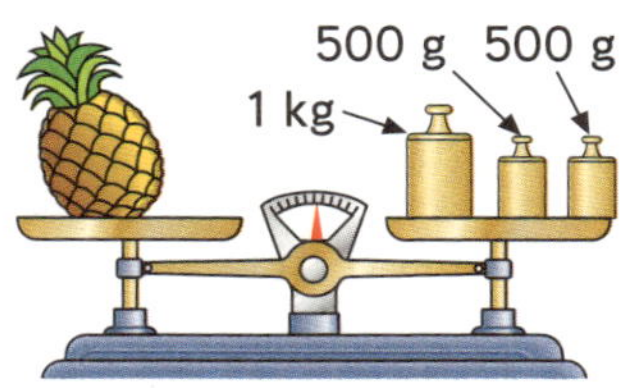

Masse de l'ananas : ....

2 **Complète**.

a 1 450 g = ... kg .... g

2 kg 800 g = ... g

b 2 050 g = ... kg .... g

3 kg 205 g = ... g

3 **Problème** : Théo part au marché. Il achète 1 kg 800 g de pommes, 2 kg 400 g de poires.

Quelle est la masse totale des fruits achetés ?

....

....

Le coin du chercheur

Méline a 16 billes et Lino en a 10.
Combien de billes Méline doit-elle donner à Lino pour qu'ils en aient autant chacun ?

....

Compétence : Connaître le gramme et le kilogramme ainsi que les relations qui les lient.
Calcul mental : Écrire le suivant d'un grand nombre. L'enseignant dit : « Suivant de 5 499 » ; l'élève écrit 5 500.

Photofiches P25 et P26

89 Problèmes : Apprendre à résoudre
Situations de division

Problème de référence 1

Les 30 élèves de la classe participent à un tournoi de basket. On forme des équipes de 5 joueurs.
Combien d'équipes de 5 joueurs forme-t-on avec 30 élèves ?

Comprendre l'énoncé

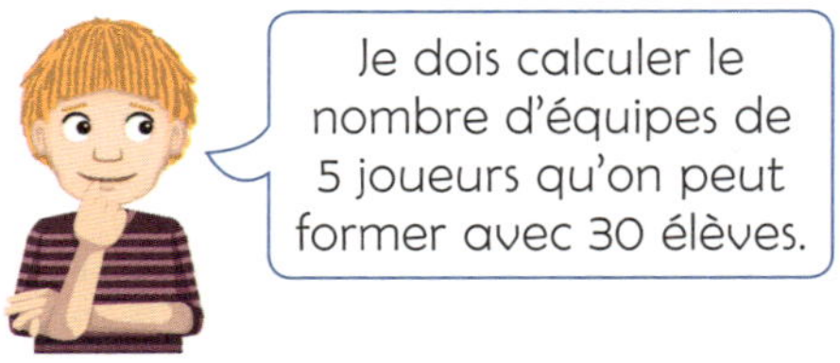

2 × 5 = 10
3 × 5 = 15
4 × 5 = 20
5 × 5 = 25
6 × 5 = 30 ←
7 × 5 = 35

Complète.

30 = ... × 5

Répondre à la question

Avec 30 élèves, on forme .... équipes de 5 joueurs.

Problèmes d'application

1 Les 24 élèves d'une classe participent à un tournoi de sixte.
On forme des équipes de 6 joueurs.
Combien d'équipes de 6 joueurs peut-on former avec 24 élèves ?

2 × 6 = 12
3 × 6 = 18
4 × 6 = 24
5 × 6 = 30
6 × 6 = 36
7 × 6 = 42

Je cherche 24 dans la table de ....

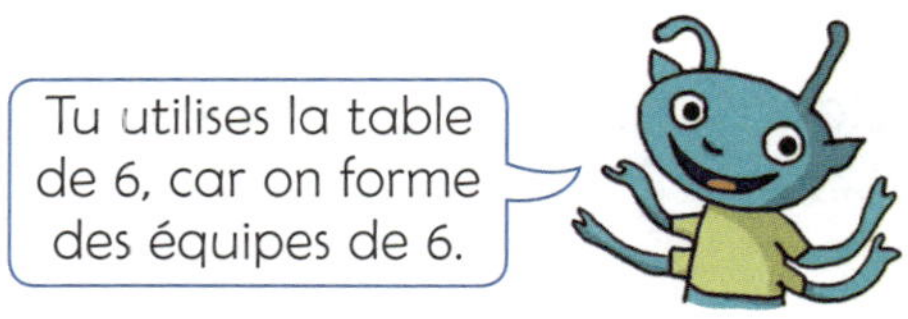

Complète. 24 = ... × 6

Rédige une phrase réponse.

....

2 Le pâtissier a préparé 72 macarons. Pour les vendre, il confectionne des sachets de 8 macarons.
Combien de sachets peut-il confectionner ?

6 × 8 = 48
...... × 8 = ...
...... × 8 = ...
...... × 8 = ...

Je cherche 72 dans la table de ....

Complète. 72 = ... × 8

Rédige une phrase réponse.

....

Problème de référence 2

Six amis jouent aux cartes. Un des joueurs distribue les 52 cartes du paquet.
Combien de cartes chaque joueur reçoit-il ?

Comprendre l'énoncé

Complète. 48 < 52 < 54

Si on distribue 48 cartes, chacun des 6 joueurs reçoit : ...... cartes car 48 = ... × 6.

Comme on a 52 cartes, il restera 52 – 48 = ... cartes non distribuées.

Avec 54 cartes, chacun des 6 joueurs recevrait .... cartes.

Cela n'est pas possible car on n'a que 52 cartes : 52 < ....

5 × 6 = 30
6 × 6 = 36
7 × 6 = 42
8 × 6 = 48
9 × 6 = 54 ← 52
10 × 6 = 60

Répondre à la question

Complète le calcul et les phrases réponses. 52 = ... × 6 + ...

Chaque joueur reçoit .... cartes. Il reste .... cartes non distribuées.

Problèmes d'application

1 **Quatre amis se partagent un paquet de 30 biscuits.**
Combien de biscuits chacun aura-t-il ?

Encadre 30 dans la table de 4 : .... < 30 < ....

Complète. .... × 4 < 30 < ...... × 4

30 = ... × 4 + ...

Rédige les phrases réponses.

....

5 × 4 = 20
6 × 4 = 24
7 × 4 = 28
8 × 4 = 32
9 × 4 = 36

2 **Le professeur de tennis range 27 balles dans des boîtes de 4 balles.**
Combien de boîtes seront complètes ?

Encadre 27 dans la table de 4 : .... < 27 < ....

Complète. 27 = ... × 4 + ...

Rédige les phrases réponses.

....

Compétences : Comprendre et résoudre des situations de division.
Calcul mental : Écrire le précédent d'un grand nombre. L'enseignant dit : « Quel est le nombre qui précède 5 800 ? » ; l'élève écrit 5 799.

90 TUIC n° 4 : Tracer un pavé droit, un cube

1 **Ouvre** le traitement de texte OpenOffice Writer*.
Reporte-toi au TUIC n° 1, page 38, si la barre « Dessin » ci-dessous n'apparaît pas.

2 **Clique** sur la flèche noire à droite du bouton « Formes de base » .

• **Pour tracer un pavé droit**

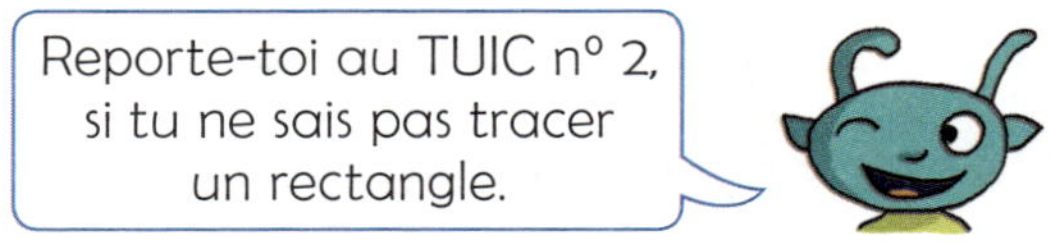

– **Trace** d'abord un rectangle.
– **Clique** sur le bouton dans la barre « Dessin ».
Un pavé droit apparaît, ainsi qu'une barre de boutons « Paramètres 3D ».

Pour voir :
– les faces cachées du pavé droit, **clique** sur les boutons « Incliner vers... » .
– les arêtes du pavé droit, **clique** sur la flèche noire à droite du bouton « Surface » .
Choisis « **Fil de fer** ».

• **Pour tracer un cube**
Trace un carré et **exécute** ensuite les mêmes étapes que pour tracer un pavé droit.

3 **Clique** ensuite sur l'une des figures que tu as tracées. En utilisant les boutons ci-dessous, **modifie** l'aspect et la couleur des arêtes et des faces.

Par exemple, **essaie** d'obtenir ces figures :

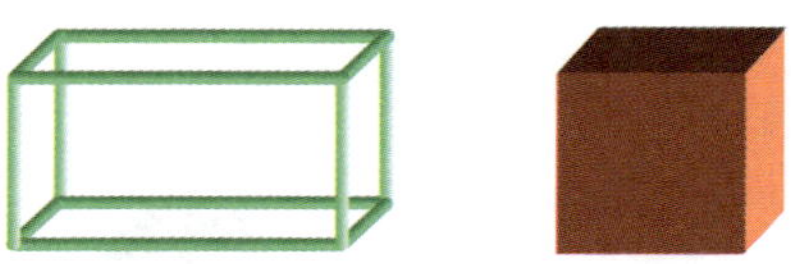

4 **Invente** un dessin.
Tu peux t'inspirer des dessins ci-contre.
Lorsque tu as terminé ton dessin, **enregistre** ton travail, puis **imprime**-le.

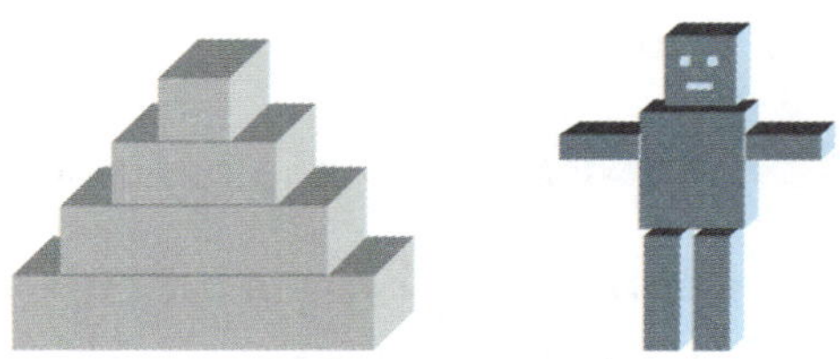

* Cette activité est conçue à l'aide du logiciel OpenOffice. Elle peut être facilement adaptée et réalisée avec tout logiciel de traitement de texte équipé des outils de dessin (Microsoft Word, ...).

Compétence : Utiliser les outils de dessin d'un traitement de texte pour tracer des pavés droits, des cubes.
Calcul mental : Calculer la moitié d'un nombre de deux chiffres. L'enseignant dit : « Moitié de 64 » ; l'élève écrit 32.

91 Maths Aventures [4]

À Tahiti

Quand ta réponse est correcte, tu colories une étoile.

1 ☆ Le va'a est une pirogue qui accueille 6 rameurs.
Dans une grande compétition, 136 équipages de 6 rameurs se sont inscrits.
Combien de rameurs vont participer à cette compétition ?

....

2 ☆ Les 3 zones les plus peuplées de la Polynésie française sont :
- les îles des Tuamotu-Gambier (16 664 habitants) ;
- les îles Marquises (9 264 habitants) ;
- l'archipel de la Société (235 503 habitants).

Range ces trois populations dans l'ordre décroissant.

....

3 ☆ **Encadre** la population de l'archipel de la Société entre deux centaines de milliers qui se suivent.

.... < 235 503 < ....

4 ☆ À Tahiti, on élève des huîtres perlières.
Un bijoutier reçoit une boîte de 30 perles de Tahiti.

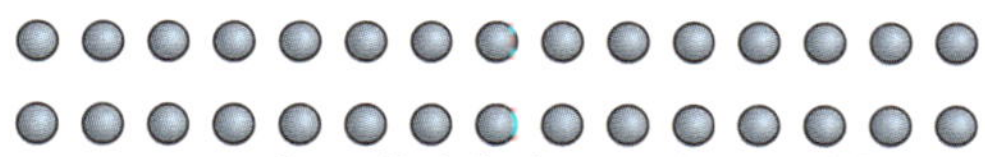

Avec ces perles, il fabrique des colliers.
Chaque collier contient 6 perles.
Combien peut-il fabriquer de colliers ?

....

5 ☆ **Trace** l'axe de symétrie de la raie de Tahiti.

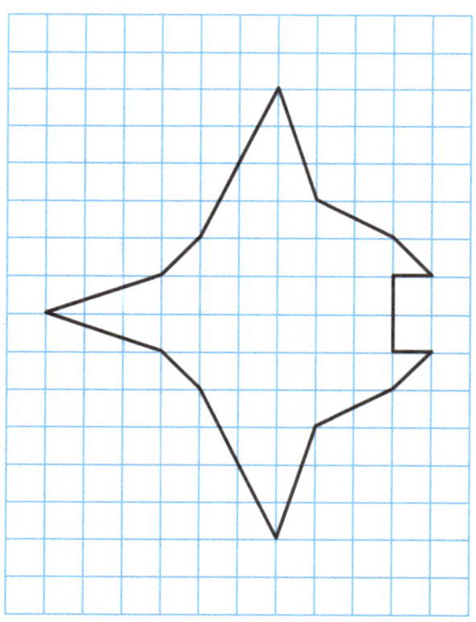

6 ☆ Un chasseur sous-marin a capturé deux poissons perroquets : l'un de 2 kg 680 g et l'autre de 850 g.
Quelle est la masse totale des poissons capturés ?

....

Si tu as colorié 5 ou 6 étoiles, colorie la médaille d'or ;
3 ou 4 étoiles, colorie la médaille d'argent ;
sinon, colorie la médaille de bronze.
Quelle médaille as-tu obtenue ?

J'ai compris et je retiens (8)

Nombres

N15 Je compare deux nombres.

- Le nombre le plus grand est celui qui possède le plus grand nombre de chiffres.

343 560 est plus grand que 89 760

- Si deux nombres ont le même nombre de chiffres, on compare leurs chiffres à partir de la gauche.

343 560 est plus grand que 312 950
car 4 est plus grand que 1.

N16 J'ordonne des nombres.

Ces nombres sont rangés par ordre croissant.

99 679 < 373 873 < 564 078

Ces nombres sont rangés par ordre décroissant.

564 078 > 373 873 > 99 679

N17 J'intercale un nombre.

Dans cette suite de nombres :
113 570 < 224 540 < 354 570
234 500 s'intercale entre 224 540 et 354 570
113 570 < 224 540 < 234 500 < 354 570

N18 J'encadre un nombre.

Encadrer 234 500 entre deux centaines de milliers qui se suivent :

200 000 < 234 500 < 300 000

Calcul

C18 Je résous une situation de division.

23 divisé par 5

2 × 5 = 10
3 × 5 = 15
(4) × 5 = 20 ← 23
5 × 5 = 25
6 × 5 = 30
7 × 5 = 35

23 = 4 × 5 + 3

4 est le quotient
5 est le diviseur
3 est le reste

Le reste est toujours plus petit que le diviseur :

3 < 5

Géométrie

G9 Je distingue un cube et un pavé droit.

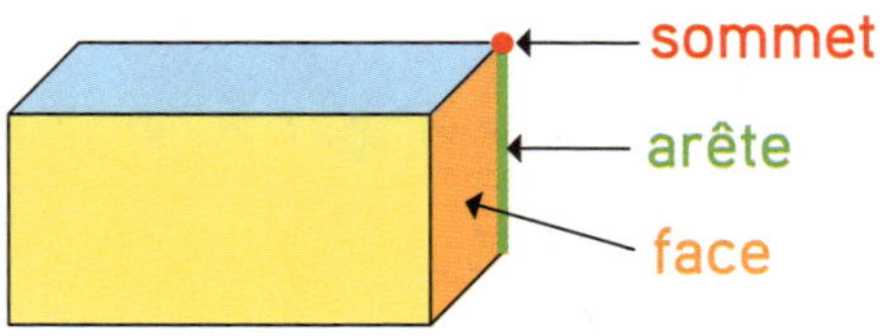

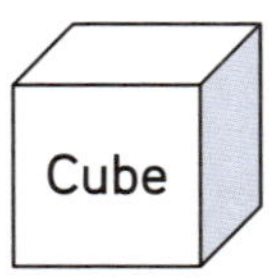

Toutes les faces sont des carrés.

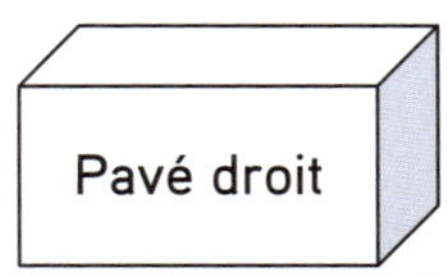

Les faces sont des carrés ou des rectangles.

Mesures

M10 Je connais les unités de masse.

1 kg = 1 000 g

1 kg 500 g = 1 500 g
1 kg 50 g = 1 050 g

2 350 g = 2 kg 350 g
2 060 g = 2 kg 60 g

Je fais le point (8)

SOCLE COMMUN

Nombres

1 **Range** ces nombres par ordre croissant.

• 205 400 ; 134 000 ; 569 000

.... < .... < ....

• 58 000 ; 560 000 ; 540 000

.... < .... < ....

Comparer, ordonner des grands nombres.

2 **Intercale** 469 000 dans cette liste de nombres.

345 000 < 440 000 < 610 000

....

Intercaler un nombre.

3 **Encadre** 780 000 entre deux centaines de milliers qui se suivent.

.... < 780 000 < ....

Encadrer un nombre.

Calcul

4 Hugo range 25 toupies dans des boîtes de 4.
Combien de boîtes seront complètes ?

Complète. 25 = ... × 4 + ...

.... boîtes seront complètes. Il restera .... toupies.
Je vérifie que le reste .... est plus petit
que le diviseur ....

Résoudre une situation de division.

Géométrie

5 Quel solide est un cube ?

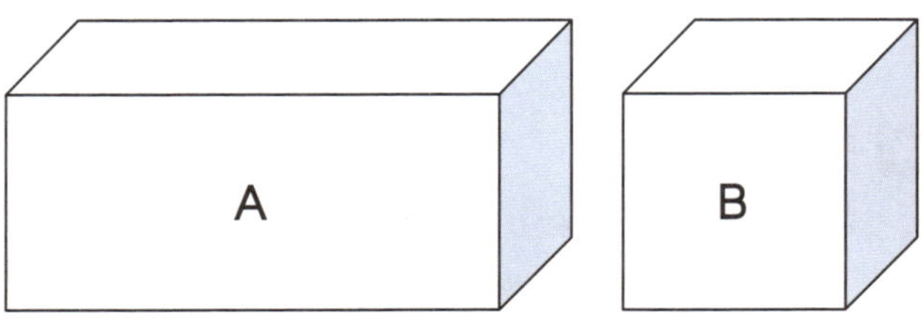

....

Complète.

Les faces d'un cube sont toutes des ....
Un cube ou un pavé droit possède :

• ...... faces • ...... sommets • ...... arêtes

Distinguer cube et pavé droit.

Mesures

6 **Convertis** et **complète.**

1 kg 300 g = ... g

1 kg 30 g = ... g

2 350 g = ... kg .... g

2 040 g = ... kg .... g

Connaître et convertir les unités de masse.

Photofiche A25

92 Le calendrier

Découvrons ensemble

Observe un calendrier page matériel **H** et **coche** les bonnes réponses.

Quel est le nombre de :
- jours dans une semaine ? ☐ 7 ☐ 10
- mois dans une année ? ☐ 10 ☐ 12
- jours dans une année ? ☐ 300 ☐ 365

Observe, ci-contre, le calendrier d'un mois de mai.

Mai	
Mardi	1
Mercredi	2
Jeudi	3
Vendredi	4
Samedi	5
Dimanche	**6**
Lundi	7
Mardi	8
Mercredi	9
Jeudi	10
Vendredi	11
Samedi	12
Dimanche	**13**
Mardi	22
Mercredi	23
Jeudi	24
Vendredi	25
Samedi	26
Dimanche	**27**
Lundi	28
Mardi	29
Mercredi	30
Jeudi	31

Quel jour de la semaine est le 20 mai ? ....

Les vacances de Théo commencent le 5 mai et se terminent le 13 mai.
Colorie les jours de vacances sur le mois de mai ci-contre.

Pendant combien de jours est-il en vacances ? ....

Je m'entraîne

1 Coche.

Aide-toi d'un calendrier.

a
- Tous les mois ont 30 jours. ☐ Vrai ☐ Faux
- Une semaine, c'est toujours 7 jours. ☐ Vrai ☐ Faux

b
- Tous les mois commencent un mardi. ☐ Vrai ☐ Faux
- Un mois peut avoir moins de 30 jours. ☐ Vrai ☐ Faux

2 Mardi 22 mai, Albert s'inscrit au tournoi de badminton.
Ce tournoi débute le 30 mai au matin.
Combien de jours Albert doit-il attendre avant de jouer ?

....

3 Observe le calendrier du mois de mai. Quel jour de la semaine est le :

21 mai ? .... 1er juin ? .... 30 avril ? ....

4 Problèmes

a Combien de bougies, le petit frère de Léa a-t-il sur son gâteau d'anniversaire ?

Mon petit frère a 24 mois.

.... bougies

b Combien de mois a la petite sœur de Lucas ?

Ma petite sœur a 1 an et demi.

.... mois

J'ai déjà appris

5 Théo a 90 myrtilles dans son panier. Il en donne à sa sœur.
Il reste 60 myrtilles dans son panier.
Combien de myrtilles Théo a-t-il données à sa sœur ?

Aide-toi du problème de référence 2 de la leçon 56.

....

....

Compétences : Connaître les unités de mesure de temps (jour, mois, année) et les relations qui les lient. Utiliser un calendrier.
Calcul mental : Tables de multiplication de 6 et 7. L'enseignant dit : « 5 multiplié par 6 » ; l'élève écrit 30.

93 Unités de temps : h, min et s

Découvrons ensemble

J'ai fabriqué le balancier d'une horloge avec une ficelle de 1 m de long et ma trousse.

En réalité, Léa compte les secondes. Si elle compte jusqu'à 60, elle aura compté pendant une minute !

Ne bouge pas.

Chaque fois que ta trousse passe devant toi, je compte 1, puis 2, puis 3…

Complète. 1 min = ... s 1 heure = ... min

Calcule : 1 h = ... × .... s = ... s

J'ai nagé le 100 m en 1 min 25 s.

Moi, j'ai nagé le 100 m en 95 secondes.

Convertis ces durées avec la même unité, puis **compare**-les.

....

Entoure l'enfant qui a nagé le plus vite.

Je m'entraîne

1 **Choisis** avec quelle unité, heure (h), minute (min) ou seconde (s), tu peux exprimer la durée :

- de la récréation ? ....
- de la sonnerie de la récréation ? ....
- d'une journée de classe ? ....
- d'un tour de cour en marchant ? ....

2 **Convertis** en minutes.

a
- 1 h 30 min = ... min
- 2 h 30 min = ... min

b
- une demi-heure = ... min
- un quart d'heure = ... min

3 **Convertis** en secondes.

a
- 10 min = ... s
- 1 min 30 s = ... s

b
- une demi-heure = ... s
- un quart d'heure = ... s

4 **Problème.** **Range** ces durées de plongée de la plus grande à la plus petite :

le cachalot : 1 h 30 min

le manchot : 900 s

l'alligator : 120 min

....

Le coin du chercheur

Louise possède 12 billes et Kamel 18 billes. Combien de billes Kamel doit-il donner à Louise pour qu'ils en aient le même nombre ? ....

Compétences : Connaître et convertir les unités de temps (heures, minutes, secondes).

Calcul mental : Tables de multiplication de 8 et 9. L'enseignant dit : « 4 multiplié par 8 » ; l'élève écrit 32.

Photofiche P27

94 Problèmes : Apprendre à résoudre
Organiser des données (1)

Problème de référence 1

Observe le tableau des anniversaires des élèves de la classe de Léa et de Théo.

Hugo	25 janvier	Manon	17 octobre	Enzo	8 septembre	Théo	9 mars
Alex	28 juin	Samia	3 juillet	Clara	29 octobre	Inès	8 avril
Lucas	17 mai	Chloé	4 janvier	Léa	14 juin	Marie	15 octobre
Tom	8 décembre	Emma	12 avril	Vadim	11 juillet	Sarah	14 mai
Karim	10 mai	Océane	5 août	Eva	5 mars	Mathias	6 octobre

Quel est le mois où il y a le plus d'anniversaires dans la classe ?
Y a-t-il des mois de l'année scolaire où aucun anniversaire ne sera fêté ?

Comprendre l'énoncé

Il faut savoir combien d'anniversaires auront lieu chaque mois de l'année scolaire.

Pour cela, tu peux compléter le tableau ci-dessous avec les prénoms. Il ne comporte que les mois de classe.

Complète.

Sept.	Oct.	Nov.	Déc.	Janv.	Fév.	Mars	Avril	Mai	Juin
				Hugo				Lucas	Alex

Répondre aux questions. **Rédige** les phrases réponses.

....

....

Problème d'application

Dans la classe, Amandine a été absente lundi et mardi, Hugo a été absent jeudi, Chloé a été absente lundi et mardi, Théo a été absent toute la semaine, Eva a été absente mardi.
Quel jour de la semaine y a-t-il eu le plus d'élèves absents ?

Complète le tableau des élèves absents durant la semaine.

Lundi	Mardi	Mercredi	Jeudi	Vendredi

Réponds à la question. ....

Problème de référence 2

Un directeur d'école organise le planning des activités pour les classes de son école. Il a récupéré les fiches suivantes :

CP	CE1	CE2
Lundi : danse	Lundi : poterie	Lundi : théâtre
Mardi : théâtre	Mardi : danse	Jeudi : poterie
Vendredi : poterie	Jeudi : théâtre	Vendredi : danse

Le mercredi, il n'y a aucune activité.
Les activités ne sont proposées qu'une fois par jour et pour une seule classe.

Quels jours la classe des CM1-CM2 peut-elle faire danse ? poterie ? théâtre ?

Comprendre l'énoncé

Complète le tableau.

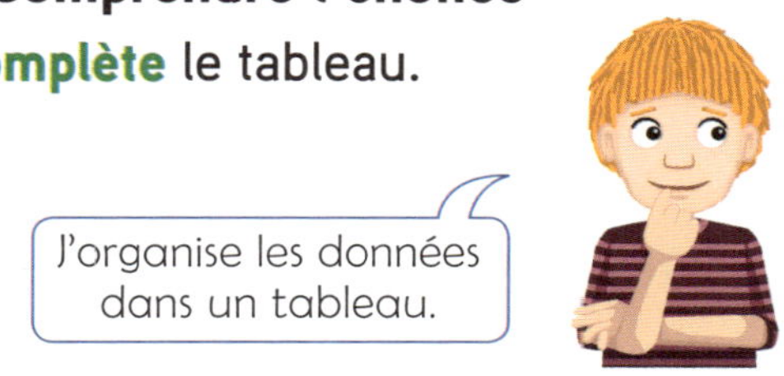

	Lundi	Mardi	Jeudi	Vendredi
CP				
CE1				
CE2				
CM1-CM2				

Répondre aux questions.

Rédige une phrase réponse.

....

....

Problème d'application

Au restaurant, Swan commande du poulet et des frites.
Nils choisit un steak haché et des haricots verts.
Eugène commande des frites et des haricots verts.
Mila prend un steak haché et des frites.

Quel est le plat le plus commandé ?
Le moins commandé ?

Complète le tableau.

	Swan	Nils	Eugène	Mila
Poulet				
Steak haché				
Frites				
Haricots verts				

Réponds aux questions. ....

....

Compétence : Organiser des données dans un tableau pour résoudre un problème.
Calcul mental : Complément à 100. L'enseignant écrit : « 80 + ... = 100 » ; l'élève écrit 20.

Photofiche S41

95 Vers la division posée (1)

Découvrons ensemble

Théo et Léa calculent **49 divisé par 6**. **Observe** et **complète** leur calcul.

49 est inférieur à 10 × 6 = 60
Le quotient se trouve dans la table de 6.

En 49 combien de fois 6 ?
8 × 6 = 48 ; 9 × 6 = 54, c'est trop grand.
« Il y va » donc 8 fois.
J'écris 48 sous 49, puis j'effectue la soustraction.

	4	9	6 ← diviseur
8 × 6 → −	......	......	8 ← quotient
reste →	......	......	

quotient = ...   reste = ...

Vérifie. 49 = ... × 6 + ... avec ...... < ......

Le reste est toujours plus petit que le diviseur.

Je m'entraîne

1 **Effectue** et **complète**.

a

	3	8	5
−	......	......	......
	......	......	

quotient = ...
reste = ...

	2	8	4
−	......	......	......
	......	......	

quotient = ...
reste = ...

b

	5	4	7
−	......	......	......
	......	......	

quotient = ...
reste = ...

	6	0	8
−	......	......	......
	......	......	

quotient = ...
reste = ...

2 **Pose**, **effectue** puis **complète**.

a 21 divisé par 4   27 divisé par 3

b 50 divisé par 6   68 divisé par 7

3 **Problème**

Tom possède une boîte de jeu contenant 40 roues.
Il construit des camions à 6 roues.
Combien de camions peut-il construire ?

....

Compétence : Connaître une technique opératoire de la division avec un diviseur à un chiffre (le quotient a un seul chiffre).
Calcul mental : Complément à 100. L'enseignant écrit : « 85 + ... = 100 » ; l'élève écrit 15.

96 Vers la division posée (2)

Découvrons ensemble

Théo et Léa calculent 95 divisé par 4.

Observe et **complète** leur calcul.

95 est supérieur à 10 × 4 = 40
Le quotient est donc plus grand que 10.
À 95, je retire des paquets de 40.
95 − 40 = 55 : j'écris 10 au quotient
55 − 40 = 15 : j'écris encore 10 au quotient
15 < 40

J'utilise la table de 4 pour continuer.
En 15, combien de fois 4 ?

		9	5	4 ← diviseur
10 × 4 →	−	4	0	10 + 10 + ... = ... (quotient)
		5	5	
10 × 4 →	−	4	0	
		1	5	
.... × 4 →	−	......	......	
			......	← reste

95 = ... × 4 + ... avec ...... < ......

Vérifie que le reste est plus petit que le diviseur 4.

Je m'entraîne

1 **Recopie**, **effectue** et **complète**.

a

	7	9	5	
−	......	......	10 + ... = ...	
	......	......		
−	......	......		
	......	......		

quotient : .... ; reste : ......

b

	6	8	3
−	......	......	...... + ... + ... = ...
	......	......	
−	......	......	
	......	......	
−		......	
		......	

quotient : .... ; reste : ......

2 **Pose**, **effectue**, puis **complète**.

108 divisé par 6

quotient : .... ; reste : ......

J'ai déjà appris

3 **Convertis**.

60 min = ... h | 60 s = ... min

120 min = ... h | 1 demi-heure = ... min

Le coin du chercheur

Quel est le plus lourd :
1 kg de plumes ou 1 kg de plomb ?

....

Compétence : Connaître une technique opératoire de la division (diviseur à un chiffre, quotient à 2 chiffres).

Calcul mental : Convertir des heures en minutes. L'enseignant dit : « 1 h 30 min » ; l'élève écrit 90 min.

97 Rendre la monnaie (1)

Découvrons ensemble

Théo et Léa jouent à la marchande. Léa est la marchande.

J'achète ce jeu vidéo à 28 €.
Je paie avec un billet
de 50 €.

28 €

Tu me donnes trop.
Je dois te rendre
de l'argent.

Pour calculer ce qu'elle doit rendre :

– Léa effectue une addition à trou.

Complète.

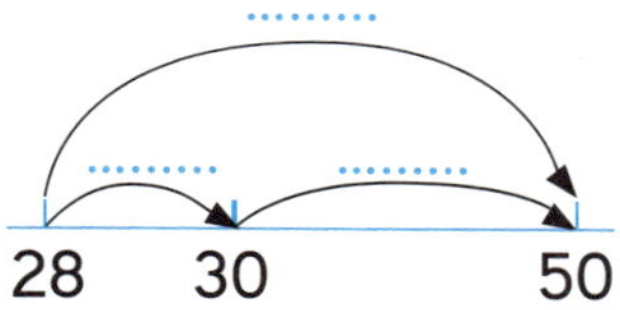

28 € + ... = 50 €

– Théo effectue une soustraction.

Complète.

50 € – 28 € = ...

Léa doit rendre .... € à Théo.

Je m'entraîne

1 **a** Théo paie ce livre avec un billet de 20 €.
Combien lui rend-on ?

16 € + ... = 20 €

On lui rend .... €.

16 €

b Léa paie cette paire d'échasses avec un billet de 50 €.
Combien lui rend-on ?

37 € + ... = 50 €

On lui rend .... €.

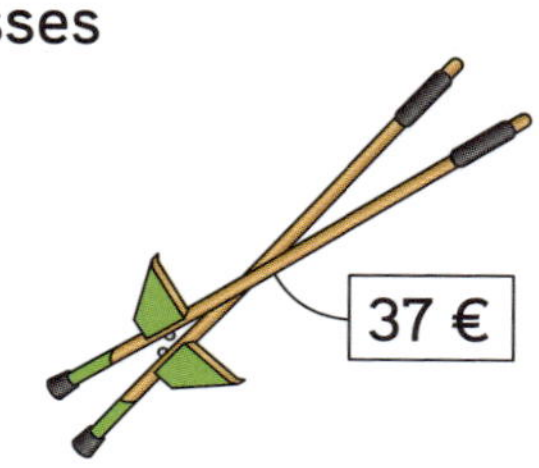

37 €

2 **Complète** le tableau en indiquant la monnaie rendue.

	 7 €	 12 €	 18 €	 35 €
Je donne	10 €	15 €	20 €	50 €
On me rend	....	....	....	....

3 **Problème.** Hugo achète des rollers à 48 €. Il paie avec des billets de 10 €.
Combien de billets donne-t-il au commerçant ?

....

Combien le commerçant lui rend-il ?

....

Compétence : Rendre la monnaie sur une somme en euros.
Calcul mental : Convertir des minutes en secondes. L'enseignant dit : « 2 min 10 s » ; l'élève écrit 130 s.

Photofiches S43 et A26

98 Rendre la monnaie (2)

Découvrons ensemble

Théo achète un pain à la boulangerie.

J'achète ce pain à 1 € 20 c. Je paie avec une pièce de 2 €.

Alors, je dois te rendre de l'argent.
1 € 20 c et 30 c font 1 € 50 c ;
1 € 50 c et 50 c font 2 €.

Complète. 1 € 20 c + ... c + ... c = 2 €

1 € 20 c + ... c = 2 €

La boulangère rend .... c à Théo.

N'oublie pas que 1 € = 100 c

Je m'entraîne

1 **a** Théo paie cette pochette de feutres avec un billet de 5 €.
Entoure la pièce que le vendeur lui rend.

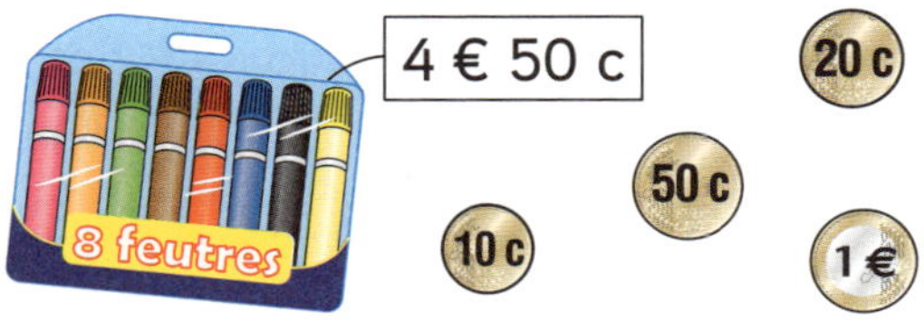

b Léa paie cet agenda avec un billet de 10 €.
Entoure les pièces que le vendeur lui rend.

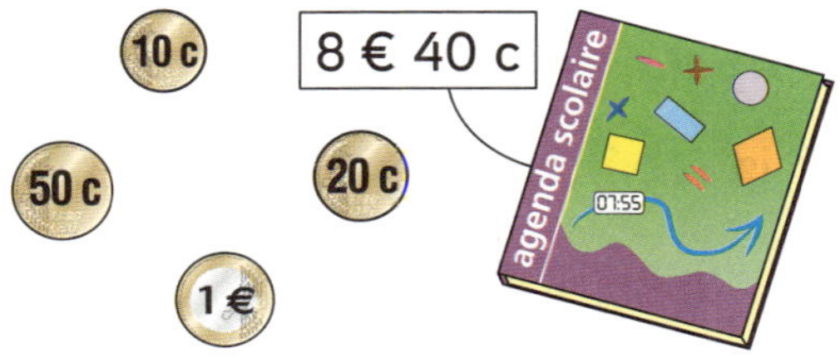

2 **Complète** le tableau en indiquant la monnaie rendue.

	 60 c	 8 € 80 c	 14 € 90 c	 7 € 80 c
Je donne	1 €	10 €	15 €	20 €
On me rend	....	....	....	....

3 **Problème :** Karim met 2 € dans le distributeur de boissons pour obtenir une bouteille d'eau qui coûte 1 € 40 c.
Quelle somme lui rend le distributeur ?

....

....

Le distributeur ne rend la monnaie qu'avec des pièces de 10 c.
Combien de pièces de 10 c rend-il à Karim ?

....

....

Le coin du chercheur

Les billes vertes sont 2 fois plus nombreuses que les billes noires.
Colorie les billes.

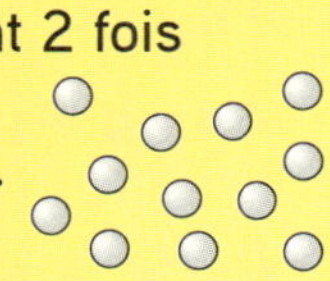

Compétence : Savoir rendre la monnaie sur une somme en euros et centimes d'euro.
Calcul mental : Indiquer le nombre de dizaines. L'enseignant dit : « Quel est le nombre de dizaines dans 617 ? » ; l'élève écrit 61.

Photofiche P28

99

Problèmes : Apprendre à résoudre
Comparaisons multiplicatives

Problème de référence 1

Théo possède 4 images. Léa en possède 2 fois plus que Théo.
Combien d'images Léa possède-t-elle ?

Comprendre l'énoncé

Qui a le plus d'images ? ....

Pour t'aider à choisir la bonne opération, les enfants te racontent le problème.

Entoure la bonne opération : 2 + 4 2 × 4 4 divisé par 2

Répondre à la question

Écris l'opération, puis **effectue**-la. ....

Rédige une phrase réponse. ....

Problèmes d'application

1 **Théo a 6 images. Léa en a 3 fois plus.**
Combien d'images Léa possède-t-elle ?

Qui a le plus d'images ? ....

Pour t'aider à choisir la bonne opération, les enfants te racontent le problème.

Entoure la bonne opération : 6 + 3 6 × 3 6 divisé par 3

Écris, puis **effectue** l'opération. ....

Rédige une phrase réponse. ....

2 **Louis a 20 €. Son cousin a 5 fois plus d'argent que lui.**
Combien d'argent son cousin a-t-il ?

Écris, puis **effectue** l'opération. ....

Rédige une phrase réponse. ....

Problème de référence 2

Théo possède 12 images.
Léa possède 4 fois moins d'images que lui.
Combien d'images Léa possède-t-elle ?

Comprendre l'énoncé

Qui a le moins d'images ? ....

Pour t'aider à choisir la bonne opération, les enfants te racontent le problème.

Entoure la bonne opération :   12 – 4   12 × 4   12 divisé par 4   4 divisé par 12

Répondre à la question

Écris l'opération, puis **effectue**-la. ....

Rédige une phrase réponse. ....

Problèmes d'application

1 **Au jeu de cartes, Théo a 35 points.**
Son amie Léa a 5 fois moins de points que lui.
Combien de points Léa a-t-elle ?

Qui a le moins de points ? ....

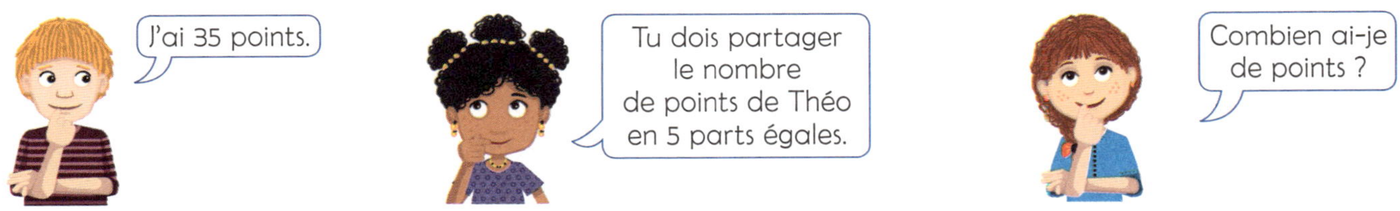

Entoure la bonne opération.   35 – 5   35 × 5   5 divisé par 35   35 divisé par 5

Écris, puis **effectue** l'opération. ....

Rédige une phrase réponse. ....

....

2 **Louise a 30 €. Son frère a 3 fois moins d'argent qu'elle.**
Combien son frère a-t-il d'argent ?

Écris, puis **effectue** l'opération. ....

Rédige une phrase réponse. ....

Compétences : Résoudre des problèmes multiplicatifs de comparaison d'état. Rechercher le référé.
Calcul mental : Indiquer le nombre de centaines. L'enseignant dit : « Quel est le nombre de centaines dans 6 895 ? » ; l'élève écrit 68.

100 Arrondir les nombres jusqu'à 999 999

....

Découvrons ensemble

Calais

Calais a une population de 74 800 habitants.

Encadre ce nombre entre deux **dizaines de milliers** qui se suivent.

.... < **74** 800 < ....

Place la population de Calais sur la droite numérique ci-dessous.

70 000 — 75 000 — **8**0 000

Le nombre 74 800 est-il plus proche de 70 000 ou de 80 000 ? ....

Arrondis 74 800 à la dizaine de milliers la plus proche : ....

Encadre maintenant 74 800 entre deux **milliers** qui se suivent.

.... < **74** 800 < ....

Place la population de Calais sur la droite numérique ci-dessous.

74 000 — **74** 500 — **75** 000

Le nombre 74 800 est-il plus proche de 74 000 ou de 75 000 ? ....

Arrondis 74 800 au millier le plus proche : ....

Je m'entraîne

1 **Arrondis** les nombres suivants au millier le plus proche en t'aidant de la droite numérique.

3 000 — 3 500 — 4 000 — 5 000 — 6 000 — 7 000

a 3 700 → .... ; 3 200 → ....
4 300 → .... ; 5 900 → ....

b 5 345 → .... ; 6 789 → ....
6 805 → .... ; 4 189 → ....

2 Voici les populations de trois villes françaises :

Vannes	Douai	Dôle
53 079 habitants	43 530 habitants	39 100 habitants

30 000 — 40 000 — 50 000 — 60 000 — 70 000

a **Place** approxiamativement ces populations sur la droite numérique en **dessinant** un point de la couleur du cadre de la ville.

b **Arrondis** chaque population à la dizaine de milliers d'habitants la plus proche.

Vannes → .... Dôle → .... Douai → ....

Compétence : Savoir arrondir un nombre au millier le plus proche ou à la dizaine de milliers la plus proche.
Calcul mental : Quotient de petits nombres. L'enseignant dit : « Quel est le quotient de 12 divisé par 3 ? » ; l'élève écrit 4.

Photofiche A27

101 TUIC n° 5 : La calculatrice (2)

1 **Ouvre** la calculatrice* de ton ordinateur.
Colorie en vert la touche « division » sur le dessin ci-contre.

Sur la calculatrice de l'ordinateur, le signe « ÷ » est remplacé par le signe « / ».

Utilise maintenant la calculatrice pour calculer 360 divisé par 24.
Dessine les touches que tu utilises.

Qu'affiche la calculatrice ? ....

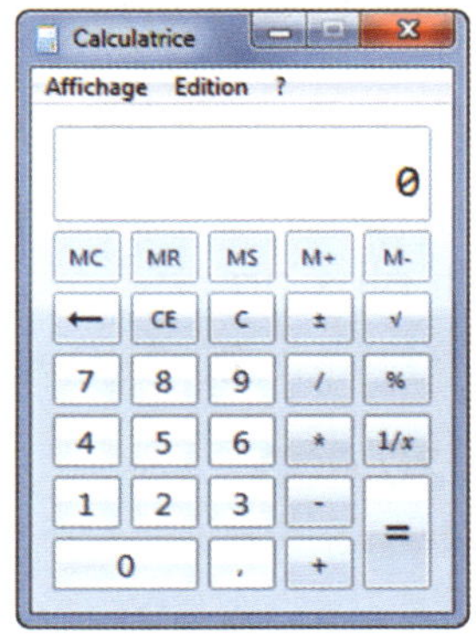

2 À l'aide de la calculatrice, **effectue** ces divisions et **colorie** de la même couleur les ballons qui correspondent à un même nombre.

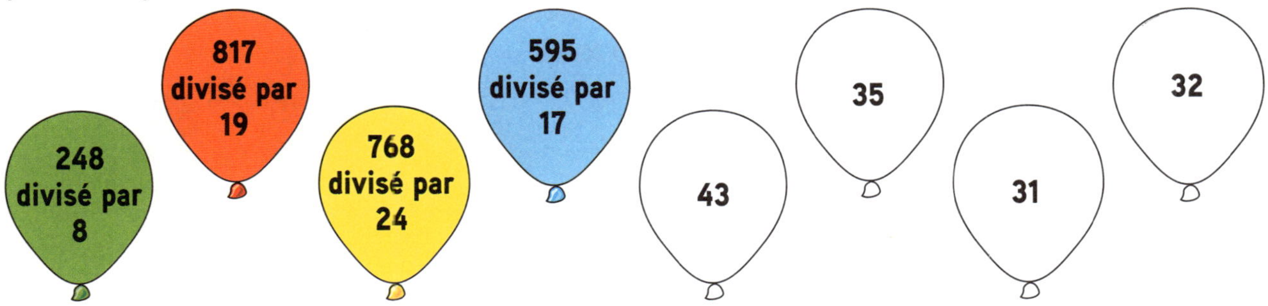

3 **Complète** la facture du chef cuisinier.

Article	Quantité	Prix unitaire en €	Prix total en €
Poêles	11	....	418
Couteaux	15	....	525
Tabliers	12	21	....
		Prix total à payer	....

4 Les enfants du club de bricolage ont fabriqué une réplique du Pont du Gard avec des petites allumettes. Ils ont mis 17 328 heures et ont utilisé quelques millions d'allumettes.
Combien de jours représentent ces 17 328 heures ?

....

....

* Cette activité est conçue à l'aide de l'application Calculatrice d'un ordinateur fonctionnant sous Windows. Elle peut être réalisée avec n'importe quelle calculatrice de poche.

Compétences : Connaître et utiliser la touche « division » de la calculatrice.
Calcul mental : Quotient de petits nombres. L'enseignant dit : « Quel est le quotient de 30 divisé par 6 ? » ; l'élève écrit 5.

J'ai compris et je retiens (9)

Nombres

N19 J'arrondis un nombre.

Arrondir 27 400 à la dizaine de milliers la plus proche.

20 000 < 27 400 < 30 000

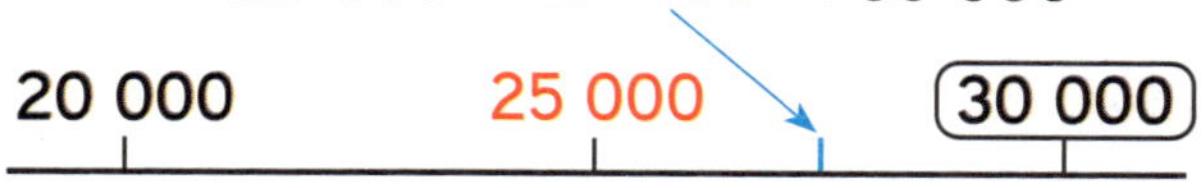

27 400 → 30 000

Arrondir 23 200 au millier le plus proche.

23 000 < 23 200 < 24 000

23 200 → 23 000

Calcul

C19 J'effectue une division.

61 divisé par 7.

	6	1	7 (diviseur)
8 × 7 → −	5	6	8 (quotient)
		5 (reste)	

$5 \times 7 = 35$
$6 \times 7 = 42$
$7 \times 7 = 49$
$8 \times 7 = 56$
$9 \times 7 = 63$ ← 61

$61 = 8 \times 7 + 5$

Le reste est plus petit que le diviseur : $5 < 7$

Mesures

M11 Je connais le calendrier.

1 année = 12 mois ; 1 semaine = 7 jours
1 mois c'est 30 ou 31 jours
soit environ 4 semaines.

M12 Je connais les unités de temps.

1 heure = 60 minutes
1 minute = 60 secondes
1 h = 3 600 s

M13 Je rends la monnaie.

J'achète

Je donne

Je calcule combien on me rend.

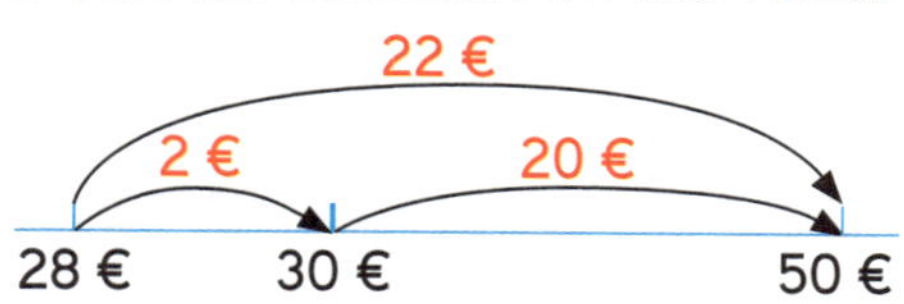

On me rend 22 €.

J'achète

Je donne

Je calcule combien on me rend.

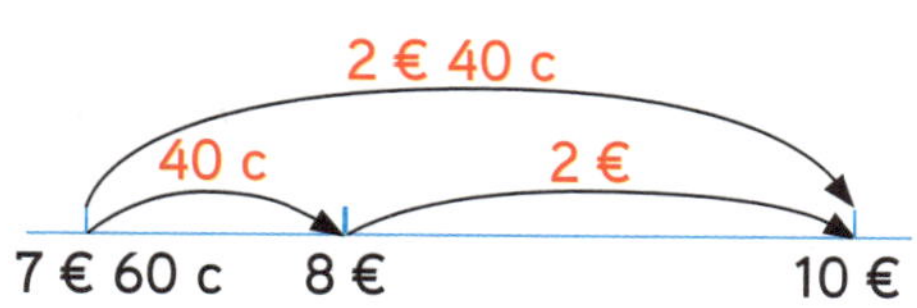

On me rend 2 € 40 c.

Je fais le point (9)

SOCLE COMMUN

Nombres

1 **Encadre** 3 200 entre deux milliers qui se suivent. .... < 3 200 < ....

Arrondis 3 200 au millier le plus proche : 3 200 → ....

Arrondir au millier le plus proche.

2 **Encadre** 49 800 entre deux dizaines de milliers qui se suivent. .... < 49 800 < ....

Arrondis 49 800 à la dizaine de milliers la plus proche : 49 800 → ....

Arrondir à la dizaine de milliers la plus proche.

Calcul

3 **Effectue.**

	2	8	4
−	......	......	......
	......	......	

	3	6	5
−	......	......	......
	......	......	

Effectuer une division.

4 **Effectue.**

	7	8	6	
−	......	......	......	+ ...... = ...
	......	......		
−	......	......		
	......	......		

Effectuer une division.

Mesures

5 **Convertis.**

1 minute = ... secondes

1 h = ... s

Un quart d'heure = ... min

10 min = ... s

Connaître et utiliser les unités de temps.

6 **Observe** ce calendrier.
Colorie une semaine en jaune.
Quel jour de la semaine est le 15 mai ?

....

Utiliser un calendrier.

Mai	
Mardi	1
Mercredi	2
Jeudi	3
Vendredi	4
Samedi	5
Dimanche	6
Lundi	7
Mardi	8
Mercredi	9
Jeudi	10
Vendredi	11
Samedi	12
Dimanche	13

7 Théo achète une place de spectacle à 14 €. Il paie avec un billet de 20 €.

Combien lui rend-on ? ....

....

8 Léa achète une part de tarte 2 € 40 c. Elle paie avec un billet de 5 €.

Combien lui rend-on ? ....

....

Rendre la monnaie.

Mesurer une contenance

Découvrons ensemble

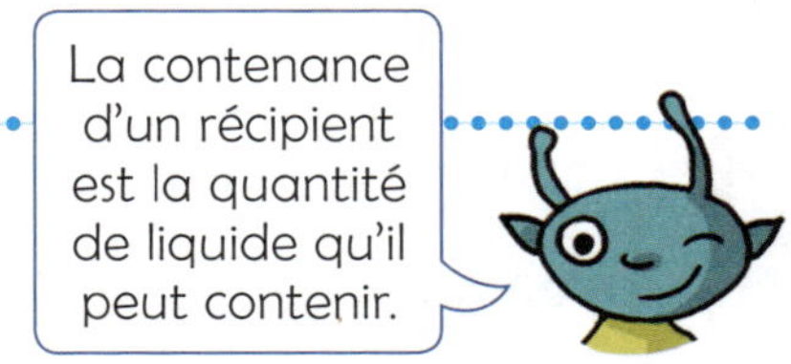

▶ Théo possède une gourde de contenance 50 centilitres (cL) et Léa une carafe de contenance 25 centilitres.

Observe comment Théo et Léa ont rempli une bouteille de 1 litre (L).

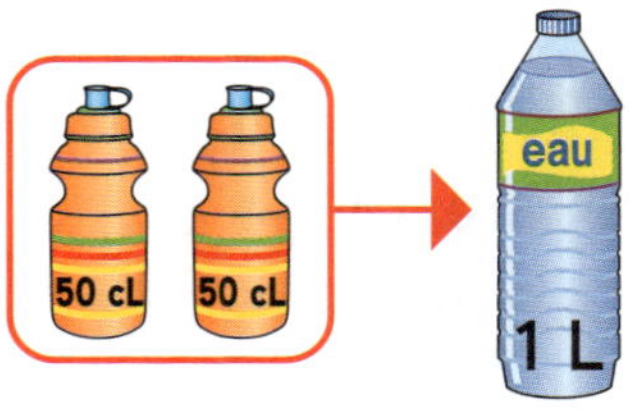

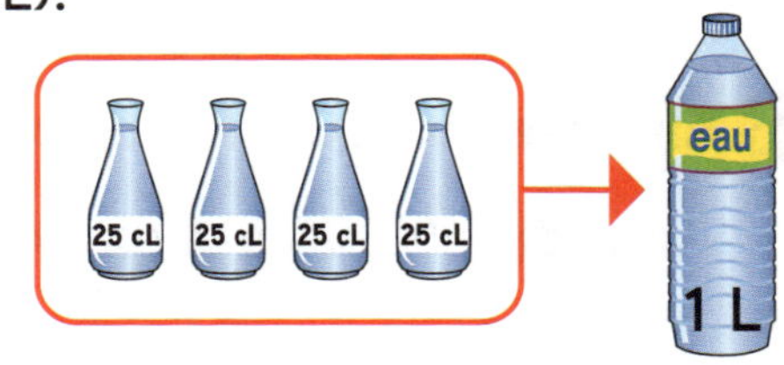

Complète.

Pour remplir une bouteille de 1 L, il faut ...... gourdes de 50 cL ou ...... carafes de 25 cL.

1 litre (L) = ... centilitres (cL)

▶ La cafetière des parents de Mélissa contient 1 L de café.
Combien de tasses de 10 cL Mélissa peut-elle servir ?

....

....

Je m'entraîne

1 **Complète** avec L ou cL.

A

12 ......

B

10 ......

C

2 ......

D

100 ......

E

1 ......

2 **Convertis.**

a 1 L = ... cL ; 3 L = ... cL
200 cL = ... L ; 500 cL = ... L

b 2 L 50 cL = ... cL ; 1 L 25 cL = ... cL
120 cL = ... L ...... cL ; 105 cL = ... L cL

3 **Problème.** Marine prépare un cocktail. Elle mélange 1 L 50 cL de jus de fruits, 40 cL de limonade et 20 cL de sirop de grenadine.
Quelle quantité de cocktail a-t-elle préparée ?

....

....

Compétences : Connaître le litre et le centilitre et les relations qui les lient.
Calcul mental : Complément à 1 000. L'enseignant écrit : « 800 + ... = 1 000 » ; l'élève écrit 200.

Photofiches S44, S45 et A28

103 Estimer le résultat d'une mesure

Découvrons ensemble

Léa et Mélissa estiment différentes mesures.

Coche les bonnes propositions.

Quelle est environ la quantité d'eau dans ce verre doseur ?

Le verre contient environ :

- ☐ 40 cL d'eau
- ☐ 50 cL d'eau
- ☐ 60 cL d'eau

Quelle est la longueur de la bande orange ?

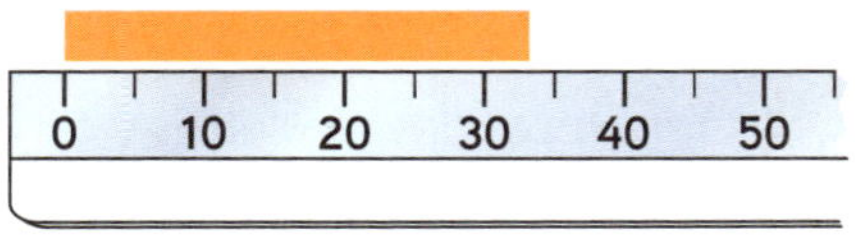

La bande orange mesure :

- ☐ entre 30 cm et 35 cm
- ☐ entre 35 cm et 40 cm
- ☐ environ 33 cm

Je m'entraîne

Avant de lire une mesure, cherche la valeur d'une graduation.

1 **Coche** la bonne réponse.

a Il reste dans la bouteille environ :

- ☐ 25 cL d'eau
- ☐ 50 cL d'eau
- ☐ 1 L d'eau

b Le verre doseur contient entre :

- ☐ 60 cL et 80 cL d'eau
- ☐ 80 cL et 100 cL d'eau
- ☐ 80 cL et 90 cL d'eau

2 **Coche** la bonne réponse.

a L'ananas pèse environ :

- ☐ 500 g
- ☐ 100 g
- ☐ 1 kg

b Boris mesure environ :

- ☐ 1 m
- ☐ 1 m 2 cm
- ☐ 1 m 20 cm
- ☐ 1 m 50 cm

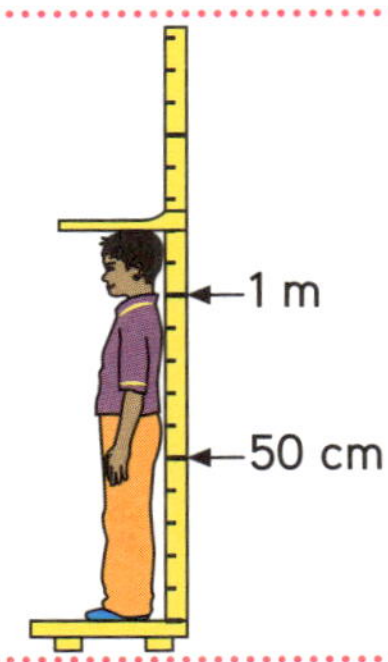

3 **Coche** les bonnes réponses. La bande orange mesure :

- ☐ moins de 50 cm
- ☐ entre 50 cm et 60 cm
- ☐ plus de 55 cm
- ☐ environ 52 cm

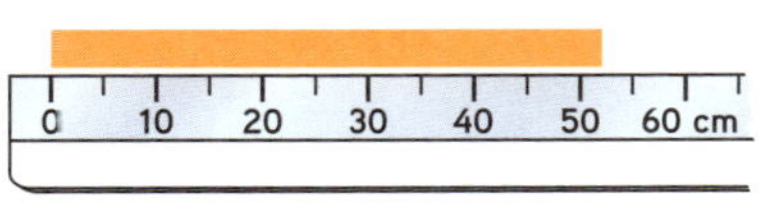

Le coin du chercheur

Il y a une semaine, c'était la Fête du Travail.
Quel jour sommes-nous ?

....

Compétence : Évaluer une mesure.

Calcul mental : Complément à 1 000. L'enseignant écrit : « 940 + ... = 1 000 » ; l'élève écrit 60.

Photofiches P29 et P30

104 Problèmes : Apprendre à résoudre
Organiser des données (2)

Problème de référence 1

Léa commande sur un catalogue : 1 sac de plage, 2 bouées, 4 serviettes et 3 fauteuils. Elle complète son bon de commande.
Quel sera le montant de sa commande ?

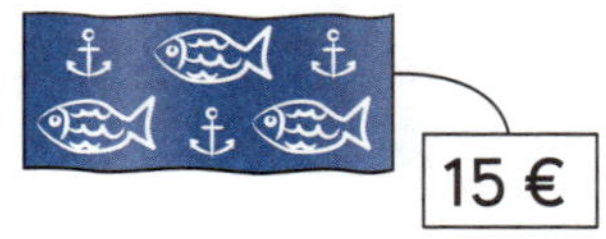

Comprendre l'énoncé

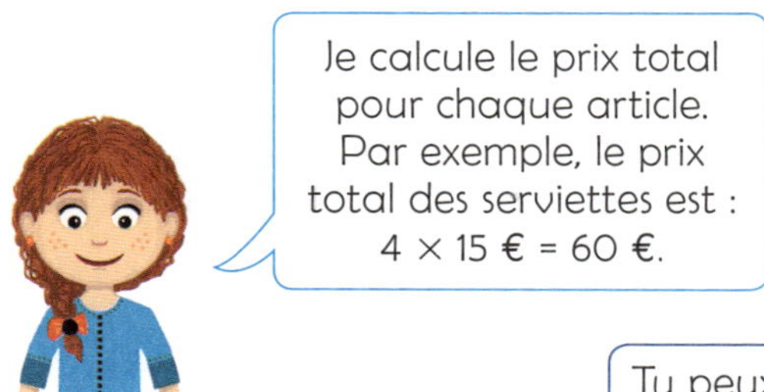

Complète le bon de commande.

Articles	Quantité	Prix à l'unité	Total
Serviette	4	15 €	60 €
Bouée	......	......	......
Sac de plage	......	......	......
Fauteuil	......	......	......
Total du bon de commande			......

Répondre à la question

Rédige une phrase réponse.

....

....

Problème d'application

Un club de football commande l'équipement nécessaire aux joueurs : 14 maillots, 10 shorts, 9 paires de chaussettes.
Quel sera le montant de sa commande ?

Complète le bon de commande.

Articles	Quantité	Prix à l'unité	Total
Maillot	......	......	......
Short	......	......	......
Chaussettes	......	......	......
Total du bon de commande			......

Répondre à la question

Rédige une phrase réponse.

....

....

Problème de référence 2

Hugo, Karim, Léa et Théo sont allés dans le verger du grand-père de Théo pour cueillir des fruits. Hugo a cueilli 14 pommes, 10 poires et 20 figues. Karim a cueilli 35 figues, 10 pommes et 14 poires. Léa a cueilli 15 pommes, 15 poires et 20 figues. Théo n'a cueilli que 20 poires.

Combien de fruits Karim a-t-il cueillis ?
Combien de poires les enfants ont-ils cueillies ?
Combien de fruits les enfants ont-ils cueillis en tout ?

Comprendre l'énoncé

Complète le tableau.

	Hugo	Karim	Léa	Théo	Total
Pommes	14	....	....	....	....
Poires	10	....	....	....	....
Figues	20	....	....	....	....
Total	44	....	....	....	....

Répondre aux questions

Rédige les phrases réponses.

....

....

....

....

....

Problème d'application

Les enfants mettent en commun leurs collections d'images. Florian a 15 images de footballeurs et 12 images de chanteurs ; Samia a 20 images de danseuses, 18 images de footballeurs et 10 images de chanteurs ; Chloé a 15 images de chanteurs et 12 images de danseuses ; Théo a 25 images de footballeurs et Léa a 18 images de danseuses.

Combien d'images Samia possède-t-elle ?
Quel est le nombre total d'images que possèdent les enfants ?

Complète le tableau.

	Florian	Samia	Chloé	Théo	Léa	Total
Chanteurs	12	....	....	....	....	....
Danseuses	0	....	....	....	....	....
Footballeurs	15	....	....	....	....	....
Total	27	....	....	....	....	....

Rédige les phrases réponses.

....

....

....

....

....

Compétences : Compléter un tableau et trier des informations.
Calcul mental : Dictée de nombres. L'enseignant dit : « 125 000 » ; l'élève écrit 125 000.

Photofiches S46 et S47

105 Relations entre les nombres (1)

Découvrons ensemble

Léa décompose le nombre 100 en parts égales.
Complète les égalités qui traduisent les découpages ci-dessous.

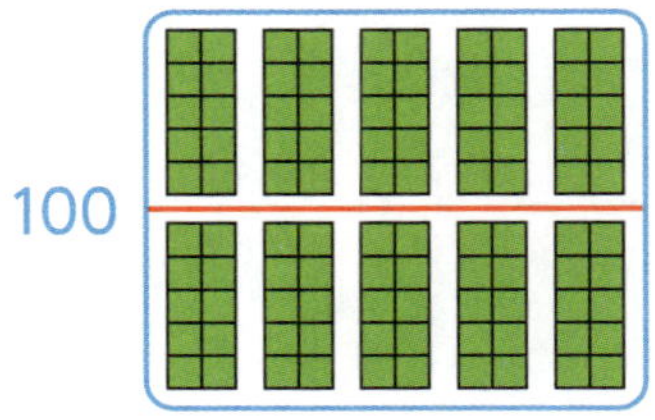

100 = 2 × ....

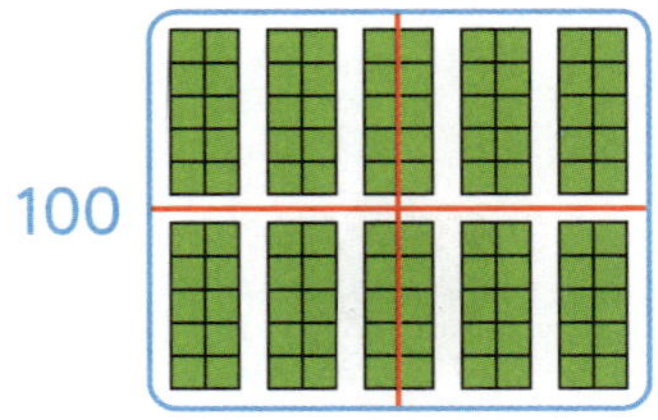

100 = 4 × ....

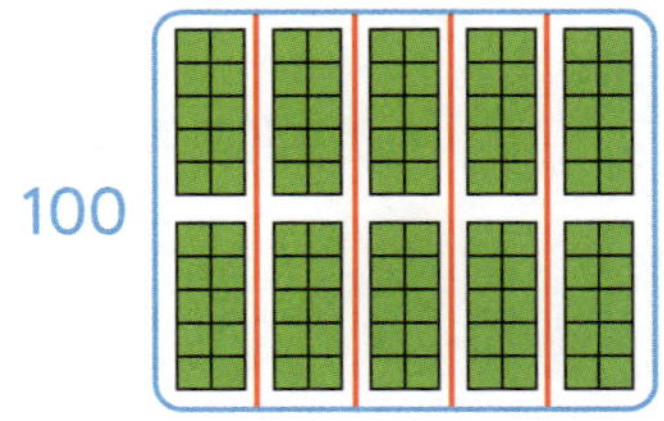

100 = 5 × ....

Complète les égalités. 100 = 75 + ... ; 100 = 50 + ... ; 100 = 25 + ...

Complète les phrases avec :
« le double », « la moitié », « le triple » ou « le quart ».

100 est .... de 50 ; 25 est .... de 100

50 est .... de 100 ; 75 est .... de 25

double → multiplie par 2
triple → multiplie par 3
moitié → divise par 2
quart → divise par 4

Je m'entraîne

1 Complète les égalités.

a 100 = 25 + 25 + 25 + ...

100 = 50 + ...

b 100 = ... × 20 75 = ... × 25

100 = ... × 25 50 = ... × 25

2 Complète l'égalité en utilisant certaines de ces étiquettes et les signes + ou ×.

a 20 50 75 25

100 = ...

b 4 5 25 3 100

75 = ...

3 Retrouve les nombres.

a
- Je suis la moitié de 50. *Je suis* ....
- Je suis le double 25. *Je suis* ....

b
- Je suis le triple de 25. *Je suis* ....
- Je suis le quart de 100. *Je suis* ....

J'ai déjà appris

4 Quatre joueurs se partagent les cartes d'un jeu de 32 cartes.
Combien de cartes chacun reçoit-il ?

32 = ... × ......

....

Tu peux t'aider du problème de référence 2 de la leçon 89.

Compétences : Connaître et utiliser les différentes décompositions du nombre 100 et les expressions : double, moitié, triple, quart.
Calcul mental : Dictée de nombres. L'enseignant dit : « 305 015 » ; l'élève écrit 305 015.

Photofiche S48

106 Relations entre les nombres (2)

Découvrons ensemble

Théo décompose le nombre 60 en parts égales.

Complète les égalités qui traduisent les découpages ci-dessous.

60
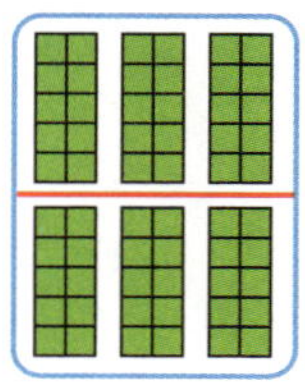
60 = 2 × ....

60
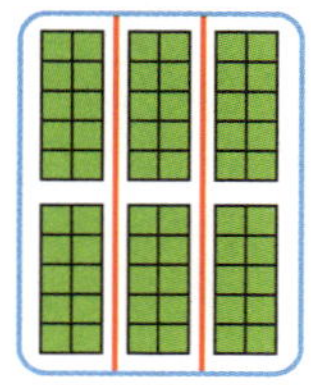
60 = 3 × ....

60
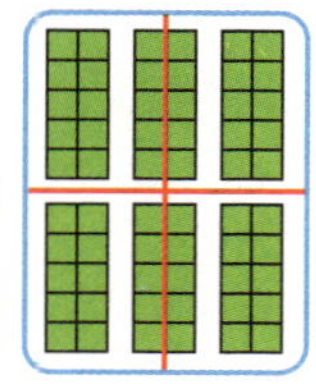
60 = 4 × ....

Complète les égalités. 60 = 30 + ... ; 60 = 45 + ... ; 60 = 15 + ... ; 60 = 30 + 15 + ...

Complète les phrases avec :
« le double », « la moitié », « le triple » ou « le quart ».

30 est .... de 60 ; 15 est .... de 60

60 est .... de 20 ; 30 est .... de 15

double → multiplie par 2
triple → multiplie par 3
moitié → divise par 2
quart → divise par 4

Je m'entraîne

1 **Complète** les égalités.

a 60 = 15 + 15 + 15 + ...

60 = 20 + 20 + ...

b 60 = 2 × .... 30 = 2 × ....

60 = 4 × .... 30 = 3 × ....

2 **Complète** l'égalité en utilisant certaines de ces étiquettes et les signes + ou ×.

a 10 30 15 25 45

60 = ...

b 4 30 5 2 15

60 = ...

3 **Complète**.

- 1 h = ... min
- une demi-heure = ... min
- un quart d'heure = ... min

J'ai déjà appris

4 Corentin range ses 42 images.

Combien de paquets de 5 images peut-il obtenir ?
Combien restera-t-il d'images ?

42 = ... × ...... + ...

....

....

Tu peux t'aider du problème de référence 1 de la leçon 89.

Le coin du chercheur

Pour écrire en lettres les nombres de 1 à 100, quel mot utilise-t-on le plus : « quatre » ou « vingt » ?

....

Compétences : Connaître et utiliser les différentes décompositions du nombre 60 et les expressions : double, moitié, triple, quart.
Calcul mental : Quotient de petits nombres. L'enseignant dit : « Quel est le quotient de 72 divisé par 8 ? » ; l'élève écrit 9.

Photofiche S49

107 Cercle et compas

Découvrons ensemble

Place un point bleu à 35 mm du point rouge.
Place la pointe de ton compas sur le point rouge.
Écarte le crayon de ton compas jusqu'au point bleu.
Trace le cercle avec ton compas.
Le point rouge est le centre de ce cercle.

Nomme **A** le centre du cercle.
Place sur le cercle des points que tu nommes **B**, **C**, **D**, **E**.
Trace les segments **AB**, **AC**, **AD**, **AE**.
Ce sont des rayons du cercle. **Compare** leur longueur.

....

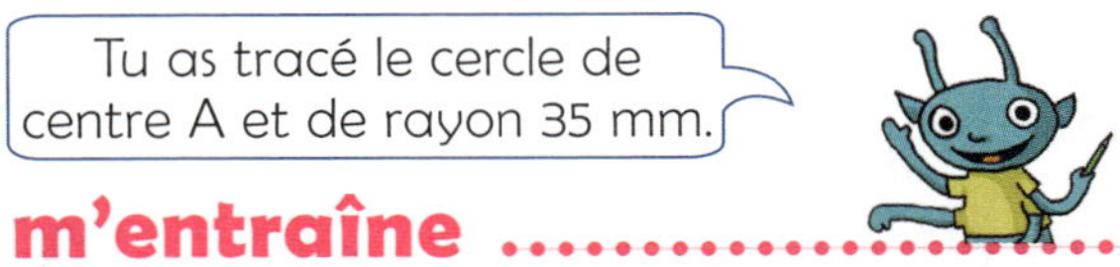

Je m'entraîne

1 **Complète** avec les mots suivants : rayon – centre – longueur – cercle.

- La ligne rouge est un ....
- Le point O est le .... du cercle.
- Le segment OA est un .... de ce cercle.
- Tous les rayons d'un cercle ont la même ....

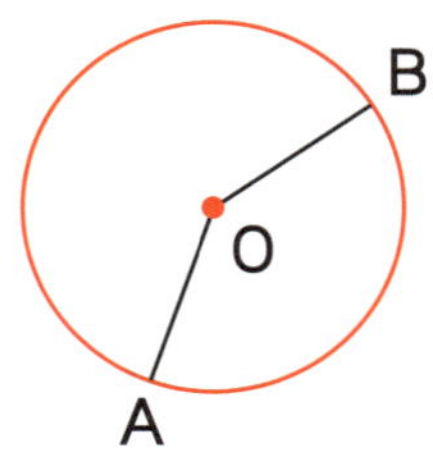

2 **Trace** :

a un cercle qui a pour centre le point rouge et qui passe par le point bleu.

b deux cercles qui ont pour centre le point rouge. Le rayon du premier cercle mesure 3 cm et celui du deuxième 4 cm.

Compétences : Tracer un cercle avec un compas. Utiliser en situation le vocabulaire : centre d'un cercle, rayon.
Calcul mental : Relation entre les nombres. L'enseignant dit : « Quel est le quart de 100 ? » ; l'élève écrit 25.

Photofiche A29

108 Reproduire une figure comportant des cercles

Découvrons ensemble

Observe cette figure. Le carré est déjà tracé. **Termine**-la.

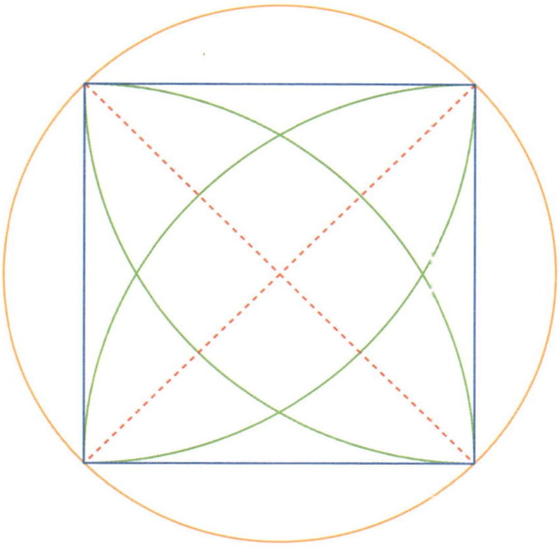

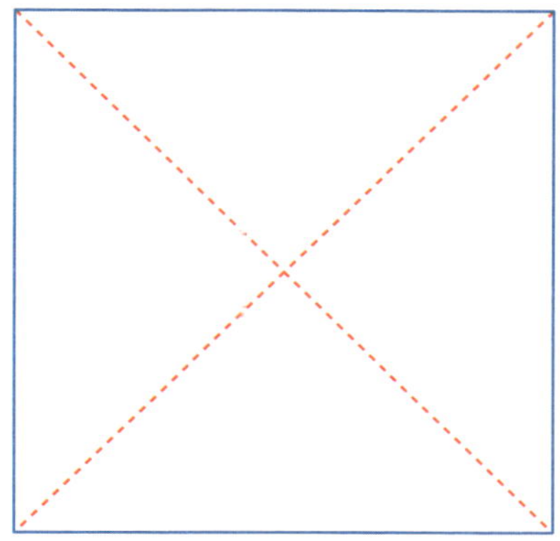

Je m'entraîne

1 **Reproduis** cette figure. **Colorie**-la à ton goût.

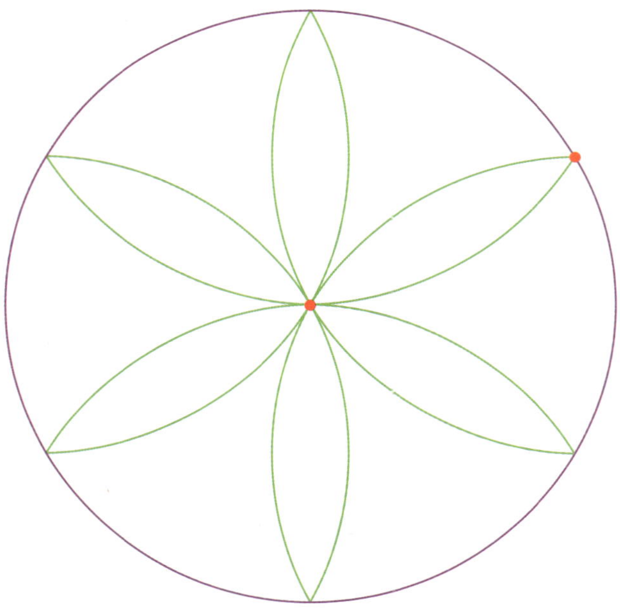

Le coin du chercheur

Mon frère a une sœur, ma sœur a deux frères. Combien sommes-nous d'enfants ?

....

Compétence : Reproduire une figure comportant des cercles.

Calcul mental : Additionner des multiples de 25. L'enseignant dit : « 125 + 50 » ; l'élève écrit 175.

Photofiches S50 et A30

109 Problèmes : Situations additives, soustractives, multiplicatives ou de division (1)

1 Marie achète 3 croissants à 90 c.

a **Combien doit-elle payer ?**

b Elle donne 3 €. **Combien lui rend-on ?**

2 Elaïs achète un paquet de 24 biscuits.
Chaque jour, elle mange 3 biscuits.
Dans combien de jours le paquet sera-t-il terminé ?

3 Dans cette feuille, Éva a découpé 5 fiches identiques.

a **Quelle est la largeur d'une fiche ?**

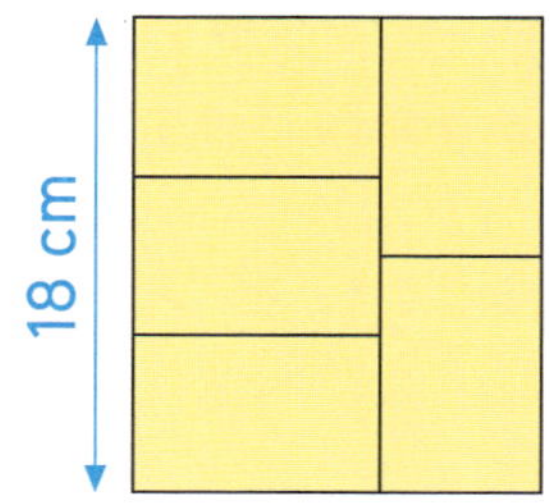

b **Quelle est la longueur d'une fiche ?**

4 Un TGV Paris-Saint-Malo comprend :
- 6 voitures de 1re classe, de 61 places chacune ;
- 8 voitures de 2^{e} classe, de 83 places chacune.

Combien ce train peut-il transporter de voyageurs :
- en 1re classe ?

- en 2e classe ?

- en tout ?

Compétences : Identifier et résoudre des problèmes additifs, soustractifs, multiplicatifs et de division.
Calcul mental : Écrire le suivant d'un grand nombre. L'enseignant écrit 234 999 ; l'élève écrit 235 000.

110 Problèmes : Situations additives, soustractives, multiplicatives ou de division (2)

1 Sonia veut envoyer un colis à sa cousine pour son anniversaire. Elle envoie une poupée qui pèse 600 g et 4 livres qui pèsent 250 g chacun.

a **Combien pèsent les 4 livres ?**

....

....

b **Combien pèsera le colis ?**

Écris la réponse en kg et g.

....

....

2 Trois enfants d'une classe de mer participent à une pêche à pied. Omar ramasse 28 bigorneaux et 35 coques. Mélanie ramasse 36 palourdes et 28 bigorneaux. Lilou ramasse 22 coques et 16 bigorneaux.

Combien de coquillages de chaque sorte ont-ils ramassés ?

....

....

....

....

....

3 En pleine nuit, le phare des Baleines, sur l'île de Ré, est visible à 24 milles marins. 1 mille marin est égal à 1 852 m.

a Écris 24 milles marins en mètres.

....

b Écris 24 milles marins en kilomètres et mètres.

....

4 Le patron d'un bateau de pêche et ses cinq équipiers ont pêché 1 000 kg de maquereaux. La moitié de la pêche est pour le patron. Les équipiers se partagent le reste.

a **Quelle masse de poissons le patron aura-t-il ?**

....

....

b **Quelle masse de poissons chaque équipier aura-t-il ?**

....

....

Compétences : Identifier et résoudre des problèmes additifs, soustractifs, multiplicatifs et de division.

Calcul mental : Écrire le précédent d'un grand nombre. L'enseignant écrit 652 000 ; l'élève écrit 651 999.

111

TUIC n° 6 : Tracer un cercle

1 **Ouvre** le traitement de texte OpenOffice Writer*.
Reporte-toi au TUIC n° 1, si la barre « Dessin » ci-dessous n'apparaît pas.

2 **Clique** sur la flèche noire à droite du bouton « Formes de base » .
Voici ce que tu obtiens :

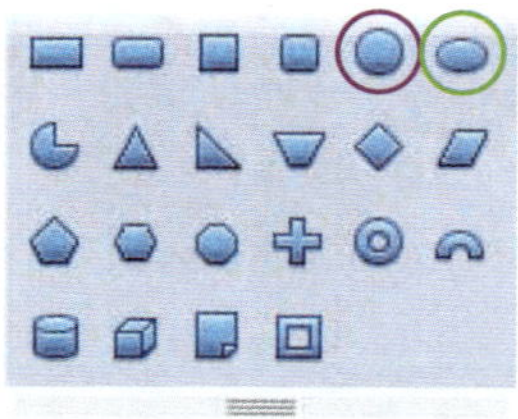

a. Pour tracer un cercle
– **Clique** sur le cercle entouré en violet.
– Pour le tracer, **déplace** la souris, clic gauche maintenu.
– **Recommence** plusieurs fois pour tracer différents cercles comme ci-dessous.

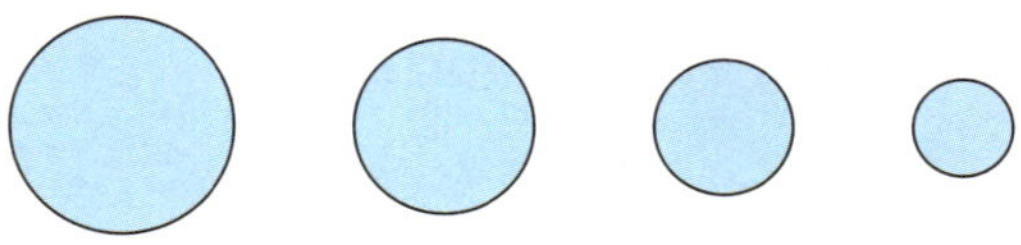

b. Pour tracer une ellipse
– **Clique** sur l'ellipse entourée en vert.
– Pour la tracer, **déplace** la souris, clic gauche maintenu.

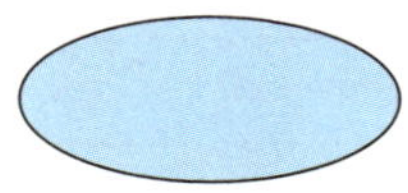

c. Pour tracer un cercle à partir du bouton « ellipse »
– **Recommence** en suivant les consignes précédentes (**b.**) ;
– Pendant que tu traces le cercle, maintiens la touche ⇧ « Majuscule » enfoncée.

3 **Clique** ensuite sur l'un des cercles que tu as tracés. En utilisant les boutons ci-dessous, **modifie** l'aspect et la couleur des lignes et des surfaces.

Par exemple, tu peux obtenir ces figures : un cercle rouge, un disque vert.

4 **Invente** un dessin en utilisant uniquement des cercles.
Tu peux t'inspirer du dessin ci-contre.
Enregistre ou **imprime** ta page.

* Cette activité est conçue à l'aide du logiciel OpenOffice. Elle peut être facilement adaptée et réalisée avec tout logiciel de traitement de texte équipé des outils de dessin (Microsoft Word, ...).

Compétence : Utiliser les outils de dessin d'un traitement de texte pour tracer des cercles.
Calcul mental : Tables de multiplication de 4, 5 et 6. L'enseignant dit : « 4 multiplié par 7 » ; l'élève écrit 28.

112 Maths Aventures [5]

Voyage en Australie

Quand ta réponse est correcte, tu colories une étoile.

1 ☆ Canberra est la capitale de l'Australie. Elle compte 374 658 habitants.
Arrondis cette population au millier le plus proche.

....

Parlement de Canberra

2 ☆ L'ornithorynque est un mammifère aquatique, qui pond des œufs et qui ne vit qu'en Australie.
Écris en grammes la masse d'un ornithorynque qui pèse 2 kg 50 g.

2 kg 50 g = ... g

3 ☆ La monnaie officielle est le dollar australien.
On compte des pièces de 2 dollars (2 $), 1 $, et de 50 cents (50 c), 20 c, 10 c et 5 c. **1 $ = 100 c**
Pour un dollar, combien faut-il de pièces de :

– 50 cents ? .... pièces

– 20 cents ? .... pièces

– 10 cents ? .... pièces

4 ☆ Le biscuit ANZAC est un biscuit sec australien fait avec des flocons d'avoine et de noix de coco. Naata achète un paquet de biscuits avec un billet de 5 dollars.
Quelle somme lui rend-on ?

....

....

5 ☆ Voici la recette d'un cocktail australien.
1 L de jus d'orange
40 cL de jus de citron vert
60 cL de jus d'ananas
Quelle quantité de cocktail prépare-t-on avec cette recette ?

....

....

6 ☆ Les peintures des premiers habitants de l'Australie comportent de nombreux cercles.
Indique les couleurs des cercles qui ont :
– même rayon ;

....

....

– même centre.

....

....

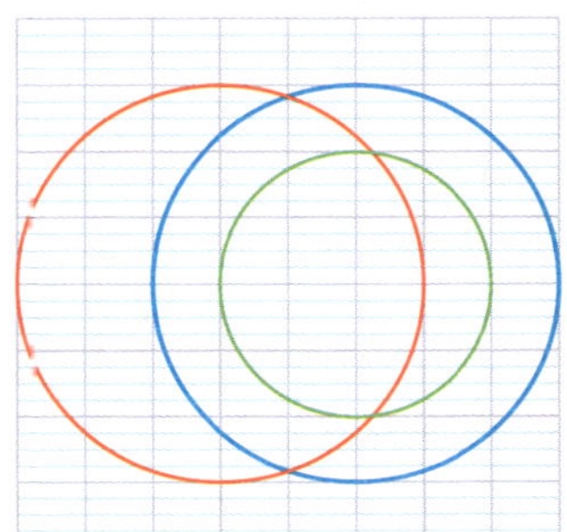

Si tu as colorié 5 ou 6 étoiles, colorie la médaille d'or ;
3 ou 4 étoiles, colorie la médaille d'argent ;
sinon, colorie la médaille de bronze.
Quelle médaille as-tu obtenue ?

J'ai compris et je retiens (10)

Nombres

N20 Je connais les relations entre les nombres.

100 = 2 × 50
100 = 4 × 25
100 = 5 × 20
100 = 10 × 10

60 = 2 × 30
60 = 3 × 20
60 = 4 × 15
60 = 6 × 10

N21 Je connais les expressions : double, moitié, triple, quart.

double ➔ je multiplie par 2
triple ➔ je multiplie par 3
moitié ➔ je divise par 2
quart ➔ je divise par 4

Mesures

M14 Je connais les unités de contenance.

1 litre (L) = 100 centilitres (cL)　　200 cL = 2 L　　1 L 50 cL = 150 cL

M15 J'estime le résultat d'une mesure.

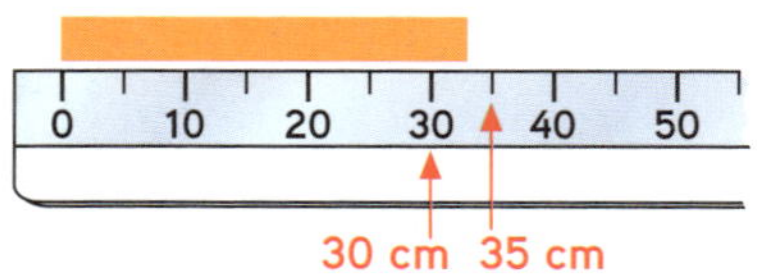

La bande orange mesure entre 30 cm et 35 cm. Elle mesure environ 33 cm.

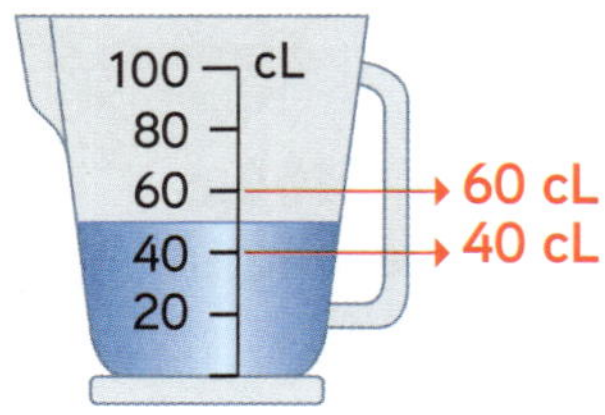

Le verre doseur contient entre 40 cL et 60 cL d'eau. Il contient environ 50 cL d'eau.

Géométrie

G10 Je connais les propriétés du cercle.

Tous les rayons d'un cercle ont la même longueur.

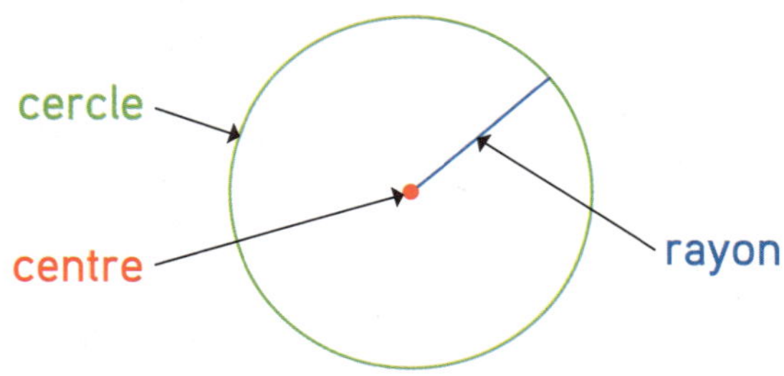

Organisation et gestion de données

O3 J'organise des données dans un tableau.

Noémie a ramassé 3 pommes.
José a ramassé 10 fruits.
Les enfants ont ramassé 33 fruits en tout.

	Paul	Noémie	José	Total
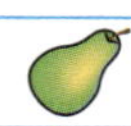	5	6	4	15
	4	3	1	8
	2	3	5	10
Total	11	12	10	33

Je fais le point (10)

SOCLE COMMUN

Nombres

1 Complète.

100 = 75 + ...

60 = 45 + ...

100 = ... × 4

60 = ... × 2

Connaître les relations entre les nombres.

2 Calcule

Double de 25 = ...

Moitié de 100 = ...

Triple de 20 = ...

Quart de 60 = ...

Connaître les expressions : double, moitié, triple, quart.

Mesures

3 Convertis.

1 L = ... cL

3 L = ... cL

1 L 20 cL = ... cL

Connaître les unités de capacité et les relations qui les lient.

4 Convertis.

200 cL = ... L

150 cL = ... L cL

175 cL = ... L cL

Connaître les unités de capacité et les relations qui les lient.

5 Coche les bonnes réponses.

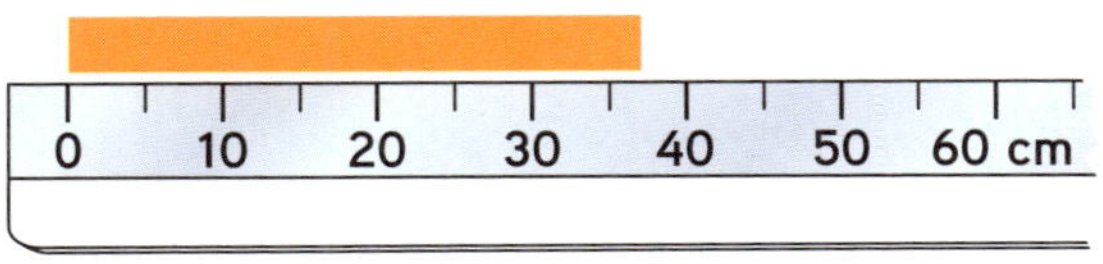

La bande orange mesure :

☐ plus de 30 cm

☐ plus de 35 cm

☐ plus de 40 cm

☐ environ 37 cm

Estimer une mesure.

6 Coche les bonnes réponses.

Le verre doseur contient :

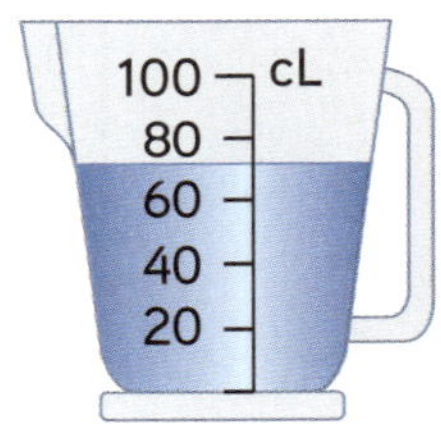

☐ moins de 80 cL d'eau

☐ plus de 100 cL d'eau

☐ plus de 60 cL d'eau

☐ environ 70 cL d'eau

Estimer une mesure.

Géométrie

7 Trace un cercle de 3 cm de rayon.
Son centre est le point rouge.

Construire un cercle avec un compas.

Organisation et gestion de données

8 Complète le bon de commande.

Article	Quantité	Prix à l'unité	Total
Roman	5	12 €	60 €
BD	8	9 €	....
Conte	6	15 €	....
Total du bon de commande			....

Organiser les données d'un problème en vue de sa résolution.

Crédits photographiques :
page 53 : © hanphosiri – Fotolia.com ; © RunningLizard – Fotolia.com ; © vincent laurence – Fotolia.com ; © minicel73 – Fotolia.com ; **page 116 :** SambaPhoto / Cassio Vasconcellos / Getty Images ; © El Universal / Zuma / REA ; © Christophe Couffinhal / CIT'images ; © altrendo travel / Getty Images ; **page 117 :** © pegaso123 – Fotolia.com ; © Delphimages – Fotolia.com ; **page 142 :** © AUFORT Jérome – Fotolia.com ; **page 155 :** © Gregory CEDENOT – Fotolia.com ; **page 157 :** © Christopher Meder – Fotolia.com

Création de la maquette de couverture : Pierre Patrault

Exécution de la maquette de couverture : Médiamax

Illustration de la couverture : Alain Boyer

Création de la maquette intérieure : Pierre Patrault (toutes les pages sauf « J'ai compris et je retiens »), Florence Le Maux (page « J'ai compris et je retiens »)

Mise en pages : Médiamax / Stéphanie Pereira

Illustrations intérieures : Nicole Colas des Francs (toutes les illustrations sauf Mathix), Claire Delvaux (illustrations de Mathix)

Dessins techniques : Gilles Poing

Fabrication : Marine Wiplier

Édition : Thierry Amouzou

PAPIER À BASE DE FIBRES CERTIFIÉES

hachette s'engage pour l'environnement en réduisant l'empreinte carbone de ses livres. Celle de cet exemplaire est de :
1054 g éq. CO_2
Rendez-vous sur www.hachette-durable.fr

ISBN : 978-2-01-394702-2

www.hachette-education.com

Achevé d'imprimer en Espagne par Macrolibros - Dépôt légal : septembre 2019 - Collection n° 85 - Édition 03 - 28/3336/8

Leçons 17, 18, 97 et 98

Leçons 17, 18, 97 et 98

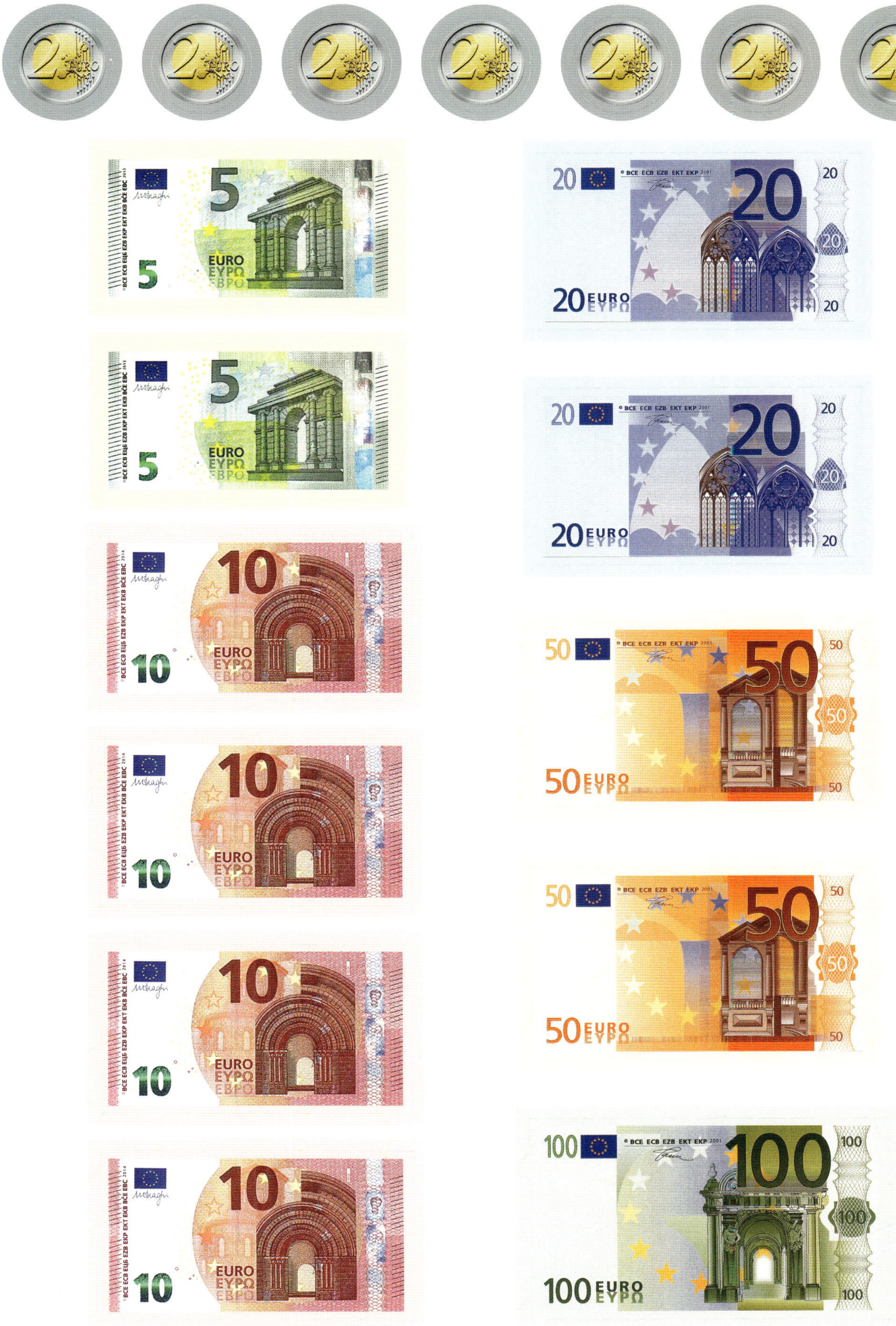

20
EURO
5
EURO
EYPΩ
10
50
100

Leçon 25

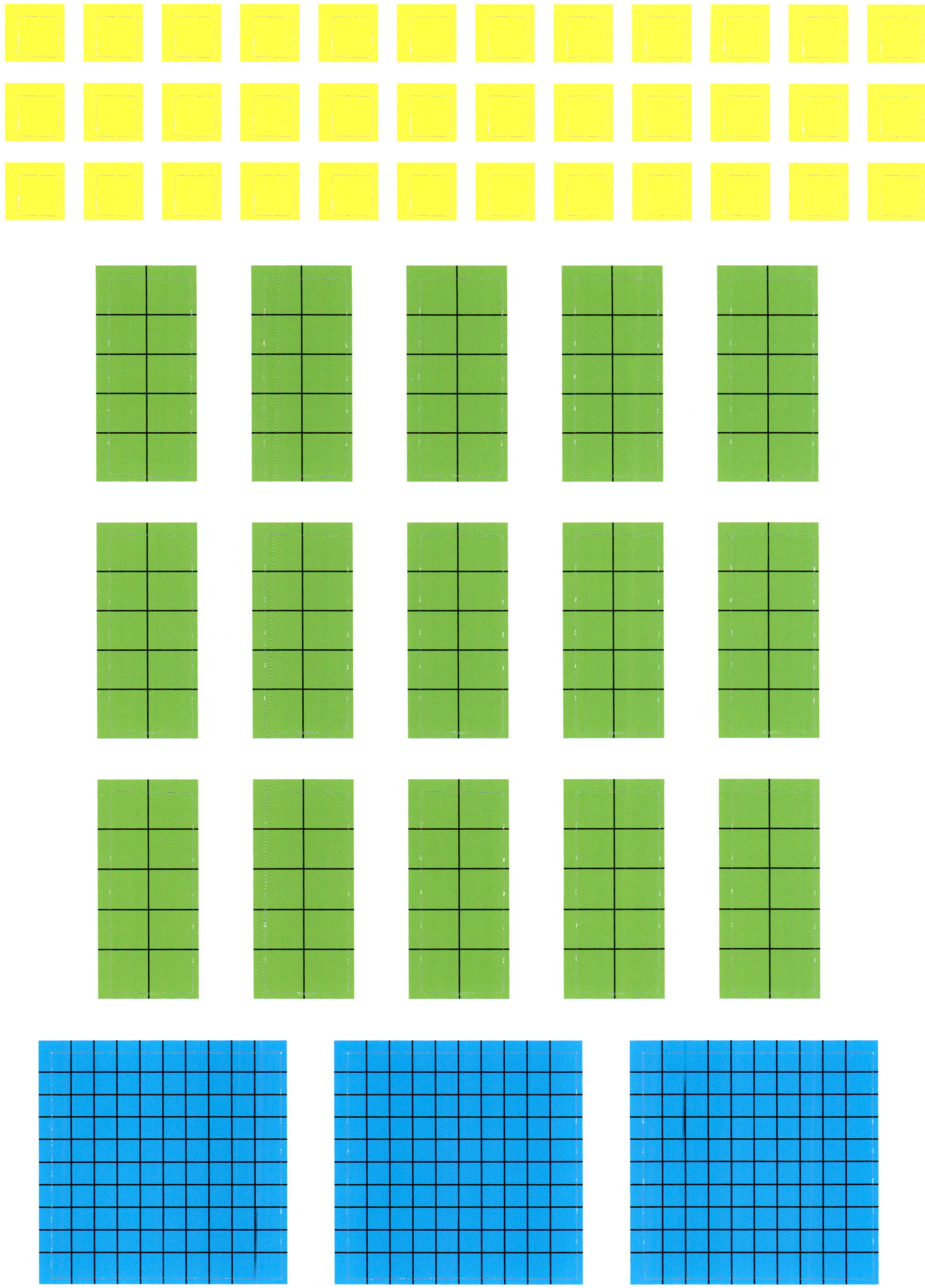

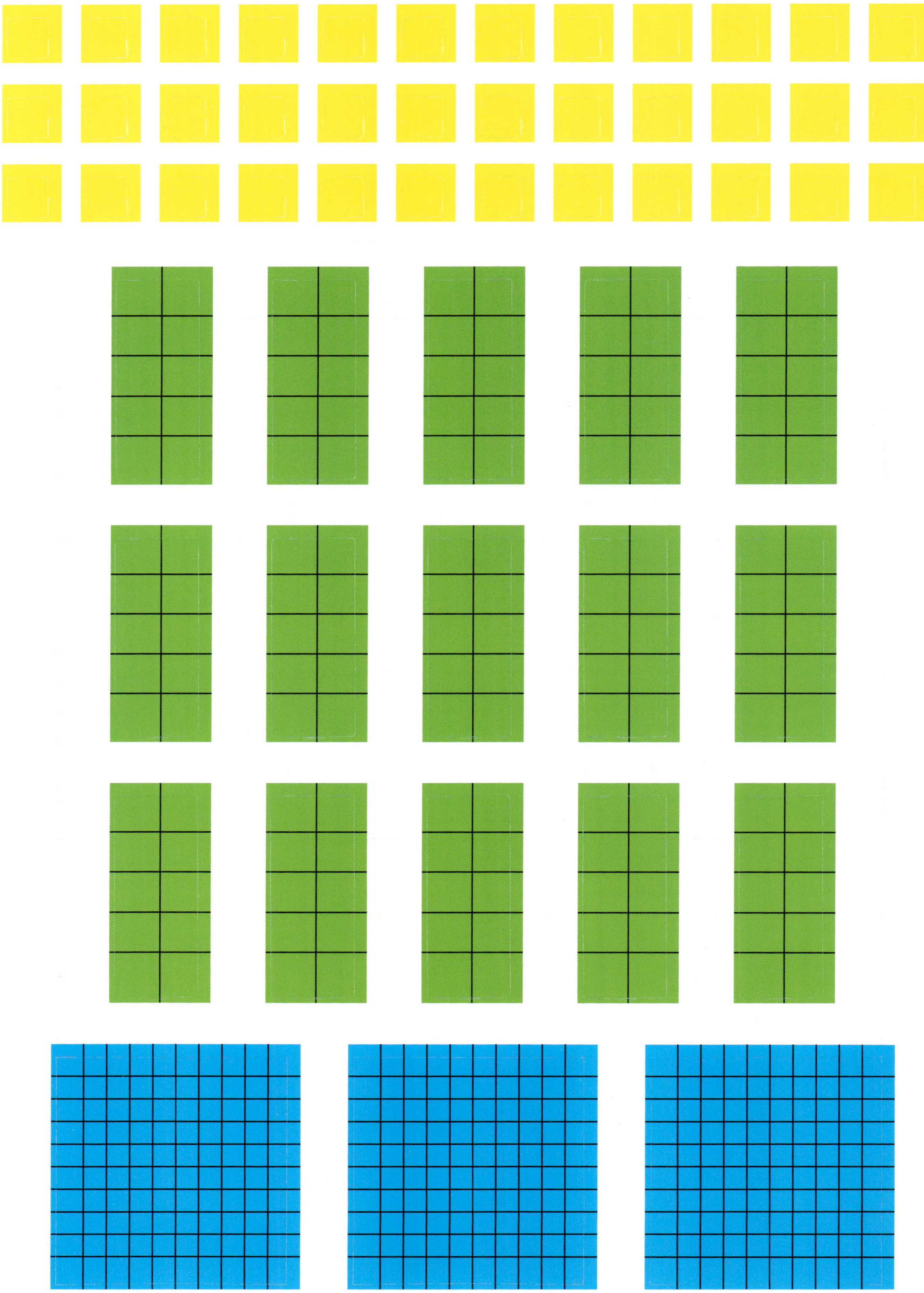

Leçon 72

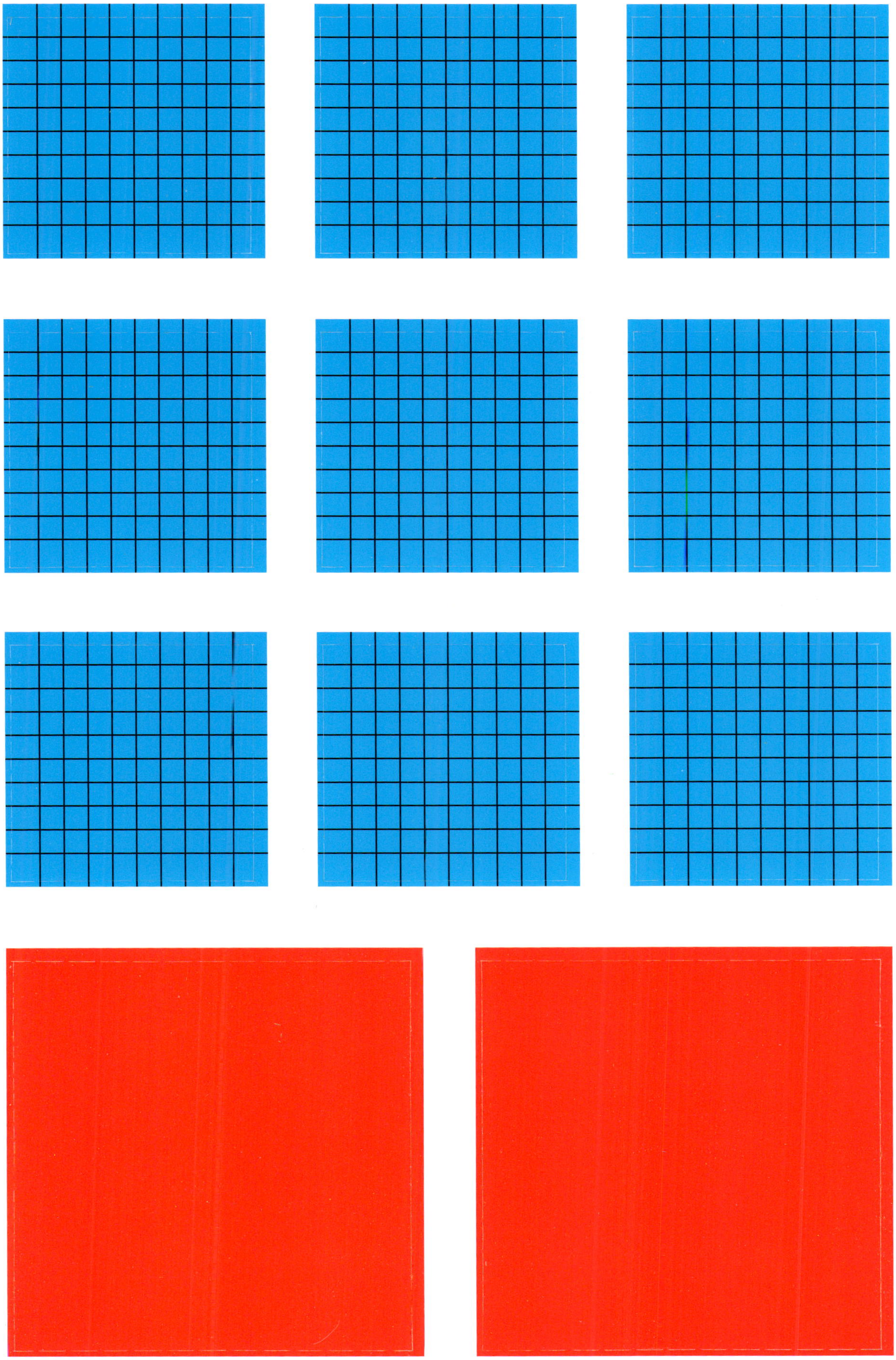

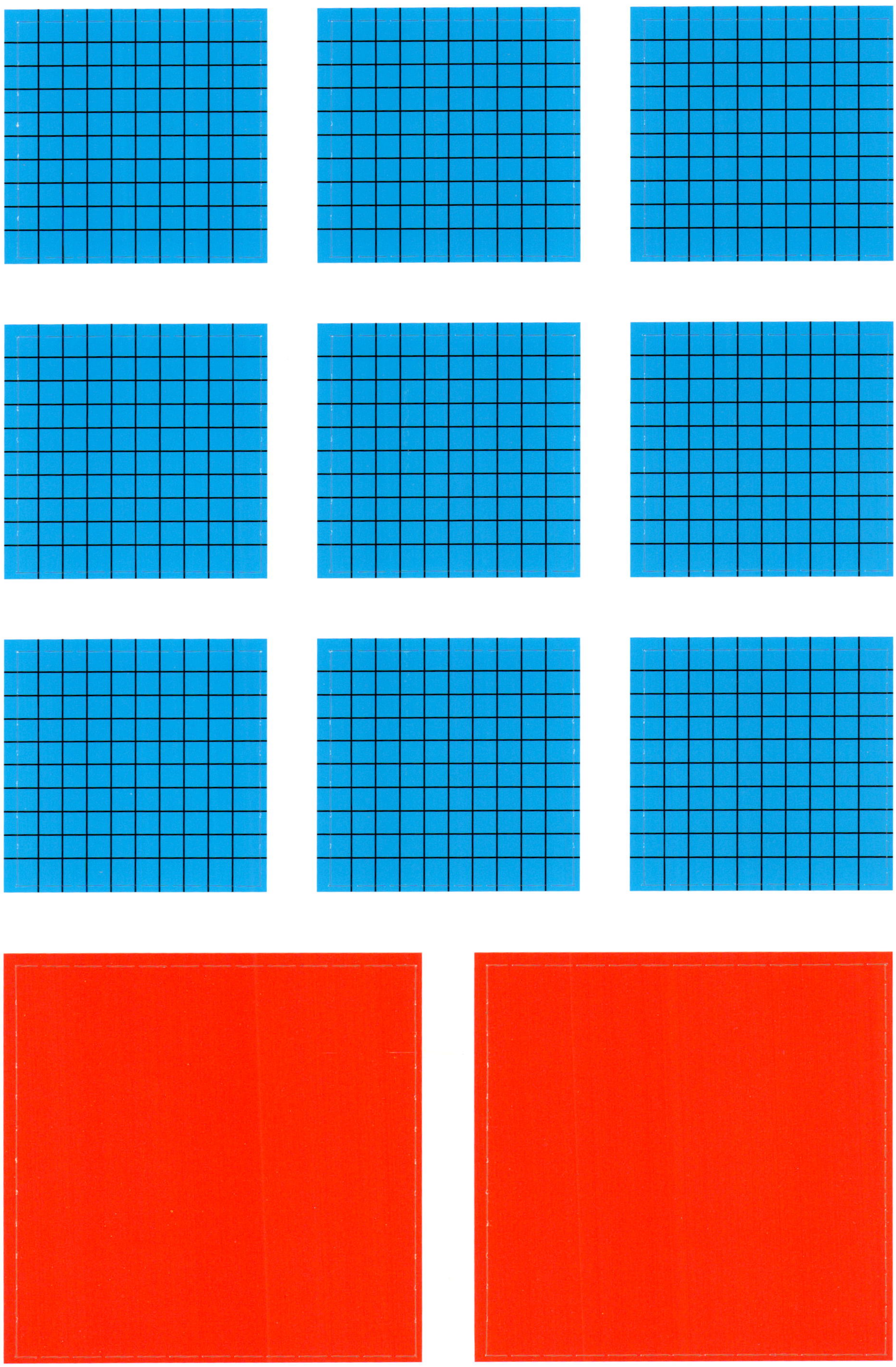

Leçon 51

Découvrons ensemble

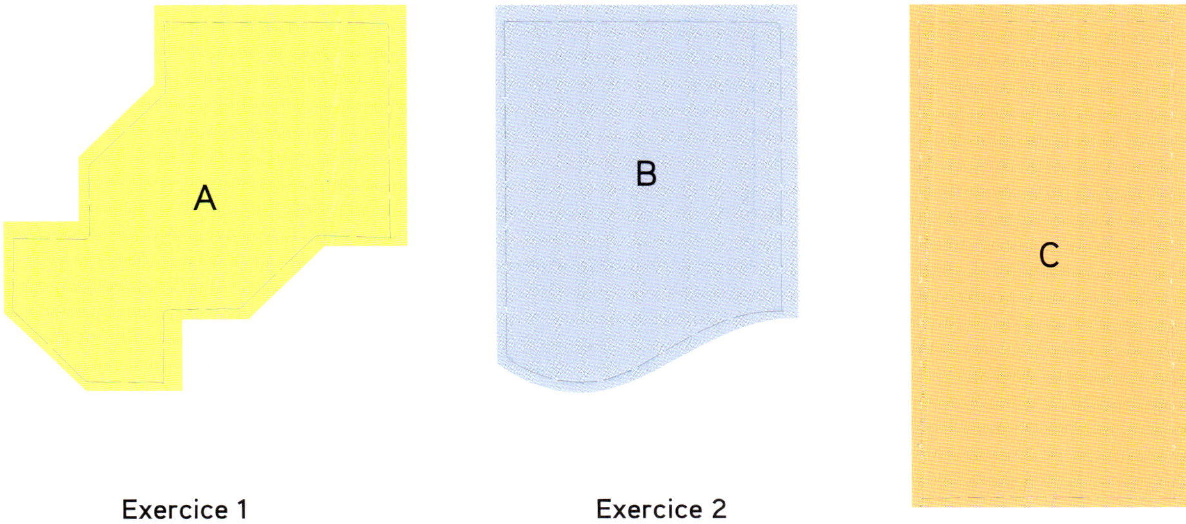

Exercice 1

Exercice 2

Leçon 71

C
B
A
F
D
H
G
E

Leçons 55 et 59

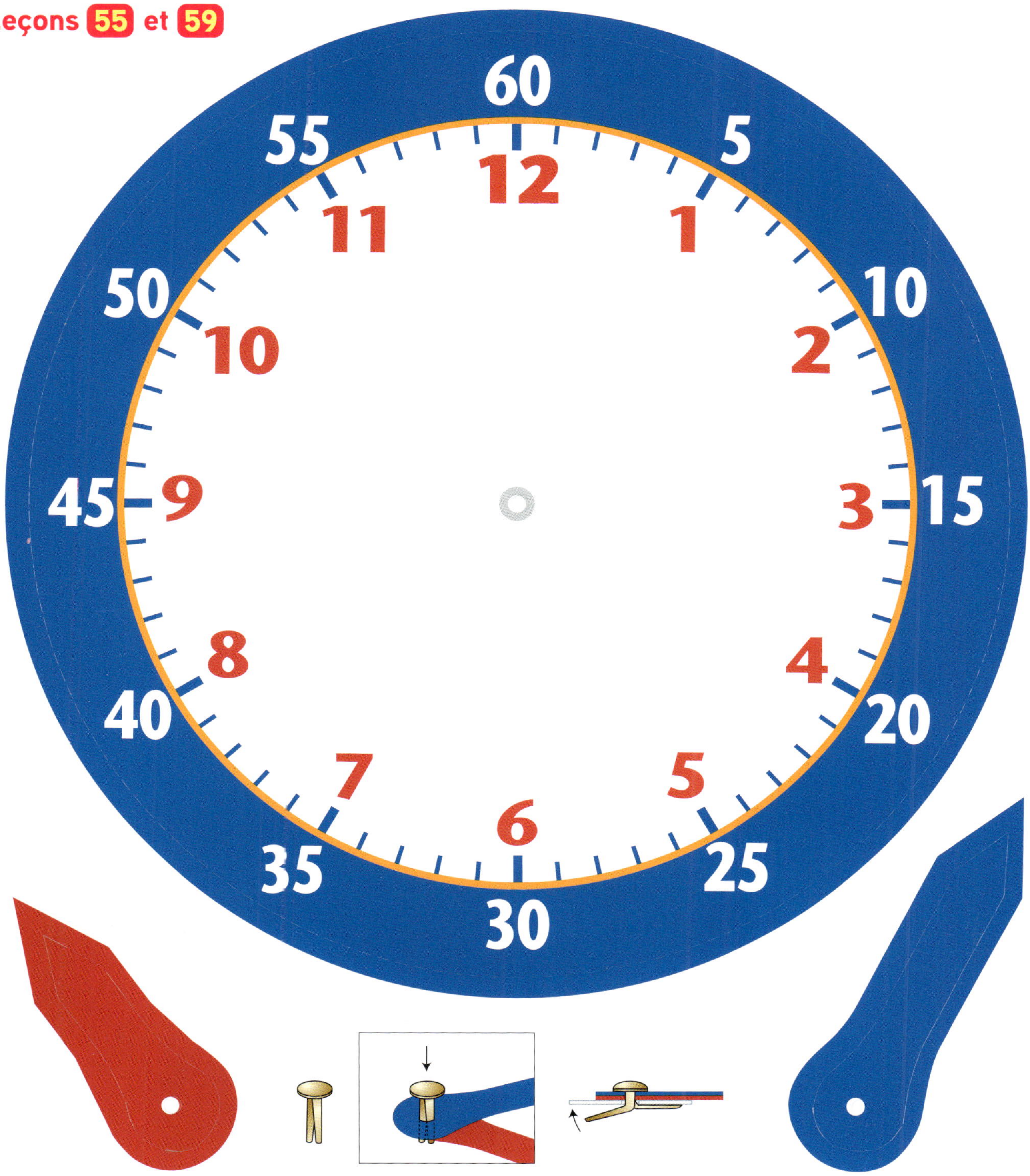

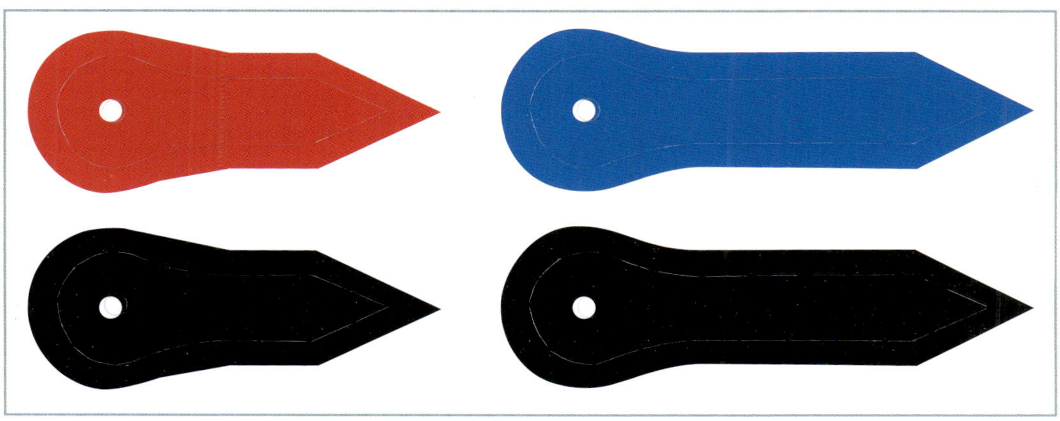

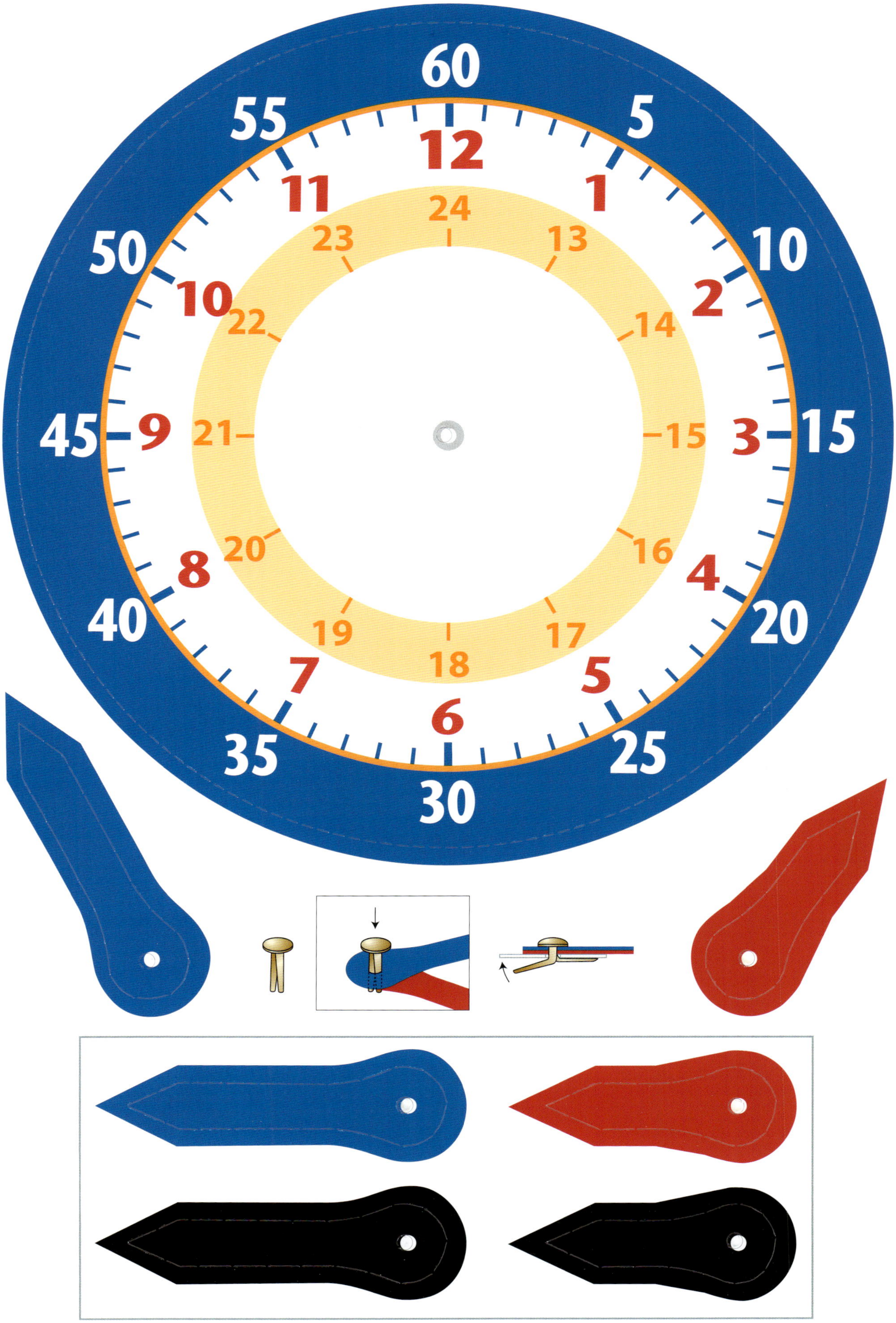
60 5 10 15 20 25 30 35 40 45 50 55
12 1 2 3 4 5 6 7 8 9 10 11
24 13 14 15 16 17 18 19 20 21 22 23

Leçon 76

Découvrons ensemble

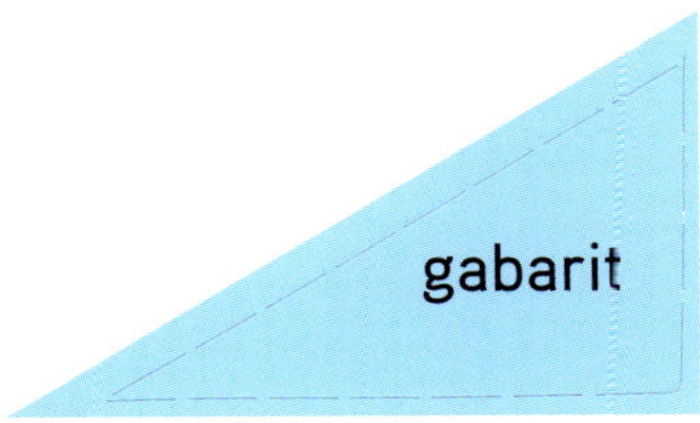

Exercice 1

Exercice 3

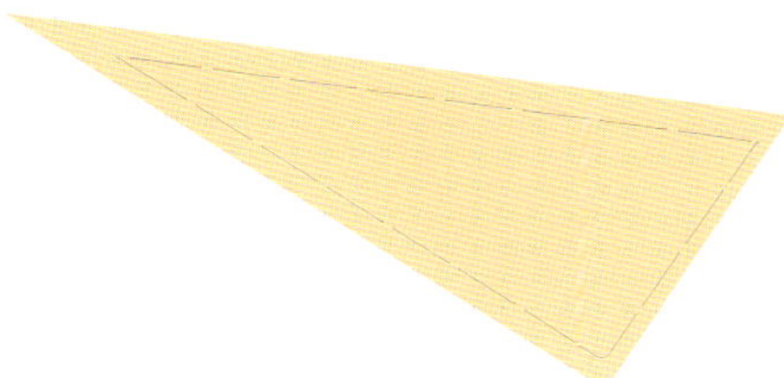

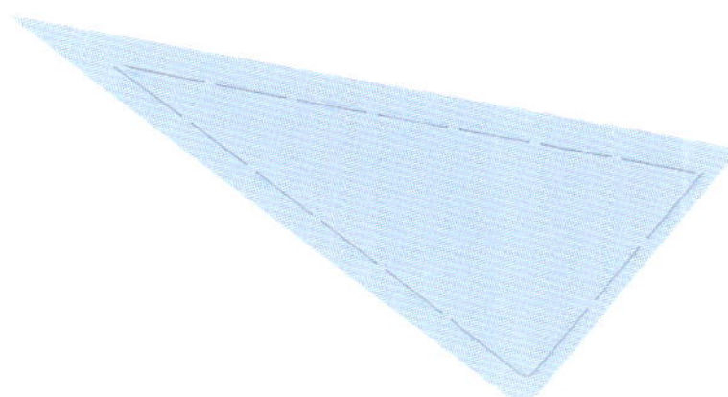

Leçon 77

Découvrons ensemble

Exercice 1

Exercice 2

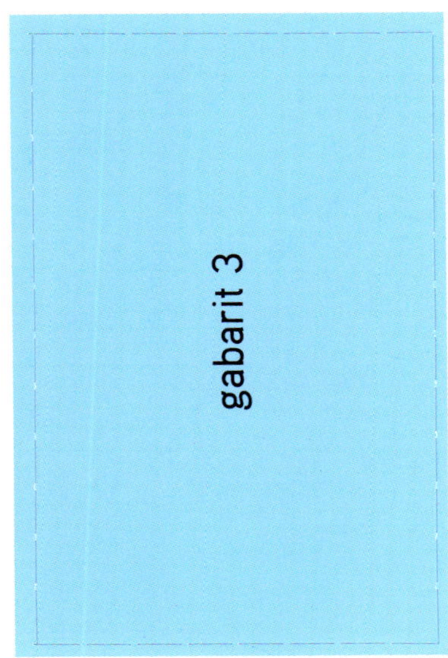

gabarit
gabarit
gabarit 3
gabarit 2
gabarit 1

Leçon 92

2018

Janvier		Février		Mars		Avril		Mai		Juin		Juillet		Août		Septembre		Octobre		Novembre		Décembre	
Lundi	1	Jeudi	1	Jeudi	1	Dimanche	1	Mardi	1	Vendredi	1	Dimanche	1	Mercredi	1	Samedi	1	Lundi	1	Jeudi	1	Samedi	1
Mardi	2	Vendredi	2	Vendredi	2	Lundi	2	Mercredi	2	Samedi	2	Lundi	2	Jeudi	2	Dimanche	2	Mardi	2	Vendredi	2	Dimanche	2
Mercredi	3	Samedi	3	Samedi	3	Mardi	3	Jeudi	3	Dimanche	3	Mardi	3	Vendredi	3	Lundi	3	Mercredi	3	Samedi	3	Lundi	3
Jeudi	4	Dimanche	4	Dimanche	4	Mercredi	4	Vendredi	4	Lundi	4	Mercredi	4	Samedi	4	Mardi	4	Jeudi	4	Dimanche	4	Mardi	4
Vendredi	5	Lundi	5	Lundi	5	Jeudi	5	Samedi	5	Mardi	5	Jeudi	5	Dimanche	5	Mercredi	5	Vendredi	5	Lundi	5	Mercredi	5
Samedi	6	Mardi	6	Mardi	6	Vendredi	6	Dimanche	6	Mercredi	6	Vendredi	6	Lundi	6	Jeudi	6	Samedi	6	Mardi	6	Jeudi	6
Dimanche	7	Mercredi	7	Mercredi	7	Samedi	7	Lundi	7	Jeudi	7	Samedi	7	Mardi	7	Vendredi	7	Dimanche	7	Mercredi	7	Vendredi	7
Lundi	8	Jeudi	8	Jeudi	8	Dimanche	8	Mardi	8	Vendredi	8	Dimanche	8	Mercredi	8	Samedi	8	Lundi	8	Jeudi	8	Samedi	8
Mardi	9	Vendredi	9	Vendredi	9	Lundi	9	Mercredi	9	Samedi	9	Lundi	9	Jeudi	9	Dimanche	9	Mardi	9	Vendredi	9	Dimanche	9
Mercredi	10	Samedi	10	Samedi	10	Mardi	10	Jeudi	10	Dimanche	10	Mardi	10	Vendredi	10	Lundi	10	Mercredi	10	Samedi	10	Lundi	10
Jeudi	11	Dimanche	11	Dimanche	11	Mercredi	11	Vendredi	11	Lundi	11	Mercredi	11	Samedi	11	Mardi	11	Jeudi	11	Dimanche	11	Mardi	11
Vendredi	12	Lundi	12	Lundi	12	Jeudi	12	Samedi	12	Mardi	12	Jeudi	12	Dimanche	12	Mercredi	12	Vendredi	12	Lundi	12	Mercredi	12
Samedi	13	Mardi	13	Mardi	13	Vendredi	13	Dimanche	13	Mercredi	13	Vendredi	13	Lundi	13	Jeudi	13	Samedi	13	Mardi	13	Jeudi	13
Dimanche	14	Mercredi	14	Mercredi	14	Samedi	14	Lundi	14	Jeudi	14	Samedi	14	Mardi	14	Vendredi	14	Dimanche	14	Mercredi	14	Vendredi	14
Lundi	15	Jeudi	15	Jeudi	15	Dimanche	15	Mardi	15	Vendredi	15	Dimanche	15	Mercredi	15	Samedi	15	Lundi	15	Jeudi	15	Samedi	15
Mardi	16	Vendredi	16	Vendredi	16	Lundi	16	Mercredi	16	Samedi	16	Lundi	16	Jeudi	16	Dimanche	16	Mardi	16	Vendredi	16	Dimanche	16
Mercredi	17	Samedi	17	Samedi	17	Mardi	17	Jeudi	17	Dimanche	17	Mardi	17	Vendredi	17	Lundi	17	Mercredi	17	Samedi	17	Lundi	17
Jeudi	18	Dimanche	18	Dimanche	18	Mercredi	18	Vendredi	18	Lundi	18	Mercredi	18	Samedi	18	Mardi	18	Jeudi	18	Dimanche	18	Mardi	18
Vendredi	19	Lundi	19	Lundi	19	Jeudi	19	Samedi	19	Mardi	19	Jeudi	19	Dimanche	19	Mercredi	19	Vendredi	19	Lundi	19	Mercredi	19
Samedi	20	Mardi	20	Mardi	20	Vendredi	20	Dimanche	20	Mercredi	20	Vendredi	20	Lundi	20	Jeudi	20	Samedi	20	Mardi	20	Jeudi	20
Dimanche	21	Mercredi	21	Mercredi	21	Samedi	21	Lundi	21	Jeudi	21	Samedi	21	Mardi	21	Vendredi	21	Dimanche	21	Mercredi	21	Vendredi	21
Lundi	22	Jeudi	22	Jeudi	22	Dimanche	22	Mardi	22	Vendredi	22	Dimanche	22	Mercredi	22	Samedi	22	Lundi	22	Jeudi	22	Samedi	22
Mardi	23	Vendredi	23	Vendredi	23	Lundi	23	Mercredi	23	Samedi	23	Lundi	23	Jeudi	23	Dimanche	23	Mardi	23	Vendredi	23	Dimanche	23
Mercredi	24	Samedi	24	Samedi	24	Mardi	24	Jeudi	24	Dimanche	24	Mardi	24	Vendredi	24	Lundi	24	Mercredi	24	Samedi	24	Lundi	24
Jeudi	25	Dimanche	25	Dimanche	25	Mercredi	25	Vendredi	25	Lundi	25	Mercredi	25	Samedi	25	Mardi	25	Jeudi	25	Dimanche	25	Mardi	25
Vendredi	26	Lundi	26	Lundi	26	Jeudi	26	Samedi	26	Mardi	26	Jeudi	26	Dimanche	26	Mercredi	26	Vendredi	26	Lundi	26	Mercredi	26
Samedi	27	Mardi	27	Mardi	27	Vendredi	27	Dimanche	27	Mercredi	27	Vendredi	27	Lundi	27	Jeudi	27	Samedi	27	Mardi	27	Jeudi	27
Dimanche	28	Mercredi	28	Mercredi	28	Samedi	28	Lundi	28	Jeudi	28	Samedi	28	Mardi	28	Vendredi	28	Dimanche	28	Mercredi	28	Vendredi	28
Lundi	29			Jeudi	29	Dimanche	29	Mardi	29	Vendredi	29	Dimanche	29	Mercredi	29	Samedi	29	Lundi	29	Jeudi	29	Samedi	29
Mardi	30			Vendredi	30	Lundi	30	Mercredi	30	Samedi	30	Lundi	30	Jeudi	30	Dimanche	30	Mardi	30	Vendredi	30	Dimanche	30
Mercredi	31			Samedi	31			Jeudi	31			Mardi	31	Vendredi	31			Mercredi	31			Lundi	31

2020

Janvier	Février	Mars	Avril	Mai	Juin	Juillet	Août	Septembre	Octobre	Novembre	Décembre
Mercredi 1	Samedi 1	Dimanche 1	Mercredi 1	Vendredi 1	Lundi 1	Mercredi 1	Samedi 1	Mardi 1	Jeudi 1	Dimanche 1	Mardi 1
Jeudi 2	Dimanche 2	Lundi 2	Jeudi 2	Samedi 2	Mardi 2	Jeudi 2	Dimanche 2	Mercredi 2	Vendredi 2	Lundi 2	Mercredi 2
Vendredi 3	Lundi 3	Mardi 3	Vendredi 3	Dimanche 3	Mercredi 3	Vendredi 3	Lundi 3	Jeudi 3	Samedi 3	Mardi 3	Jeudi 3
Samedi 4	Mardi 4	Mercredi 4	Samedi 4	Lundi 4	Jeudi 4	Samedi 4	Mardi 4	Vendredi 4	Dimanche 4	Mercredi 4	Vendredi 4
Dimanche 5	Mercredi 5	Jeudi 5	Dimanche 5	Mardi 5	Vendredi 5	Dimanche 5	Mercredi 5	Samedi 5	Lundi 5	Jeudi 5	Samedi 5
Lundi 6	Jeudi 6	Vendredi 6	Lundi 6	Mercredi 6	Samedi 6	Lundi 6	Jeudi 6	Dimanche 6	Mardi 6	Vendredi 6	Dimanche 6
Mardi 7	Vendredi 7	Samedi 7	Mardi 7	Jeudi 7	Dimanche 7	Mardi 7	Vendredi 7	Lundi 7	Mercredi 7	Samedi 7	Lundi 7
Mercredi 8	Samedi 8	Dimanche 8	Mercredi 8	Vendredi 8	Lundi 8	Mercredi 8	Samedi 8	Mardi 8	Jeudi 8	Dimanche 8	Mardi 8
Jeudi 9	Dimanche 9	Lundi 9	Jeudi 9	Samedi 9	Mardi 9	Jeudi 9	Dimanche 9	Mercredi 9	Vendredi 9	Lundi 9	Mercredi 9
Vendredi 10	Lundi 10	Mardi 10	Vendredi 10	Dimanche 10	Mercredi 10	Vendredi 10	Lundi 10	Jeudi 10	Samedi 10	Mardi 10	Jeudi 10
Samedi 11	Mardi 11	Mercredi 11	Samedi 11	Lundi 11	Jeudi 11	Samedi 11	Mardi 11	Vendredi 11	Dimanche 11	Mercredi 11	Vendredi 11
Dimanche 12	Mercredi 12	Jeudi 12	Dimanche 12	Mardi 12	Vendredi 12	Dimanche 12	Mercredi 12	Samedi 12	Lundi 12	Jeudi 12	Samedi 12
Lundi 13	Jeudi 13	Vendredi 13	Lundi 13	Mercredi 13	Samedi 13	Lundi 13	Jeudi 13	Dimanche 13	Mardi 13	Vendredi 13	Dimanche 13
Mardi 14	Vendredi 14	Samedi 14	Mardi 14	Jeudi 14	Dimanche 14	Mardi 14	Vendredi 14	Lundi 14	Mercredi 14	Samedi 14	Lundi 14
Mercredi 15	Samedi 15	Dimanche 15	Mercredi 15	Vendredi 15	Lundi 15	Mercredi 15	Samedi 15	Mardi 15	Jeudi 15	Dimanche 15	Mardi 15
Jeudi 16	Dimanche 16	Lundi 16	Jeudi 16	Samedi 16	Mardi 16	Jeudi 16	Dimanche 16	Mercredi 16	Vendredi 16	Lundi 16	Mercredi 16
Vendredi 17	Lundi 17	Mardi 17	Vendredi 17	Dimanche 17	Mercredi 17	Vendredi 17	Lundi 17	Jeudi 17	Samedi 17	Mardi 17	Jeudi 17
Samedi 18	Mardi 18	Mercredi 18	Samedi 18	Lundi 18	Jeudi 18	Samedi 18	Mardi 18	Vendredi 18	Dimanche 18	Mercredi 18	Vendredi 18
Dimanche 19	Mercredi 19	Jeudi 19	Dimanche 19	Mardi 19	Vendredi 19	Dimanche 19	Mercredi 19	Samedi 19	Lundi 19	Jeudi 19	Samedi 19
Lundi 20	Jeudi 20	Vendredi 20	Lundi 20	Mercredi 20	Samedi 20	Lundi 20	Jeudi 20	Dimanche 20	Mardi 20	Vendredi 20	Dimanche 20
Mardi 21	Vendredi 21	Samedi 21	Mardi 21	Jeudi 21	Dimanche 21	Mardi 21	Vendredi 21	Lundi 21	Mercredi 21	Samedi 21	Lundi 21
Mercredi 22	Samedi 22	Dimanche 22	Mercredi 22	Vendredi 22	Lundi 22	Mercredi 22	Samedi 22	Mardi 22	Jeudi 22	Dimanche 22	Mardi 22
Jeudi 23	Dimanche 23	Lundi 23	Jeudi 23	Samedi 23	Mardi 23	Jeudi 23	Dimanche 23	Mercredi 23	Vendredi 23	Lundi 23	Mercredi 23
Vendredi 24	Lundi 24	Mardi 24	Vendredi 24	Dimanche 24	Mercredi 24	Vendredi 24	Lundi 24	Jeudi 24	Samedi 24	Mardi 24	Jeudi 24
Samedi 25	Mardi 25	Mercredi 25	Samedi 25	Lundi 25	Jeudi 25	Samedi 25	Mardi 25	Vendredi 25	Dimanche 25	Mercredi 25	Vendredi 25
Dimanche 26	Mercredi 26	Jeudi 26	Dimanche 26	Mardi 26	Vendredi 26	Dimanche 26	Mercredi 26	Samedi 26	Lundi 26	Jeudi 26	Samedi 26
Lundi 27	Jeudi 27	Vendredi 27	Lundi 27	Mercredi 27	Samedi 27	Lundi 27	Jeudi 27	Dimanche 27	Mardi 27	Vendredi 27	Dimanche 27
Mardi 28	Vendredi 28	Samedi 28	Mardi 28	Jeudi 28	Dimanche 28	Mardi 28	Vendredi 28	Lundi 28	Mercredi 28	Samedi 28	Lundi 28
Mercredi 29	Samedi 29	Dimanche 29	Mercredi 29	Vendredi 29	Lundi 29	Mercredi 29	Samedi 29	Mardi 29	Jeudi 29	Dimanche 29	Mardi 29
Jeudi 30		Lundi 30	Jeudi 30	Samedi 30	Mardi 30	Jeudi 30	Dimanche 30	Mercredi 30	Vendredi 30	Lundi 30	Mercredi 30
Vendredi 31		Mardi 31		Dimanche 31		Vendredi 31	Lundi 31		Samedi 31		Jeudi 31